①土とは基盤岩を覆う表土である。根の届く範囲は表土（土壌）で、A、B、C層に区分される。
②基盤岩の上には基盤礫（風化礫と移動礫）があって、その上に表土がある。表土は、基盤岩の風化物なのか、堆積物なのか（山形県村山市）。

③旧石器は、必ず「赤土」から出土する（山形県真室川町丸森遺跡、東北大学発掘、鹿又喜隆氏撮影）。
④縄文遺跡は、ほぼ「黒土」を伴う（山形県村山市清水遺跡、山形県発掘、阿倍明彦氏撮影）。

⑤関東ローム層（神奈川県大磯丘陵）。関東ローム層は異質礫を交えるなど、そのほとんどは火山灰ではない。ロームが火山灰とされてきた影響は土を扱う学術諸分野に及ぶ。その一つがクロボク土である。
⑥クロボク土は火山灰を母材としているように見えるが、非火山灰のローム質土に形成されている（青森県田子町）。

⑦黄砂が飛来した日の雨滴が乾いて残る微細な鉱物粒子（野外駐車のボンネットの上で）。
⑧積雪中の黄砂は融雪の表面に残り、残雪を着色する（山形県西川町からの月山）。

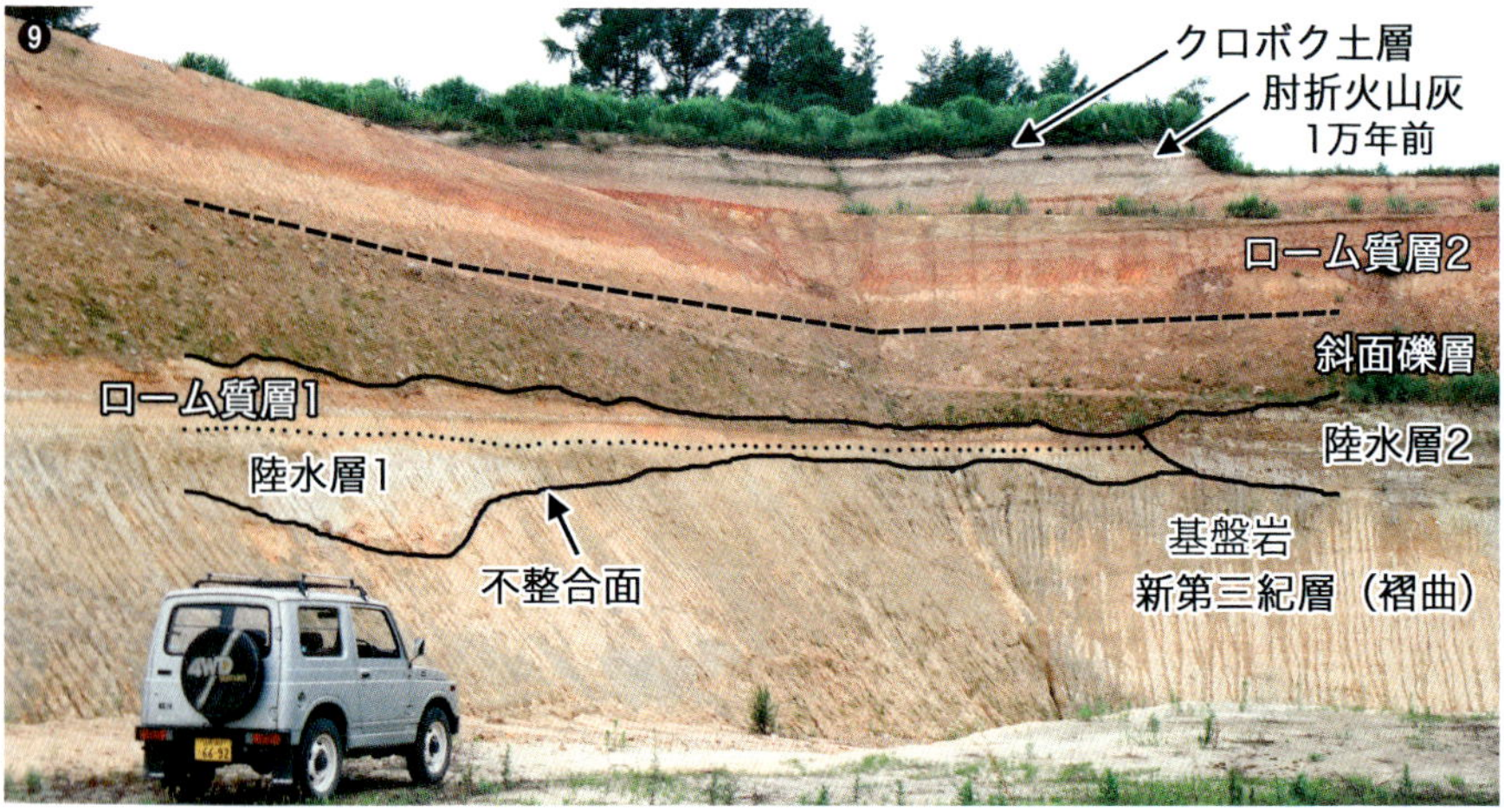

⑨丘陵地の基盤岩の上に、表土としてローム質層１が誕生し、ローム質層２が成長を続けている。カラフルな風成層が重なり、その最上部にクロボク土層が形成されている（山形県尾花沢市二藤袋）。

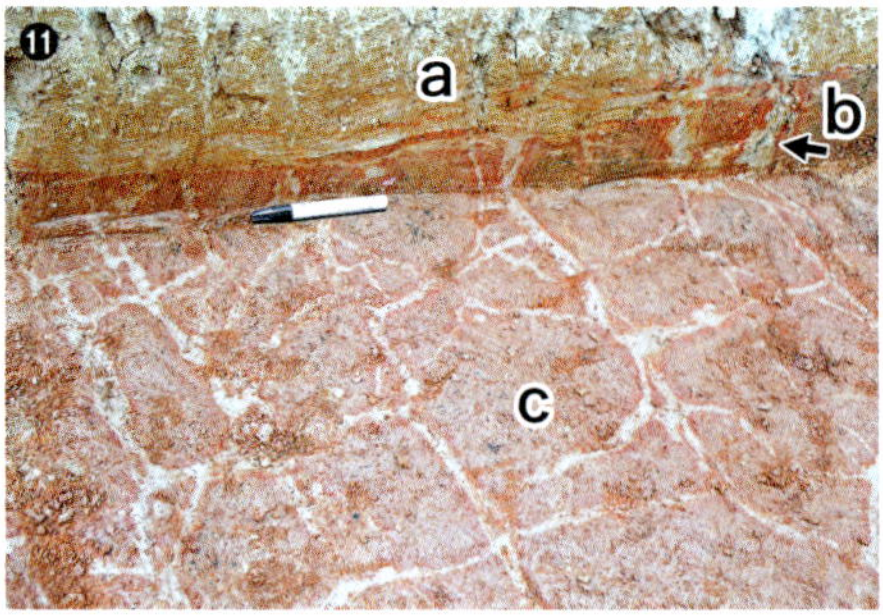

⑩旧土壌に残る生物撹乱の跡。ほとんどの土は、堆積後上下に移動している（山形県寒河江市高瀬山）。
⑪表土には、気候の温暖期には赤色土化、その後の寒冷期には凍土化をそれぞれ受けた跡が残る（山形県尾花沢市袖原）。
a：漂白土、b：アイスウェッジ、c：アイスポリゴン

⑫⑬⑭地形が関わる表土の岩質。
⑫：急斜面土（ローム質土交じり角礫質土）、⑬：緩斜面土（礫交じりローム質土）、⑭：平坦面土（ローム質土）

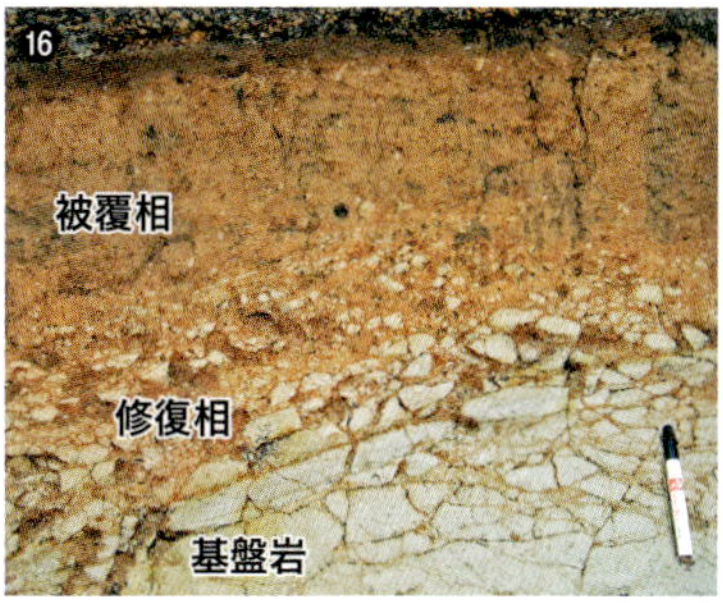

⑮山地の地すべり地の表土の発達。地すべり後の斜面を修復相が埋め、続いて被覆相が覆う。平坦化が進めば、当初の地すべり地形は残らない（山形県天童市留山）。
⑯山地の小規模な普通斜面での表土の発達。基盤岩と修復相の間には「基盤岩事件」がある（山形県村山市）。

⑰山地の非地すべり地の表土の発達。普通斜面の表土は、下位は礫が多い修復相、上位は礫が少ないローム質の被覆相になる。最上位はクロボク土層（山形県白鷹町）。

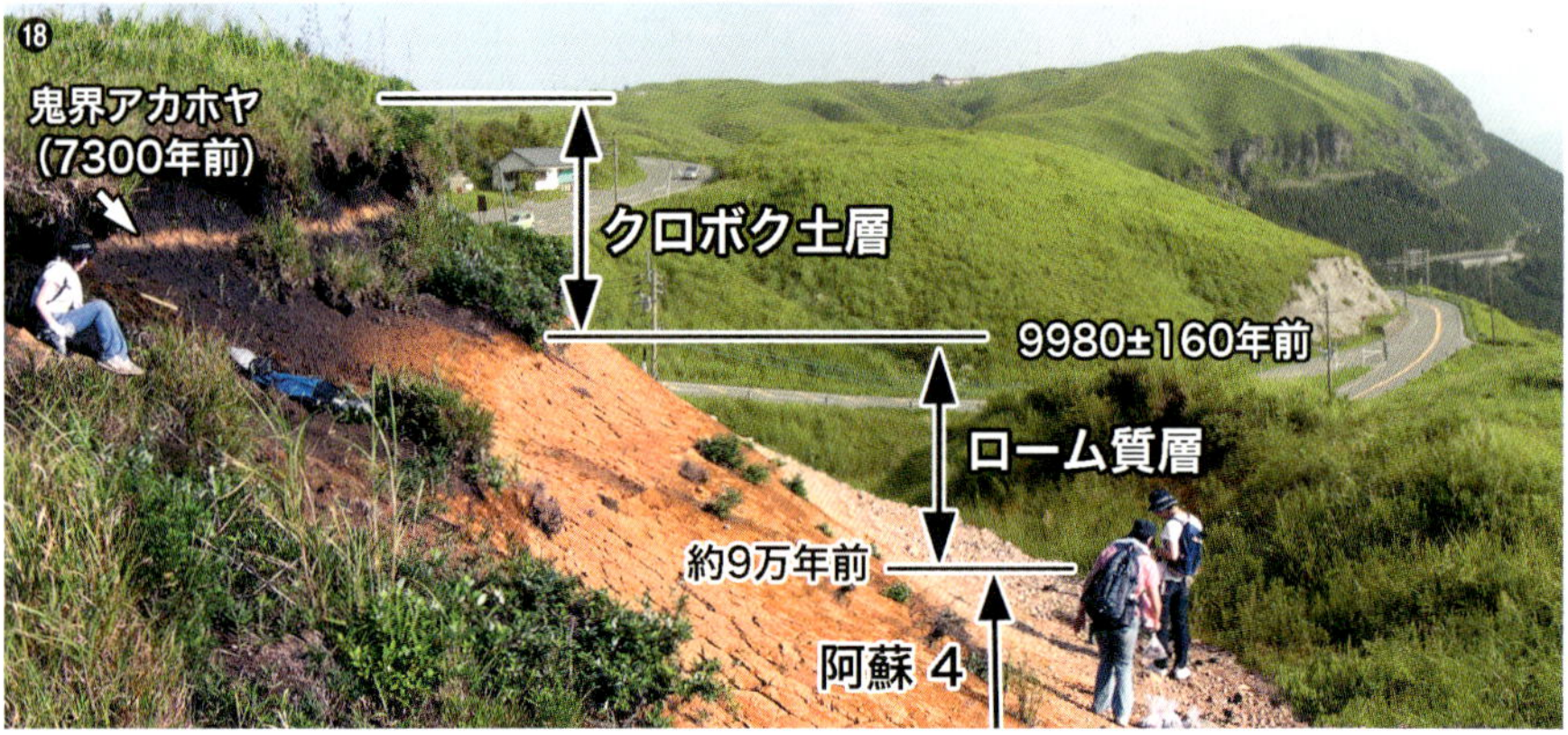

⑱阿蘇外輪山（大観峰付近）の基盤岩（阿蘇４）を覆うローム質土とクロボク土。地表は定期的な火入れにより草原化している。こうしたクロボク土層には必ず多量の微粒炭（炭の粉）が含まれている。

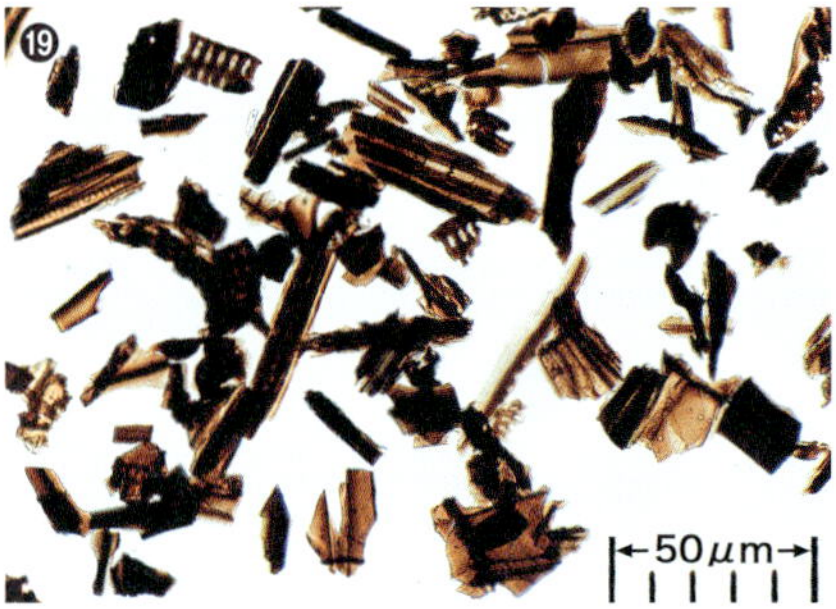

⑲クロボク土中の微粒炭。微粒炭は縄文人の野焼き・山焼きで生じ、風塵となって堆積した。
⑳山形県小国町での山焼き。火入れ後は草原化し、多様な良質の山菜が採れる。

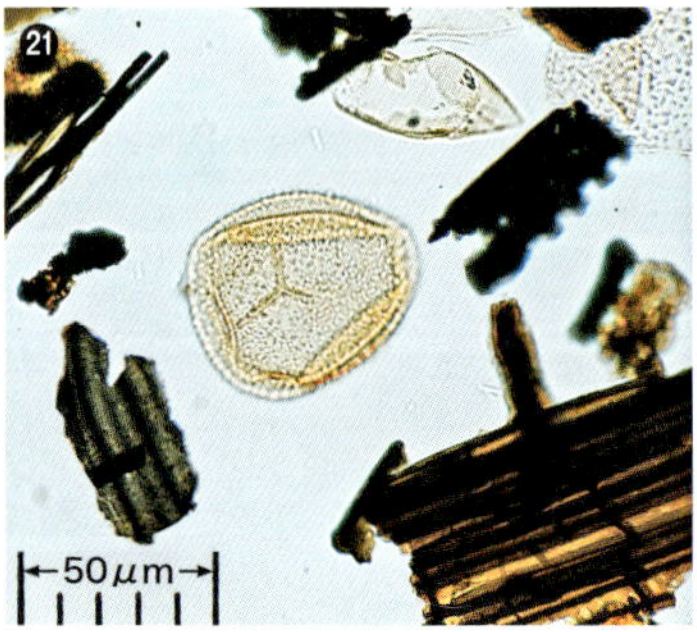

㉑縄文時代の湿地堆積物から多量に産出するゼンマイの胞子（青森県亀ヶ岡遺跡）。縄文人のニッチとしての草原（疎林）からは、森林にはない多様な植物食を得ることができた。
㉒クロボク土は、風塵として堆積した微粒炭に黒色の腐植が保持されて着色した土である。この土は火山灰ではなく、「世界の縄文文化」が生んだ人為土壌であり、文化遺産でもある（山形県山辺町）。

山野井徹

日本の土

地質学が明かす黒土と縄文文化

築地書館

はじめに

町に暮らしていると、地表は人工物で覆われ、土は見えにくくなっている。しかし一歩郊外に出れば、田畑や野山を覆う土が目に入ってくる。そうした土は我々の食や住を支えるなど、生存には欠かせないものであるが、どこにでもあるので空気や水と同じような存在かもしれない。しかし「土」は空気や水以上にいろいろな姿を見せるので、漠然として一層つかみどころがない。そうした土ではあるが、身近にあるものとして、せめてそれがどう生まれ、どう育ったのかは知りたいものである。

私の専門は地質学で、地層を通して地球の歴史を明らかにすることである。まずは山を歩いて調査をするのだが、「土」(表土)は、調べたい地層を覆い隠しているので、迷惑な存在である。だから、調査では「土」は厄介者として無視してきた。しかしこうした土の中で、「クロボク土」と呼ばれる黒い土は、出会うたびに気になっていた。それは異様に黒い姿であることと、その「クロボク土」が「火山灰」とされていたことである。火山灰はこんな黒さであるはずがない、と納得できなかったからである。では一体何物か? これを探るのが本書の主題となる。

いざクロボク土を考え始めると、「土」(表土)についての疑問が次々と出てくる。そうした疑問を解こうとすると、広く土の理解が必要になる。そんなわけで本書では「土」一般にも広くふれることになる。その中で、日本の山地の表土に関しては、新たな見解を提示できると思う。ただ、新しい見解なるが故に科学的筋道を示しておきたい部分は、理屈っぽくなって読みにくいかもしれない。そうした部分は読者の必要に応じた読み方で読み進めていただきたい。以下があらすじである。

「土」は、地質学、地理学、土壌学、土質工学、考古学など様々な学術分野の同一研究対象でもあるので、その学術内容を深めあっていくためには、共通の学術用語の概念は一致していなければならない。まずは「火山灰」の定義に戻り、そこからローム層やクロボク土が見直され、野外事実と照合される。すると、両者とも「火山灰」ではなく、「風成層」として見るべきであることがわかる。そう改めると、次は土壌生成の基本である土壌母材のあり方にも重大な影響が及ぶ。すなわち、土壌母材は新鮮な岩石が風化してできる「風化母材」が一般的と考えられていたが、それはむしろ特殊で、風成層による「堆積母材」が普遍的であることが明らかにされる。実はそうした堆積母材に我が国を代表する土壌、「褐色森林土」が形成されていたのである。それが故に、そうした土壌の下には、旧土壌が埋もれていることへと理解が進む。

日本列島の大地はこうした表土で広く覆われているが、なぜか他国よりは発達がよくない。その原因は日本列島が受けるプレート運動に起因する特有の地殻運動に求められる。そうした日本列島の上で、表土の堆積が一様に進むなら、どこでも一律な表土ができるはずである。しかし、表土は地形によってその厚さが異なり、山地では薄く台地や丘陵地では厚い。さらにその岩質も異なる。それらの原因が追求されるが、実は山腹で生ずる「事件」が深く関わっていたのである。

クロボク土はこのような一般的な表土の最上部にあるが、最後にこの正体は何か？　本書の主題たる謎解きが展開される。まずは、クロボク土には共通して炭の粉、「微粒炭」が含まれている事実が明かされる。そして、この微粒炭が関与して植物の分解過程にある可溶腐植を保持することで黒色のクロボク土ができる、という新説が提示される。

しかし、一万年前以降に限ってなぜ炭の粉が大地に堆積するのか。この謎は、縄文文化の成立と関連させて考察される。その結果、クロボク土は世界にも類を見ない「縄文文化の遺産」であることが導かれる。

土は身近にあるものの、複雑でつかみどころのない存在と思われてきたが、次々に出る疑問を一つひとつ基本に戻って解いていくと土の様々な側面が見えてくる。同時にさらなる疑問が現れる奥深さもある。

土は生まれ育った地表の歴史を反映していることを味わっていただき、身近な日本の土をこれまでとは違った姿として見ていただけるなら幸いである。

目次

第9章　クロボク土と縄文文化……192

第1章　地球の上の「土」

土と古代科学

土といえば、畑の土、山の土、庭の土のように、我々にとっては身近にあって空気や水のような存在である。しかるに、土とは何ぞやと考えてみるに、近代科学の知識がある我々でもその答えに窮する。ならば、先人はどう考えていたのだろうか。まずは土についての古来の思想をたずね、その近代科学までの道をたどっておきたい。

古代の中国では、土は木、火、金、水とともに、自然や社会を含めて森羅万象の根源をなす元素と考えられていた。これは古代中国の「五行《ごぎょう》説」と呼ばれ、五つの元素が一定の法則に従って変化し、循環するという思想である。これらの五元素は四季の変化や惑星の運動などの自然現象的な側面が、暦や易、あるいは宗教など社会生活面での基本事項に取り入れられていた。

これとは別に、古代インドでは、この世（宇宙）を構成する要素は五つであり、それは土（地）、水、火、風、空であるとされていた。この五つは「五大」と呼ばれたが、やがてこれが宗教に取りこまれ「五大」が「五輪」となり、この思想の象徴が五輪の塔であるという（図1－1）。

　古代ギリシャではこの世の物質は、土（地）、火、水、空気の四つが元であるとする「四元素説」があった。近代科学の「万学の祖」とされるアリストテレス（前三八四―前三二二）（図1－2）の自然観もこの四元素を基礎にすえ地上の運動を考えた。すなわち、地上の四元素はそのあるべき位置が定まっていて、それは下から、土（地）、水、空気、火であるとした。この説では、火は空中を高く上昇し、雨（水）は空中を降下し、岩（土）は滝壺に落下して水に沈み、水中で発生した泡（空気）は上に向かうといった現象が、それらのあるべき位置から説明される。また、物体は重いほどあるべき位置に戻ろうとする動きが強い、などといった一見正しそうに思われる解釈もされていた。

図1－1　この世を構成する五つの要素を象徴的に表す五輪の塔

　このように、洋の東西を問わず、森羅万象は古くは四つあるいは五つの元素からなると考えられていた。土（地）はその中で、どこでも元素のメンバーに入れられていたが、その概念は植物が生える土だけではなく、天に対する地、すなわち大地にまで及んだ。このように、土（地）は東西の古代人の基本的な思想に欠くことのできない存在であったといえよう。

　こうした古代の思想の中で、ギリシャ哲学は近代

図1-2　土（地）、水、空気、火を四元素とした古代ギリシャのアリストテレス

科学への幾多の萌芽を宿したが、のちのヨーロッパの中世ではキリスト教の影響が強大で、その芽が伸びることはなかった。すなわち、地に関しては「天地創造」なる教義が結びつき、地は神が創造されたものと固く信じられ、その成因を探るような科学的な成果は乏しかった。しかしその後、古代科学の多くは、イタリアを中心とするルネサンスを経て近代科学へと復活・発展していった。

近代科学においては、この世を構成する元素は、火、水、土（地）、空気ではなく原子構造によって、具体的には周期律表で理解されるような元素へと概念は変わる。そして四元素のうち、「火」は急速な酸化反応に伴う燃焼現象、「水」はH_2O分子の液相の状態、「空気」は地球を取りまく気相諸分子（N_2、O_2、Ar、Ne、He……）の混合体、などのように比較的すっきりと理解されるようになった。こうして科学は発展し、一九世紀になって物理学が独立し、続いて化学もその学術分野が定まっていった。しかしそうした中、「地」はその内容が単純ではないため、物理学や化学的な研究の対象ともならず、混沌としたままでその理解が進まなかった。

「地」とともに単純ではないものに、「生物」がある。自然界でのこうした複雑なものは一八世紀には博物学（自然誌学）の対象として扱われていた。博物学の祖とされるスウェーデンのカール・

フォン・リンネ（一七〇七—八八）（図1－3）は自然界を動物界、植物界、鉱物界の三界に大別し、それぞれの界をその構成要素により、さらに細かく分類していくことで、自然を体系づけようとした。この分類のうち動物界・植物界、すなわち生物の分類体系はこのときの基準が合理性をもつため現在に至るまで踏襲されている。しかしながら、当時の鉱物界の分類は、岩石、鉱物、採掘物と三つに大別され、それぞれがさらに細分されたが、その分類法は現在の岩石学や鉱物学へつながることはなかった。

その後、生物の分類は、一九世紀後半、ダーウィンの進化論やメンデルの遺伝の法則の登場により、それまでの生物の違いを明らかにする記載的段階から、違いの原因を追究しようとする論理的段階へと道が開け、生物学として博物学を脱していくことになる。

図1-3　自然界を動植物界のほかに鉱物界も分類したリンネ
鉱物界の分類は現在では使われていない。

他方、鉱物界は、小は結晶している鉱物から岩石、化石、地層、大陸、さらには地球まで、大地を構成するすべてのものにまでに広がりをもつものとして残った。この鉱物界の範疇はギリシャの四大元素のうちのまさに「土（地）」の概念そのもので、英語でいう“Earth”に当たる。この“Earth”を扱う学問、Earth studyがギリシャ語を語源とする英語のGeology（地質学）である。

地質学もまた特にイギリスにおいて、ウイリア

図1–4　近代地質学の基礎を築いたウイリアム・スミス

ム・スミス（一七六九―一八三九）（図1－4）による地層累重の法則の確立や化石による地層同定の法則が見出され、あるいは火成岩などの認識が深まって、博物学から近代科学としての地質学へと脱皮していった。そうした地質学の扱う対象は、古代ギリシャの四大元素のうち、ただ一つ引き継がれることになった「土（地）」そのものである。

土と地球の関係

こうして、古代から現代に至る「土（地）」は英語ではEarthであるが、その概念は、ミミズが穴を掘る「土」、山崩れで移動した「土塊《どかい》」、さらには「大地」や「大陸」、果ては「地球」にまで広がりをもつ。日本語の「土」の概念は英語の「大陸」や「地球」にまでは及ばない。しかし「土」と「地球」は一続きなので、一体「地球」の部品として「土」はどう位置づけられるのかを「地球」を分解して見ておこう。

図1－5は「土（地）」（Earth）の概念のうち、最も大きな「地球」の解体図である。地球はそ

の半径が約六四〇〇キロメートルの球体で、その内部は表層より、地殻、マントル、外核、内核に大別されている（図1－5下）。地殻以外は直接観察することはできないが、物性の違いで分けられている。中心部の内核は鉄やニッケルなどとされ、五〇〇〇℃を超える高温で、かつ高圧のため固体と考えられている。その外側の外核は、地震波のうち液体では伝わらない横波が通過できないことなどから、液体とされている。さらに外側のマントルはかんらん岩質の固体で、地球内部の熱でゆっくりと対流していると考えられている。

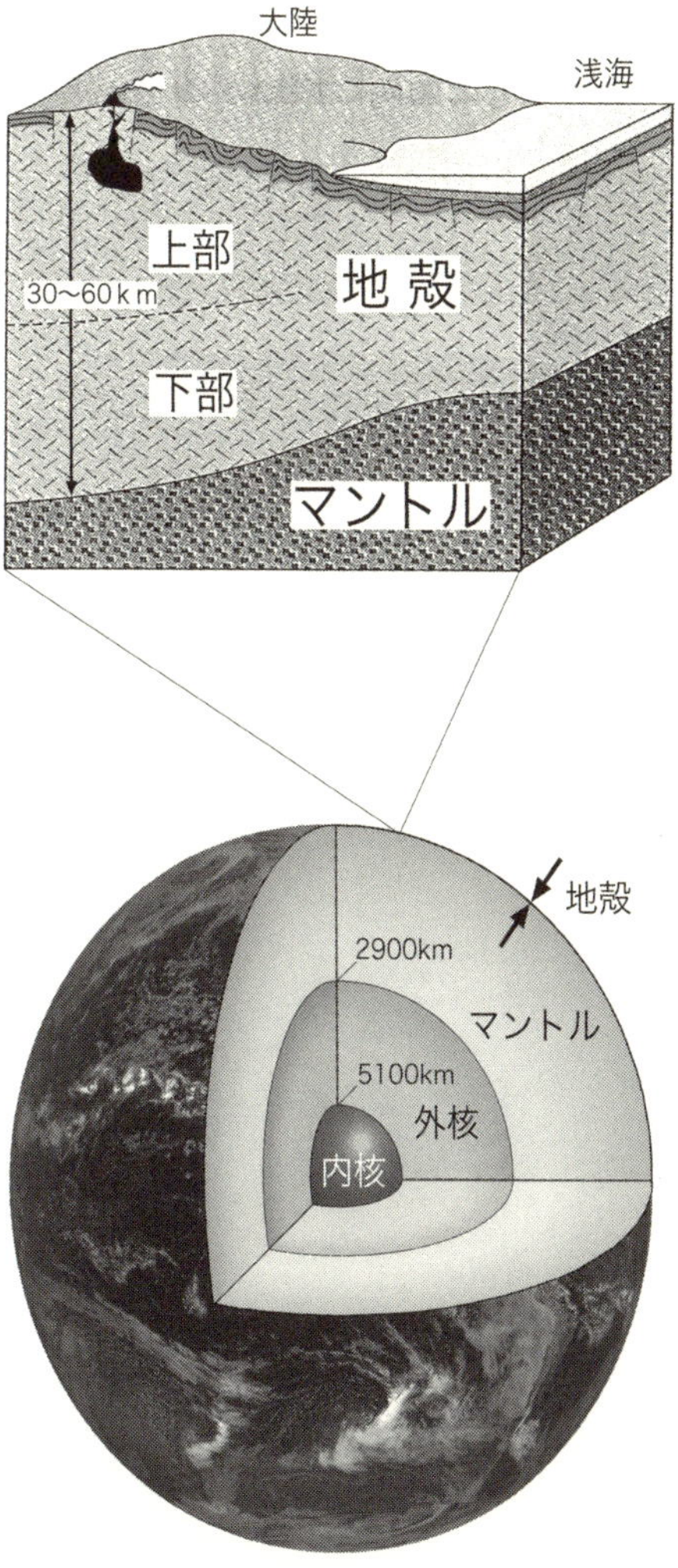

図1−5　地球の内部構造（下）とその表層部の地殻の構造（上）
「土」は地殻のほんの表層部にすぎない。

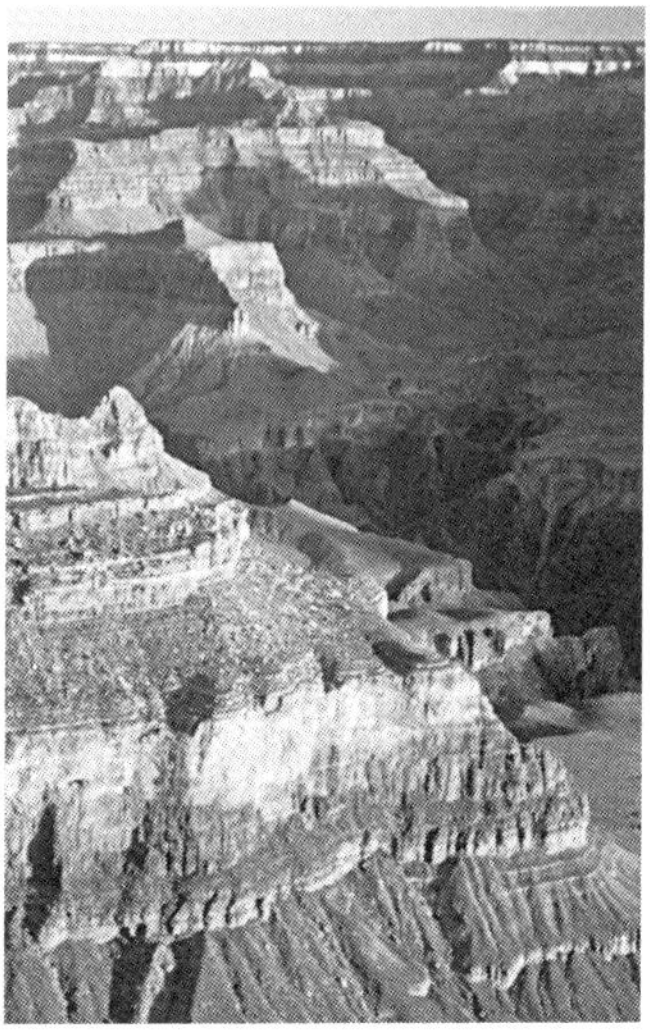

図1-6　グランドキャニオンの地層
数億年を経てもなお水平のまま。

地球表層部の地殻は卵の殻のようにたとえられるが、均一な厚さではなく、一般に標高の高い陸域ほど厚く、海洋部で薄い。陸域の地殻構造は図1－5（上）のように比較的密度の低い「上部地殻」（花崗岩質）と、高い「下部地殻」（玄武岩質）に分かれる。卵の殻のごとく薄い地殻ではあるが、その「上部地殻」でさえ、全断面を観察できる場所は地球上にはない。世界の屋根といわれるヒマラヤ山脈でもすべてが露出していると仮定しても九キロメートル程度である。ヒマラヤのような大山脈の下では「地殻均衡」が働いて、地殻はその重さによりマントルの表層を押し下げて七〇～八〇キロメートルもの厚さがあるとされているので、上部地殻だけでもそのすべてを直接見ることはできない。したがって、我々が普通見られる地殻は上部地殻のさらにその最上部にすぎない。

　上部地殻の最上部、すなわち地表近くの大地がどのような地質や構造になっているのかは、グランドキャニオン（図1－6）のような植生がまばらな岩場で観察するのが適している。かつてグランドキャニオンを訪れた際、登山ならぬ「下谷」、すなわち上の台地から下の谷底まで、高低差一〇〇〇メートル余りを下り、また登ってきた。ここの地質は、最下部のコロラド河岸には褶曲《しゅうきょく》し

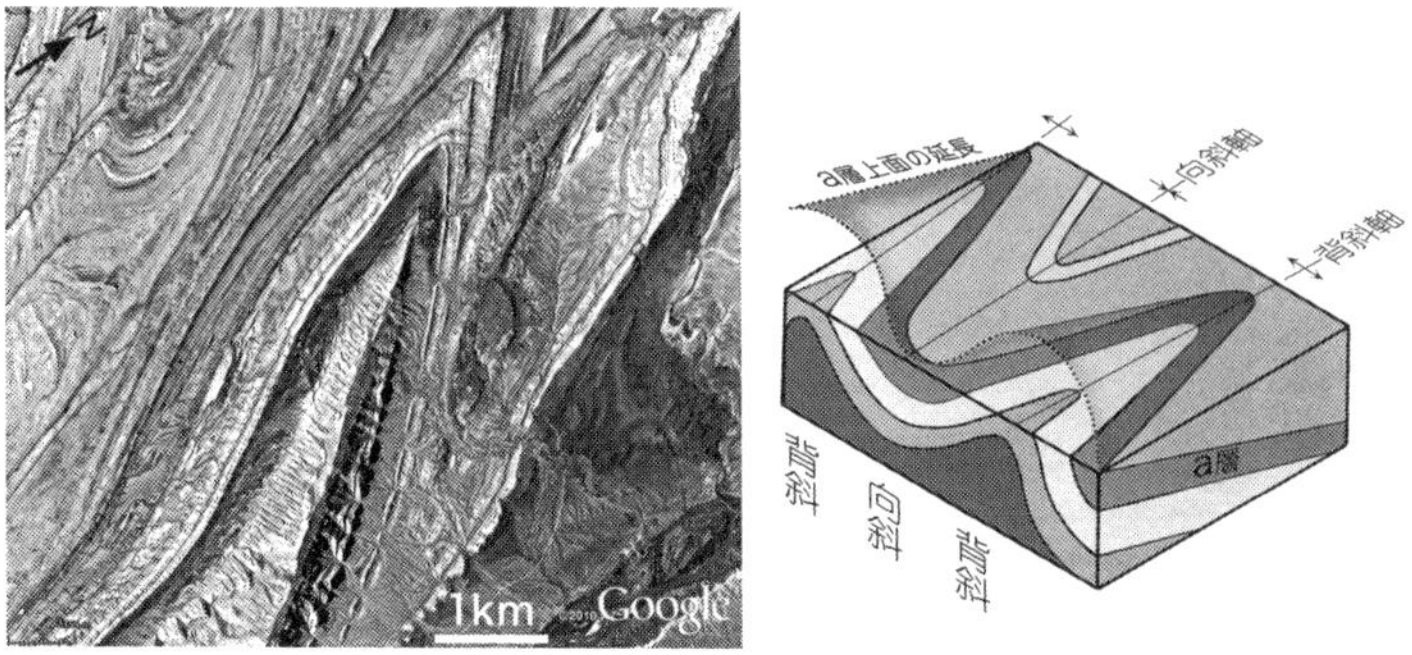

図1−7　左:アメリカ、ワイオミング州のビッグホーン盆地。褶曲構造が見事に現れている（Google Earthより）
右:地層の褶曲構造（背斜や向斜）が地表に現れる模式図

た先カンブリア時代の岩石があり、その上を古生代のカンブリア紀（約五億年前）からペルム紀（約三億年前）までの地層が、ほぼ水平な地層として重なっている。グランドキャニオンで特異なのは、大部分の地層がほぼ水平であることだ。もともと海底などで水平にたまった地層なのだが、それが何億年を経ても水平であり続けることは珍しいことである。山地は隆起運動のほかに、水平方向の圧縮を受けて地層が褶曲したり断層でずれたりしていることが普通である。

　褶曲した地質構造としてはアメリカのワイオミング州北部のビッグホーン盆地のものが好例である（図１－７左）。ここは植生がほとんどないことから、屈曲する地質構造が見事に地形に現れている。牛の角状の地形は地下に鯨の背中のような背斜の構造があって、その両側は向斜の構造になっていることが読みとれる。つまり、地層が図１－７（右）のように、地下で波のようにうねっている構造が地表に現れたのである。永年の侵食の結果、地層の硬軟が地形の差となって、あたかも古板の表面に年輪が板目状に浮かび上がるかのように地層が現れている。地質図によればペルム紀初期（約三億年前）から白亜紀初期（約一億年前）の地層ということで、それらが折りたたまれるようにして重なっている。こうした褶曲構造は珍しくはなく、日本、特に東北日本では奥羽山脈や出羽山地などを作っている基本的な構造なのである。ちなみに新潟県柏崎市東部の褶曲による山地の例を図1－8（中）で紹介しよう。新潟県のこの区域では、かつての日本海の海底やその後の湖底などの水域に堆積した地層が観察される。ここの様々な地層の重なりから、堆積した環境が比較的深い海から浅海を経て、湖へと変化した歴史が読める。さらに地質図からは地質断面が推定できる。地質図のA－B断面が図の下に描いてあるが、地層が褶曲し鯨の背中のような背斜構造になっていることがわかる。

さて、アメリカのビッグホーン盆地では地質構造がむき出しになっているので、その状況は上空から眺めることができた。他方、同様に褶曲した地質構造の柏崎市東部の上空からの写真は図1－8（上）のとおりである。この写真は、下の地質図と同じ範囲なのだが、地質構造はまったく見えない。空中写真で見える地形はそのほとんどが緑色（写真では暗色部）の部分で、これは山地の表面を覆う植物である。しかし、植物を伐採、排除してもその下の地層は見えない。それは植物が根を張っている表土があって、地層を覆っているからである。こうした表土が覆う場所でも地質図を作ることができるのは、谷筋などには表土が侵食され、地質が露出している「露頭」があるからだ。図1－8の空中写真で白い筋のように見えるところが谷筋に当たる。谷筋では比較的露頭が多いとはいえ、全面露出ではなく、滝があったり堰堤があったりで、地質調査の効率は悪い。他方、ビッ

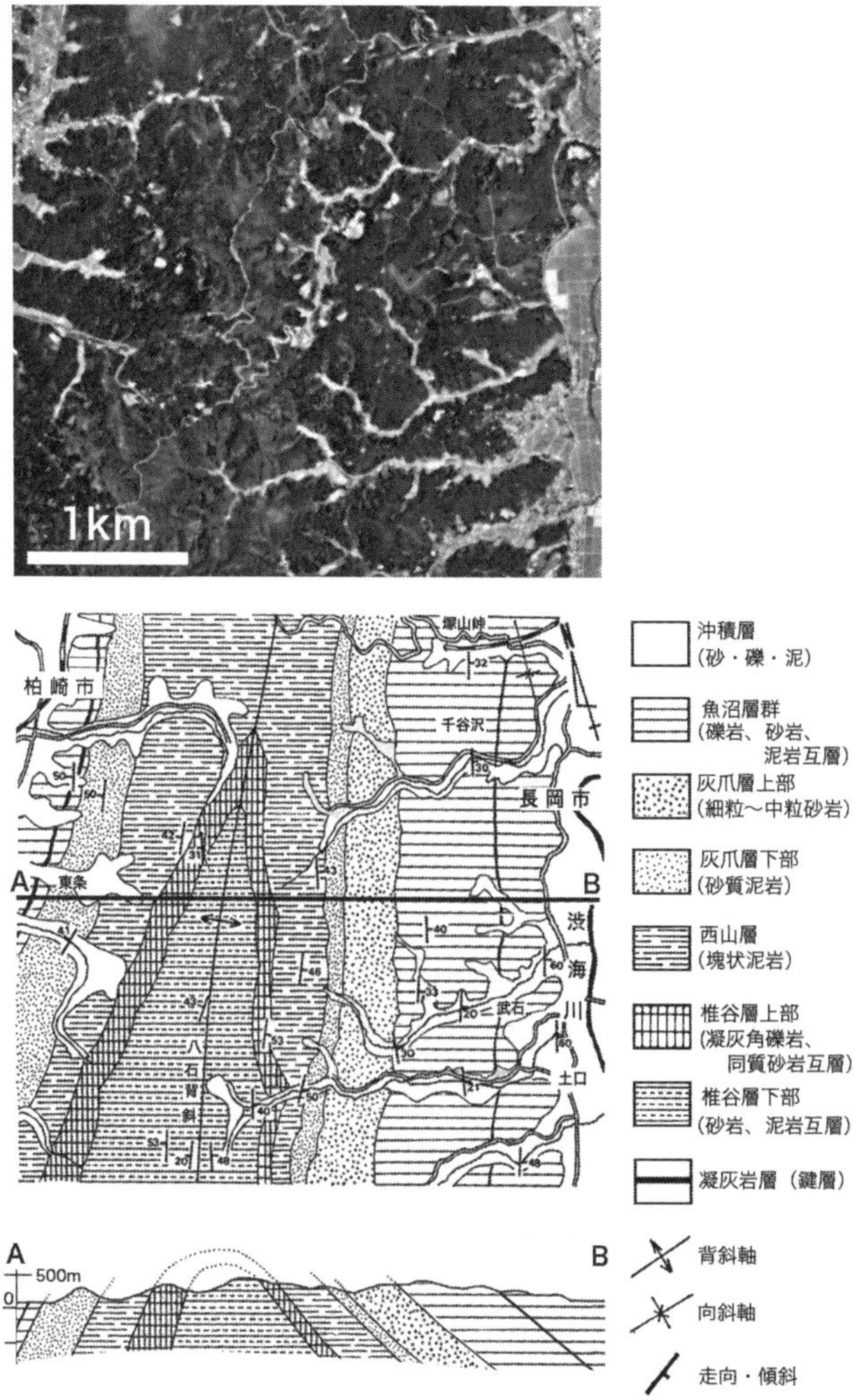

図1-8　新潟県柏崎市東部の空中写真（上)、同範囲の地質図（中）と断面図（下）
地質構造をもつ基盤岩は表土に覆われていて上空からは見えない。

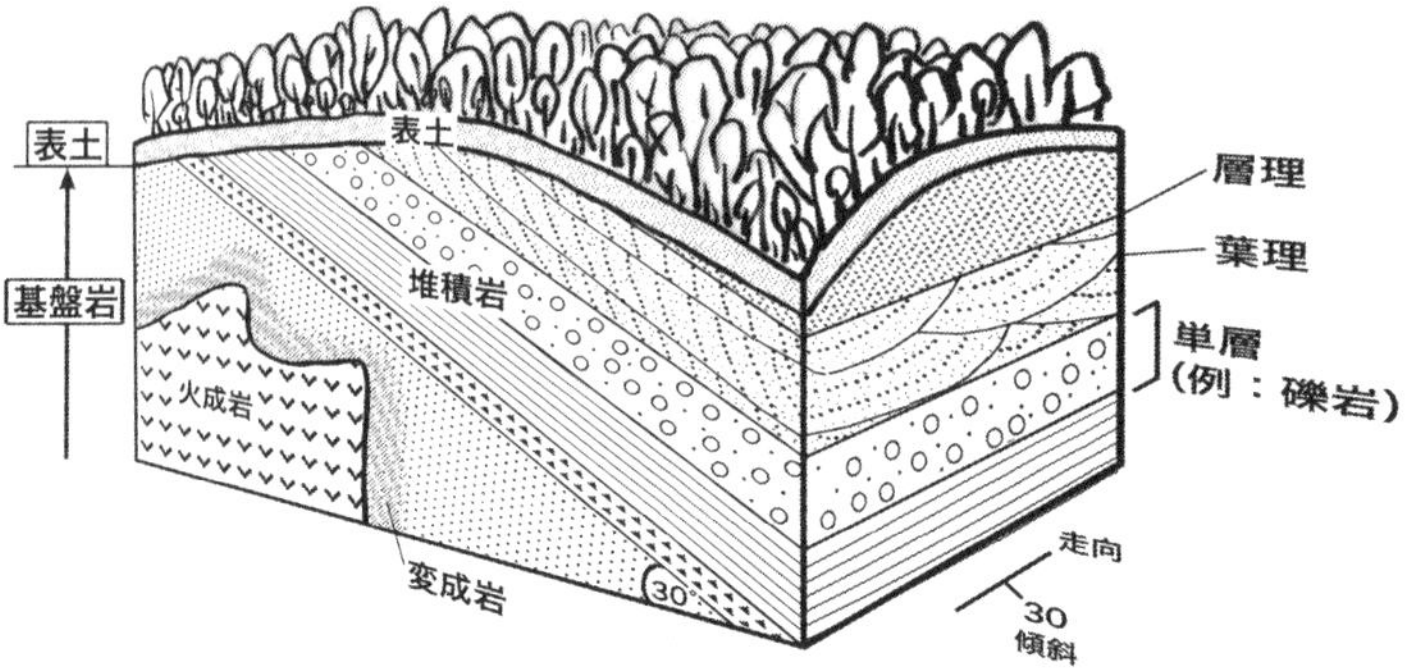

図1−9　基盤岩とその上を覆う表土（土）の模式図

グホーン盆地で地質調査をするとしたら、地形図に図1−7（左）の地形模様を写しとり、それぞれの地層の岩質が観察される最短のルートを選んで、現地調査すればたちどころに地質図ができてしまう。日本のようなところでは表土が基盤岩を覆い隠しているので、地質調査には非常に多くの時間と労力が必要である。

以上のように、地殻の最上部には、堆積岩（地層）や非堆積岩（岩体）として区別できる「基盤岩」がある。そうした基盤岩がビッグホーン盆地のように地表に露出していることもあるが、これはむしろ例外で、ほとんどの地域では基盤岩の上を「表土」が覆っている。表土は地質学的には、無視あるいは軽視されがちであるが、地球の最も表層部の構成単位であることは明らかである。

「土」と「表土」と地質学

「土」は、地球の構成員としてみると、少なくとも「表土」に含まれるので、以後「表土」と同義とする。なお、湖や海の底などの水域堆積物は「表土」には含めない。したがって、本書での「表土」は「乾陸上の地表部にあって基盤岩を被覆する比較的軟弱な部分」としておく。

こうした「表土」は、その定義だけでは抽象的なので、より具体的な露頭において「基盤岩」との関係を図1－9に表した。この図で、露頭は基盤岩と表土に大別されるが、地質学の対象はほぼ基盤岩である。この基盤岩は堆積岩や火成岩あるいは変成岩のような大きな分類があり、さらに小さな単位へと階層的に区分されている。堆積岩の場合、それを構成する地層の最小区分は単層であり、礫岩とか泥岩、あるいは凝灰岩などと区分されている。前記の地質図や断面図はこうした基盤岩やその地質構造の観察をもとに作られ、さらに化石などのデータも加わって地球の歴史が読みとられていく。

他方、「表土」は軟質ではあるが、基盤岩の地層のように層理面があり、ときには化石が出てくるといった特徴がない。それればかりか、「表土」はそもそも堆積物なのか風化物であるのかさえも定かではない。ただ、そうした「表土」ではあっても地球の最上部にあるものとして、地質学で詳しく扱われないのは「地」（Earth）を扱う学問としての最後の詰めを欠いているように思える。地球史四六億年の最近の現代史が「表土」からは読みとれないものであろうか。そんな思いが、「表土」を地質学的に探ってみようとする動機の一つでもある。まずは表土（土）を探る糸口として土に関する身近な疑問を出してみよう。

第2章 「土」についての疑問

なぜ遺物は土の中？

学校の創立記念日などに校庭の隅に穴を掘ってタイムカプセルを埋めたり、昔埋めたカプセルを掘り出したり、といった行事に接することがある。カプセルは、なぜ土の中に埋め、そして掘り出したりするのだろうか……。

そのわけを察するに、大昔の土器や石器などは土の中から出てくるので、掘り出した物の古さを強調するには効果的な演出になるからと思われる。

さて、そもそも時を経た物が土の中から出てくるのはなぜか。身近で単純な疑問なので、書物で調べるとすぐにわかりそうである。でもその前に、物が土の中に埋もれる条件をあげておこう。それは、①物が土の中にもぐる、②物が土で覆われる、③物が人や動物によって埋められる、の三つである。前記のタイムカプセルの場合は③であるが、土器などは誰かが埋めたのだろうか。それとも、自ら土の中にもぐりこむ、あるいは土に覆われるのであろうか。

こうした疑問について、考古学の基礎的な書物をいくつか当たってみた。しかし納得のいく見解は見当たらない（探し足りないのかもしれないが）。考古学関係の書物に、昔の物が土の中から出てくることの理由が見当たらないのは、そんなことは自明であり、あえてふれる必要がないからかもしれない。あるいは、この問題は土を扱う地質学や土壌学などが明らかにしているはず、と考古学分野では思いこんでいるのかもしれない。しかし、地質学は前述のように地層や岩石を研究対象としていて、土（表土）は扱っていない。また、土壌学も土を研究の対象とはするが、それは農業や林業で植物を育てるための培地としての観点であり、植物に影響を与えそうもない遺物との関係は扱わない。さらに、土を扱う土質工学分野では、土は建設物の基礎として、主に強度などの物性が問題にされるが、遺物はそうしたことにほとんど関わらないので、この分野でも扱われない。こうしてみると、土を扱う学問に遺物と土との関係を土の視点で明らかにしようとする分野がないのである。したがって、なぜ、昔の物（遺物）は土の中にあるか、のような単純と思えることでも、未だに明確ではないといえよう。まさに学術分野の境界領域の「盲点」なのである。

土の色で遺物が違う

土の中に遺物がある理由がよくわからないまでも、どんな土に入っているかは遺跡の発掘現場で観察できる。近年、大規模な土木工事に先立つ遺跡の調査が増え、各自治体の教育委員会などが常にどこかで発掘調査をしている。また、こうした調査の終盤に開催される現地説明会には郷土の太

図２−１　広大な黒土を伴う青森県三内丸山の縄文遺跡（アサヒグラフ、1994より、朝日新聞社提供）

古のロマンに触れようと考古ファンが集まるが、私もいくつかを見学してきた。

多くの現場を巡るうちに、縄文時代と旧石器時代の遺物ではそれが出る土の色が異なることに気づく。すなわち、縄文土器は「黒土」、旧石器は「赤土」からそれぞれ出てくることである（口絵③④参照）。このことも、考古学ではきわめて常識的なことである。そんな例をいくつか紹介しておこう。

青森県の三内丸山遺跡は、一九九二年の青森県の野球場建設に伴う調査以来、大規模な縄文史跡として知られることになり、その後、広範囲の発掘がなされた。その際、縄文前期から中期の遺物を含む土は、広い範囲にわたって黒々とした面を見せていた（図２－１）。

同じ頃、九州の鹿児島県でも、霧島市の工業団地建設予定地の上野原遺跡から、縄文早期の遺物が大規模に発掘された。ここでも遺物を包含する地層の多くは黒土で、我が国最古の壺とされる土器は黒土に埋もれていた。

他方、こうした縄文時代より前の時期は、土器を伴わずに石器だけが出土するので旧石器時代とされている。かつて、考古学では日本には旧石器はないであろうと考えられていたが、一九四九年にアマチュア考古学者の相沢忠洋氏が群馬県の岩宿で、関東ローム層（いわゆる赤土）から旧石器を発見した（芹沢、一九八二）。

これを契機に、北海道から沖縄まで日本各地の赤土から、旧石器が発見されるに至っている（図2－2、口絵③）。その結果、旧石器は「赤土」（ローム質層）に埋包されることが明らかになった。

図2-2　旧石器遺跡の調査（山形県真室川町丸森遺跡、2009年、東北大学発掘、鹿又喜隆氏撮影）
旧石器が「赤土」層から慎重に発掘されている。（カラー写真は口絵③）

ところが、この性質を悪用したアマチュア発掘者の某は、発掘現場の「赤土」に事前にひそかに石器を埋めてそれを発掘させ、次々に日本に古い時期の旧石器が存在するような解釈をさせてきた。二〇〇〇年にそのことが発覚して「旧石器捏造事件」となって考古学会をゆるがす大スキャンダルとなった。もし、彼が「黒土」に石器を埋めたとすれば、考古学者はこれを旧石器とはせずに縄文期の石器としたに違いない。旧石器は「赤土」から出るという必然性を悪用したからこそ、彼とともに発掘した考古学者は彼の悪事に気づかなかったのである。

以上、旧石器時代と縄文時代の遺物と、赤土と黒土の関係の一例を紹介した。日本全国の多くの遺跡を発掘した結果として、旧石器時代の遺物は必ず「赤土」から、縄文時代の遺物は「黒土」と密接に関連して出土する、という法則性を導くことができる。では一体この法則性を生む原因は何なのか。その原因こそが旧石器時代と縄文時代の違いの本質に迫ることに違いない。しかしながら、このことも考古学で明らかにされていないし、地質学、土壌学、土質工学でも扱われていない。すなわち、赤土と黒土で遺物が異なることの理由が未知なのも境界領域の盲点なのである。

さてこれまでで、遺物が土の中にあることの疑問に加え、赤土、黒土といった土の種類と遺物の違いの疑問も重なった。この先、赤土、黒土とは何か、を考えようとすると、そもそも土とは何か、といった基本的な理解が必要になる。

土壌学から「土」を見る

まず、土の理解のために、土（表土）をどこでどう見るかであるが、人為的に乱された田畑や庭などよりは山野のより自然状態に近いところが適地である。そうした場所での穴掘りによる観察もあるが、十分な広さと深さにするのは重労働である。代わりに工事現場や崖の断面（以後「露頭」という）を探すと、広い範囲の地表部の断面を観察できる。

そんな例として、山地の斜面を切り取る道路建設現場の露頭で表土を見よう（図2－3）。露頭

図2-3　地表断面に見られる「土」（表土）と基盤岩との関係（カラー写真は口絵①）

下部のしま状の層理を見せる地層は約一〇〇〇万年前の海底に堆積した堆積岩（砂岩泥岩互層）である。地質学ではこうした地層をハンマーでたたき、新鮮な部分を出して観察したり、化石を見つけたりして、地球の歴史を解明していく。ここが「基盤岩」とした部分である。

他方、その上が「表土」で、普通はスコップで掘れる程度に軟らかい。石器や土器などの遺物が埋積されている部分でもあるので、考古学で発掘する土でもある。また、植物が根を張る部分でもあることから農学では「土壌」とされている。「土壌」は植物の根の入る範囲（深度が約一・五〜二メートル）に限られるが、「表土」はそれ以深の発達もあり、厚さの制限はない。ただし、一般に「表土」は二メートルを超えることが少ないので、その限りにおいて、「表土」＝「土壌」なので

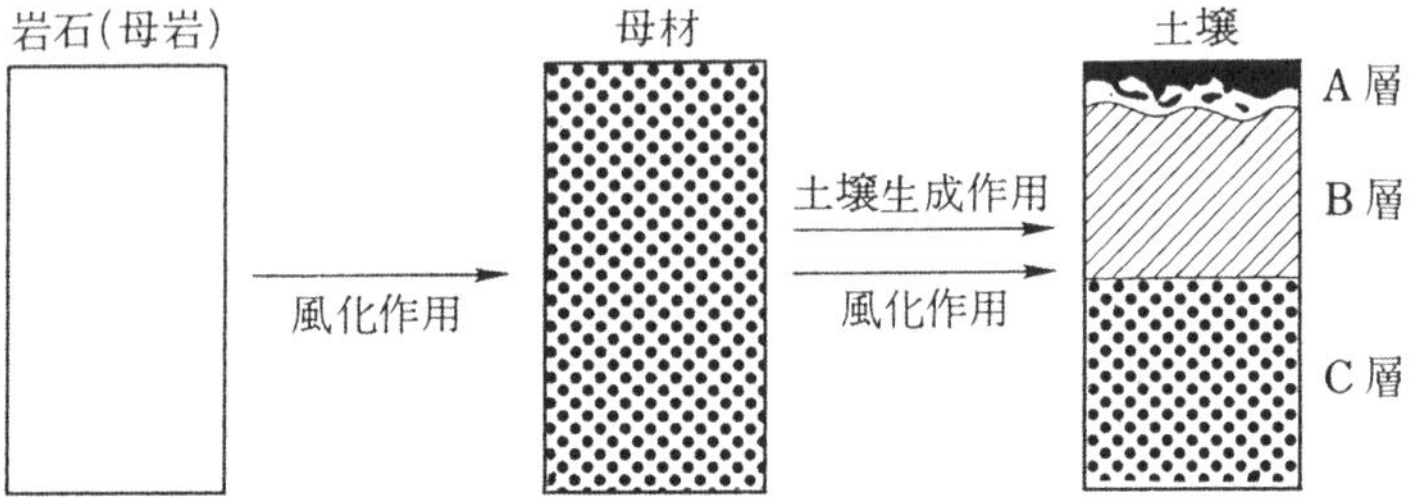

図2-4　土壌の形成（風化作用と土壌生成作用）（久馬ほか編、1993、『土壌の辞典』より）
母岩の風化により母材が形成され、さらに土壌生成作用が進行して土壌が形成される。

ある。「表土」の研究は、この「土壌」の部分を対象に土壌学の分野で進んでいる。そこで「土壌」を通してまずは「表土」を見ていくことにする。

土壌（表土）は図2－3（口絵①）で見られるように基盤岩の上に発達し、一般に上から下へと三層に大別されている。その最上部は主に動植物の遺体やそれを起源とする有機物を多量に含み、茶黒色を呈するA層。中間部は有機物が少なく、主に褐色の泥や砂およびその混合物からなるB層。さらに最下部は基盤岩から上のB層へ移化する部分で、基盤岩の岩片を礫状に含むC層とされている。こうした土壌の三層構造は、発達の良否があったり、さらに細分されたりするが、基本的には世界共通の区分である。A層、B層、C層などと、仮の名称のようであるが、土壌学では世界共通に使用される学術用語である。土壌のこうした層構造は「土壌層位」と呼ばれ、土壌の発達過程で形成されるものである。

土壌の形成は、基本的には岩石（母岩）が風化して粒子となった物が集合して「母材」となり、ここに土壌生成作用が進行するという過程をたどる。この際、岩石とは別の場所に運ばれ

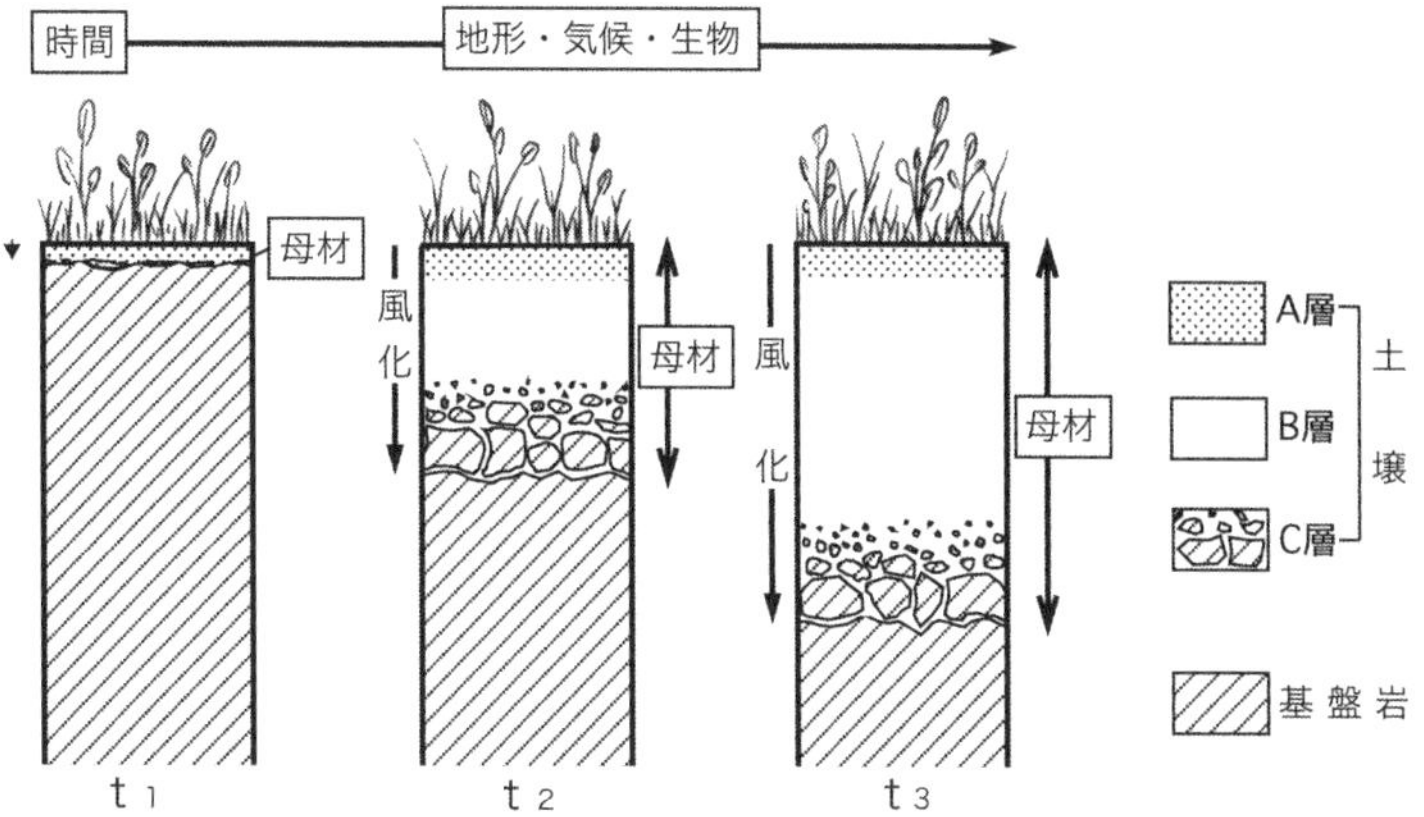

図2−5　母岩の風化作用（残積成母材の形成）と土壌生成作用がともに進行して形成される土壌（図2−4をより自然史的に図解し直したもの）

て堆積した母材は「運積成母材」、岩石のあるその場所に残って風化が進んだ母材は「残積成母材」として大別される。このうち、より一般的とされるのは残積成母材による土壌の形成で、その行程は図2－4に図解される。すなわち、基盤岩である岩石（母岩）があって、その場で風化し、軟質化して母材となり、それが土壌生成作用を受けながら、さらに風化作用も進んで、土壌ができると考えられている。

　土壌生成作用とは母材とその場の気候、生物、地形との、ある時間にわたる相互作用とされている。この作用を通して一定の形態（土壌層位など）と機能を獲得したものが土壌なのである。図2－4では、岩石、母材、土壌が時の流れの中で風化や土壌化の作用を独立的に受けるように描かれている。

　しかし、これらの作用は同時進行するから、より自然史的な図に移すと図2－5のようになる。この図では土壌の形成を三つの時期（t_1、t_2、t_3）に区切って示してあるが、t_3を現在とすると理解しやすい。すなわち、土壌の形成は、母岩に風化が始まる初期状態（t_1）から、母岩の風化が進み、土壌生成作用も進行した時期（t_2）を経て、さらに風化や土壌生成作用が及んで現在（t_3）見られるような土壌となる。このようにして土壌のA層〜C層は分化して発達すると考えられてきた。ただし、C層は基盤岩的な母材であるため、土壌生成作用をほとんど受けていないので、土壌の主体はA層とB層になる。このA層とB層に関してはもう少しふれておこう。

A層は鉱質土壌の最上部にあって、地表部からの有機物の分解過程にある「腐植」が供給される場所である。そのため上位ほど茶色〜黒色の着色が強い傾向がある。また、A層は土を構成する鉱物から、鉄やアルミニウムなどのミネラルが溶解される場所でもあるとされている。

B層は多くは黄土色（褐色）をしている。A層で溶脱された鉄やアルミニウム、あるいはカルシウムなどはこの層で一時的に集積するとされている。

以上のように、表土では有機物の分解や集積、無機物の溶脱や集積を通して土壌が形成される。土壌中の、有機物の分解はほとんどが微生物によってなされ、無機物の溶脱・集積は化学反応として進行する。微生物の種類やその数、あるいはその密度などは、気候条件（気温や降水量）が支配的であるし、無機物の化学反応もまた気候による影響が大きい。すなわち、気候の違いは、形成される土壌に差違をもたらすことになる。そこで、地球上の気候の違いがどのような土壌の種類を生むかを見ておきたい。

世界から見た日本の土壌

世界の気候（気温と降水量）と土壌との関係は大局的には図2－6のとおりである。縦軸は下から上へと低緯度から高緯度に対応する。赤い土が熱帯多雨域で目立つのは、「ラテライト性土」とされる土壌が多いからである。中緯度では、降水量の多い地域は「褐色土」が、少ない地域では「プレーリー土」が形成される。

このように地球規模の気候の差違が生む特有の土壌は、「成帯性土壌」と呼ばれている。中緯度で湿潤な日本における成帯性土壌は図2－6では褐色土であるが、我が国の自然状態では広葉樹林の「森林」下に分布するため、「褐色森林土」と呼ばれている。なお、褐色森林土に赤色が増した「暗赤色土」、「赤黄色土」などの成帯性土壌は本書では「褐色森林土」に一括する。日本の各種土壌とその分布は図2－7に示すとおりである。成帯性土壌である褐色森林土は最も広く分布し、国土面積の半分以上（五五・二パーセント）を占める。次いで黒土であるクロボク土（一

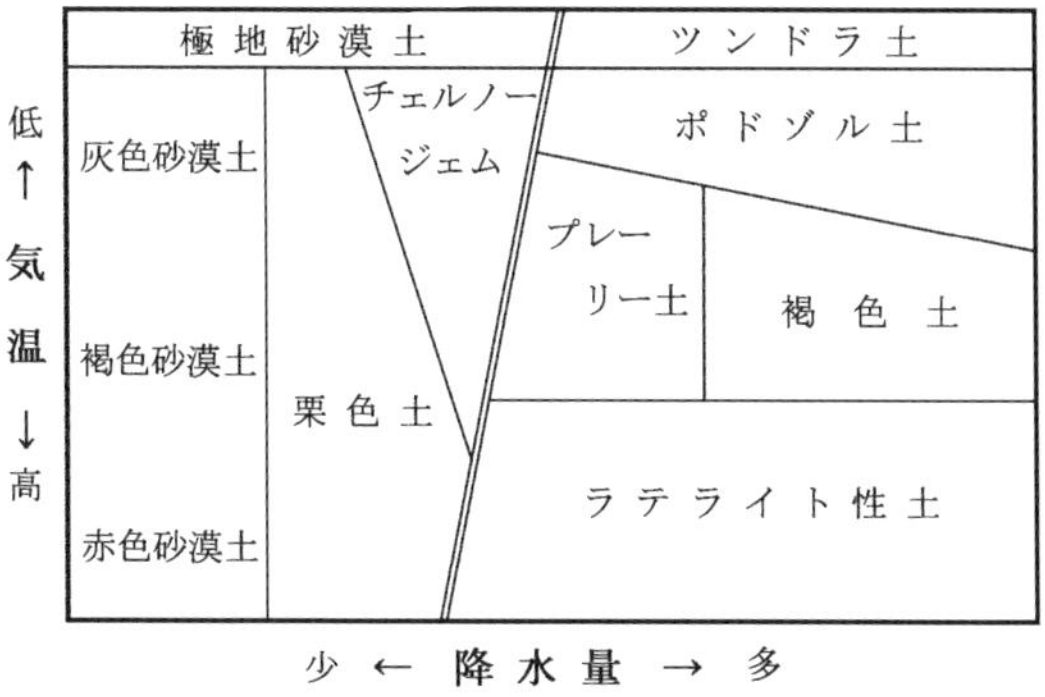

図2−6　世界の気候と土壌の相違（Ollier, 1971 より）

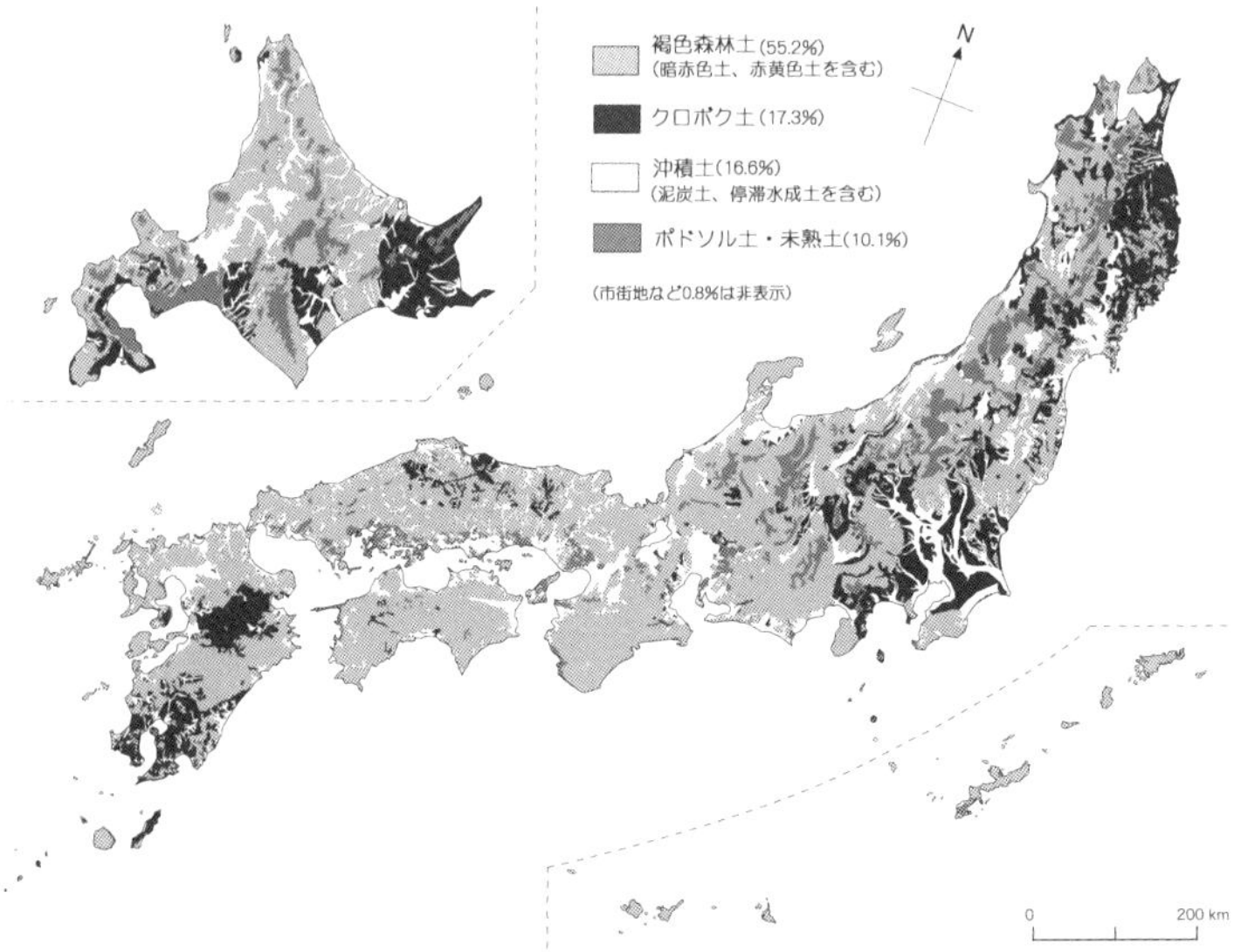

図2-7　日本列島に分布する主要な土壌（褐色森林土とクロボク土）（菅野ほか、2008；東北大学大学院農学研究科土壌立地分野、2008を改変）

七・三パーセント）が広く分布するが、褐色森林土分布域に割りこむように形成されている。こうした褐色森林土が形成される一般的な気候条件域内に特殊な条件が加わって形成されるクロボク土のような土壌は、「成帯内性土壌」と呼ばれている。他方、気候条件とは直接に関わらない沖積土（泥炭土、停滞水成土を含む）は一六・六パーセントと広い面積を占めるが、主に沖積平野の水・湿地成堆積物が母材の土壌である。このほかさらにポドソル土・未熟土（一〇・一パーセント）が区分されている。

このように日本の土壌のすべてが褐色森林土ではないのは、一般的な気候条件だけではなく、ほかの多様な条件も加わって各種土壌が形成されるからである。

さて、「土」（表土）とは何かについて、この部分の研究が最も進んでいる「土壌」でみてきた。その結果、前述の「赤土」とは成帯性土壌の「褐色森林土」、「黒土」とは成帯内性土壌の「クロボク土」にそれぞれ対応する。そこで、今後は表土の理解をこの両土壌（合わせて七二・五パーセント）に絞って進めることにする。

褐色森林土は山地、あるいは畑などの耕作地では攪拌土の下に普通に見られる褐色の土である。他方、「クロボク土」とはどんな土壌であろうか。まずは「クロボク土」について、その研究が進んでいる土壌学の視点で紹介しておこう。

「クロボク土」とは

クロボク土の特徴は、その色が異様に黒いことである（口絵㉒参照）。一般的な褐色森林土のA層の茶黒色を超える異様な黒さである。クロボク土は、その分布は図2－7のように局部的であるが、主に火山の裾野や丘陵などの台地状の地表で広く見られる。畑などではクロボク土を耕すと黒く、ボクボクとした軟らかな土となることから、農家での呼び名が土壌名になったといわれている。国際的な名称は日本語の「暗土」を音訳したAndo sols（アンドソル）とされている。

図2－8は山形県尾花沢《おばなざわ》市の丘陵地の畑に見られるクロボク土である。ここの黒土は耕すと黒々としていて一見肥沃な土壌のように見えるが、多くの肥料を施さないと良い作物はできないそうで

図2-8　クロボク土（手前）と褐色森林土（奥）が耕された畑（山形県尾花沢市の丘陵地）

ある。ただ、フカフカとして水はけがよく、夏のスイカや秋の根菜類などの栽培には適した土壌とされている。

クロボク土は限られたところにしか分布しないので一般に目にする機会は少ない。しかし甲子園球場では運ばれてきたクロボク土が見られる（将来も見られる保証はないが）。テレビ中継で阪神タイガースや全国高校野球を見る際、内野にある黒みを帯びた土がそれである。ちなみに、ほかの球場の内野の赤みの強い色土は、アンツーカーと呼ばれる人工的に粘土を焼いて作られたものである。黒い土はボール（白球）が見やすいなどの効果もあるようだが、球場を管理する会社の情報では、吸水性のよい黒土でグラウンドの水はけを良好にしているとのことである。ここの黒土は鹿児島県などから運ばれたクロボク土に浜砂が混合されているという。だから、黒みはやや薄れ、本物とは違うが、散水直後の黒々とした色はクロボク土の色のイメージの参考になる。

さて、実際に分布しているクロボク土とは何かであるが、土壌学では火山灰を母材とする土壌とされていることから、「火山灰土」とも呼ばれている。色が黒いのは腐植を多量に含むからである。腐植とは地表の動植物の遺体からもたらされた土壌中の有機物で、最終的には水と炭酸ガスに分解されるが、その過程にあるものの総称である。こうした腐植は比較的分解が進まない固体状の微粒子（ヒューミン）や溶液となる高分子（可溶腐植）などがあり、土壌に黒みを与えている。クロボク土は、ススキやササなどイネ科の植物遺体からもたらされる大量の腐植が、火山灰に含まれるアロフェンなどの粘土鉱物や活性アルミニウムと安定な複合体を作ってできると土壌学では考えられてきた。

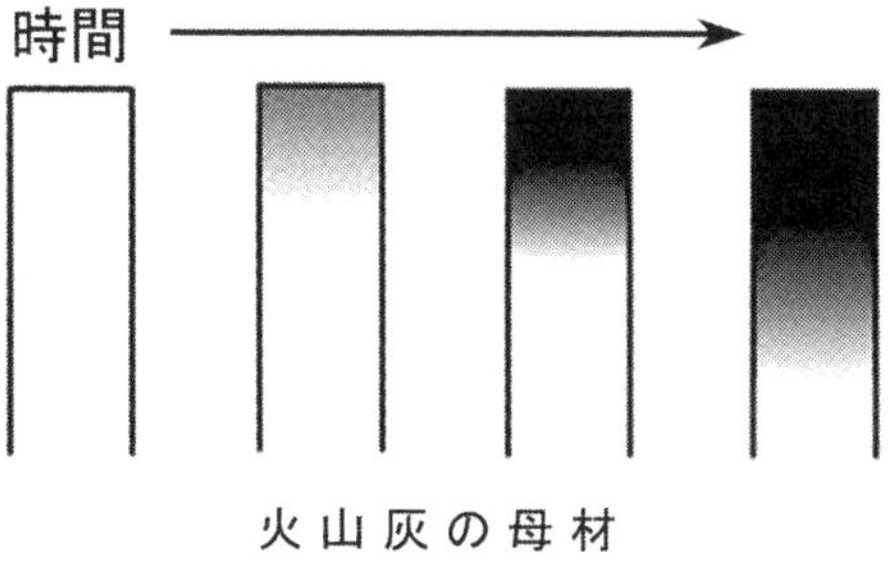

図2-9　クロボク土壌の形成過程
火山灰の母材に、腐植の集積が進行して、クロボク土（黒色部）が形成されると考えられてきた。

以上のように、クロボク土は火山灰を母材としてその場所の気候、生物、地形とのある時間にわたる相互作用の中で形成されるが、クロボク土壌の形成は前述の図2－5で解説された土壌の形成をもとにすると、図2－9のようにまとめられる。すなわち、図の左端は、火山灰が降って母材が準備された初期状態である。さらに時の経過とともに地表の植物などの生物遺体から供給される有機物の分解物（腐植）は、母材中の鉱物などと安定な複合体を作って蓄積され、順次右へ、地表から下へと黒みが加わって、黒色のクロボク土壌が成長していくと考えられてきた。

疑問の多いクロボク土

まず、古代人の遺物の出土層であるが、旧石器時代は褐色の土、縄文時代は黒土と密接に関連することは前に述べた。そこで疑問になるのは、縄文時代に降った火山灰だけがなぜ黒色のクロボク土になるか、である。その解釈としては、縄文時代の始まりは最終氷期の終わり（約一万年前）とほぼ一致し、温暖化した後氷期にあるので、植物が旺盛に茂り、相応に多くの腐植が供給されたため、というものがある。確かにクロボク土の生成年代は、放射性炭素によるとほとんどが一万年より新しい年代を示すので、縄文遺物と黒土との共存関係は矛盾しない。ただし、一万年前以降のような暖かな時期は「間氷期」と呼ばれ、第四紀の一〇〇万年前頃から寒冷な「氷期」と温暖な「間氷期」が交互に繰り返されてきたうちの一つの時期である。クロボク土が、現在の間氷期（後氷期）に形成されているのであれば、同様に過去にさかのぼった多くの間氷期の火山灰にもクロボク土が形成されているはずである。しかしながら、そうした古いクロボク土は見つかっていない。なぜないのか疑問である。

さらなる疑問は、クロボク土とA層についてである。一般的な土壌の褐色森林土のA層の発達は、数十センチメートル以下がほとんどである。しかし、クロボク土はそのものがA層とされ、その厚さは数十センチメートル以上に及ぶことが普通で、一メートルを超えることもある。クロボク土のA層はなぜ厚いのだろうか。

次は、そもそもクロボク土が火山灰とされていることである。日本は火山国とはいえ、火山灰が一万年以降、クロボク土の分布するあちこちの地表に厚く積もるのだろうか、という疑問である。火山が噴火すると、その火山灰は日本列島上空に支配的な西風で、火山の東側を主体に降り積もる。ところが、たとえば新潟県の佐渡島《さどがしま》や石川県の能登半島など火山から西に遠く離れたところにも、かなりの厚さをもつ黒土を伴う縄文遺跡が少なからず存在しているのである。また、遺跡は伴わないまでも本州の日本海側は、クロボク土が広く分布している地域でもある。そうしたクロボク土も火山灰を母材にしたものであろうか。あるいは、日本海側の地域は「緑色凝灰岩地域」とも呼ばれているように、新第三紀の凝灰岩（火山灰が固結した岩石）が基盤岩として広く分布している。こうした凝灰岩が風化して母材となってクロボク土が形成されるのであれば、日本海側のクロボク土の多さに納得がいく。しかし、凝灰岩の分布する地表部にクロボク土が特に発達するという関係は確認されていない。

さて、土にまつわる種々の疑問をあげてきた。なぜ昔の物（遺物）は土の中から出るのかに発した疑問の先に、なぜ縄文の遺物は黒土、旧石器は赤土から出るのか、という疑問があった。さらにその疑問は黒土であるクロボク土に連なり、クロボク土の疑問の連鎖が芋づる式に出てくる。こうした疑問の掘り出しはこれくらいにして、この先はこれまでの疑問を解いていくことにしよう。まずは、クロボク土は火山灰土か否か、の検討をしたい。

クロボク土は火山灰土？

土壌学の進展の中で、クロボク土が火山灰土と結びついたのは、戦前の研究に発するようである。その後、様々な解釈で火山灰土がクロボク土といわれるようになった。その経緯は後述するが、こうした研究の流れの一つの到達点として、一九八三年に、日本土壌肥料学会の編集による『火山灰土――生成・性質・分類』という単行本が出版されていることをあげておこう。

この本では、当時の土壌学会の著名な方々が、それぞれの専門分野から「火山灰土」を扱っている。この時点での「火山灰土」は、一部、国際的な火山灰土との整合性が問題視されてはいるが、ほぼクロボク土を意味していたことがうかがえる。さらに近年の土壌学の教科書を見ると、クロボク土はいずれも火山灰を母材とする土壌であると解説されているし、『土壌の事典』（久馬ほか編、一九九三）でも、「黒ボク土は主に火山灰を母材に生成するため火山灰土とも呼ばれる」との一文もある。

こうした「火山灰土」とクロボク土との結びつきは、ある研究の論理を通して導かれたのではなく、両者が時を経るうちに暗黙の了解のように結びつきを強め、ついには「クロボク土＝火山灰土」として一人歩きしているように思える。このように先人の研究に当たっても理解が進まない場合は原物に戻って解決するしかない。そこでまずは、「火山灰土」とされている「クロボク土」の実物はどこにあるのかを探すことになる。地質学では「○○層」と呼ばれている地層に疑問が生じたら、その地層そのものを自分の目で観察できるようになっている。それは、地層の命名者はその地層が典型的に見られる場所を「模式地」として指定しなければならない学術規約があるからである。したがって、模式地に出向けば地層の実物を見ることができる。しかし土壌名は、地層名の設定とは異なり、模式地の指定はない。そこで、『火山灰土』の中で、「火山灰土」が「クロボク土」であることを示す最も説得的な場所を探してみた。まずは関東地方であるが、ここでは富士山、箱根火山、浅間山《あさまやま》、榛名山《はるなさん》など多数の火山があり、それらの火山灰がクロボク土に関係しているらしく、火山灰やクロボク土の存在は豊富である。しかし、豊富なだけにそれらの相互関係は複雑で、理解も相応に難しく思える。それに対し、東北地方の十和田火山周辺は、十和田火山のみの影響が主体であることから比較的単純で、火山灰とクロボク土との関係を観察するには最適なフィールドである。そんなわけで、十和田火山周辺の調査を行なった。

第3章　火山灰とローム

十和田で見る実物

前記、『火山灰土』の中で、東北大学の庄子貞雄教授の執筆部分（以後「庄子論文」と略記）に十和田火山灰土の断面の柱状図がある（図3－1）。この図は十和田火山（現在の十和田湖）の東側の風下に当たる地域で観察されたもので、左側（西）が十和田火山の火口に近く、右側（東）へ遠ざかる配列となっている。この地域では十和田火山灰として、下位より、二ノ倉火山灰、南部火山灰、中掫《ちゅうせり》火山灰とされる三枚のやや厚いものと、十和田b火山灰、十和田a火山灰の薄い二枚の、計五枚が観察される。そして、それぞれの火山灰の最上部がクロボク土になっている。

図3－1の柱状図からは図2－9（三五ページ）のクロボク土の発達をもとにすれば、火山灰の降灰とクロボク土の形成史を読みとることができ、それは図3－2のように図解される。すなわち、ある噴火で降り積もった火山灰が母材となって、火山活動が休止している間に土壌化作用が進行し、火山灰の表層部にクロボク土が形成された。それが次の火山活動による火山灰で覆われる。この繰

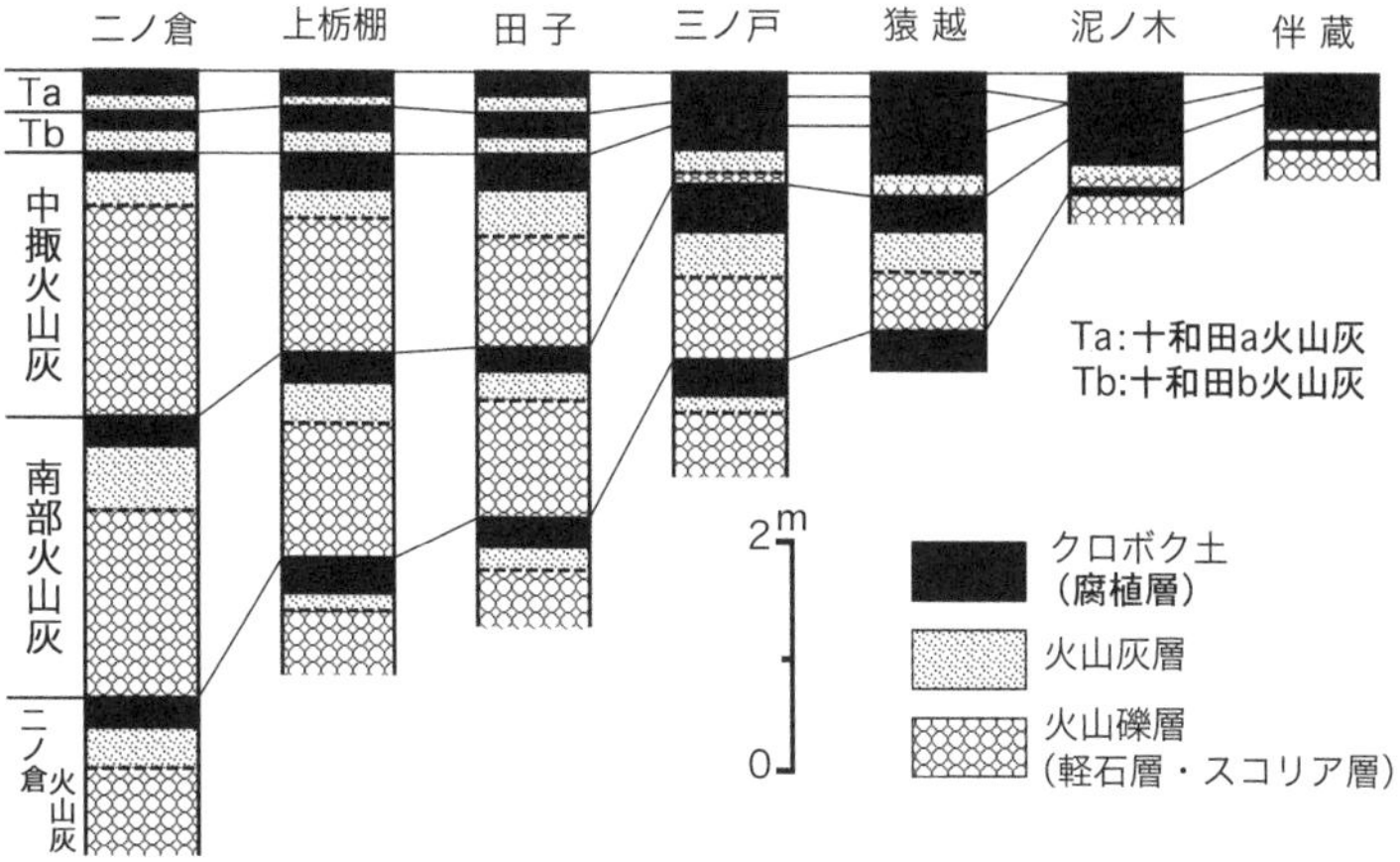

図3-1　十和田の火山灰とクロボク土の断面（庄子、1983より作成）
左側（西）が火口に近く、右側（東）ほど遠い。

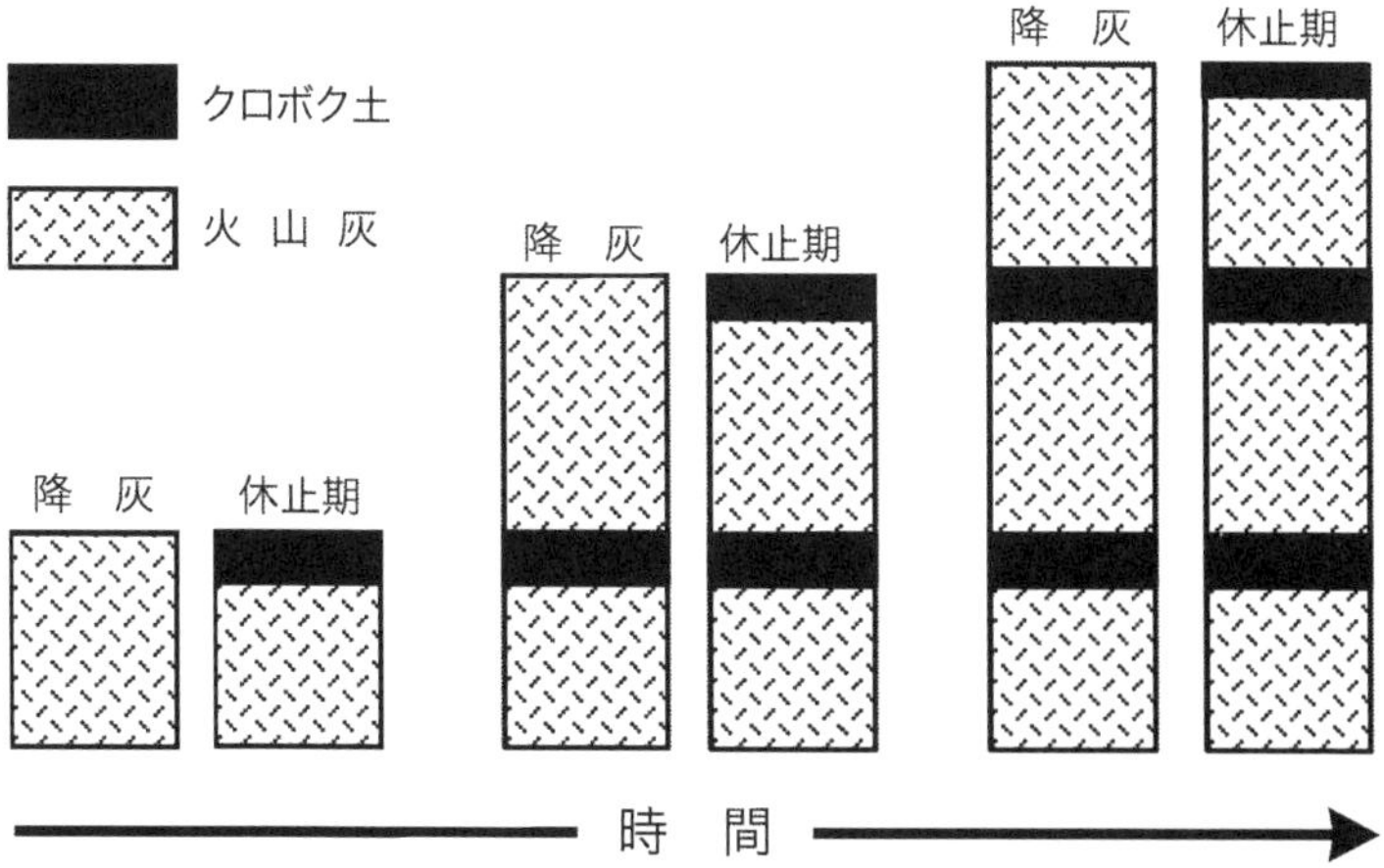

図3-2　十和田の火山灰とクロボク土の形成（従来の解釈）

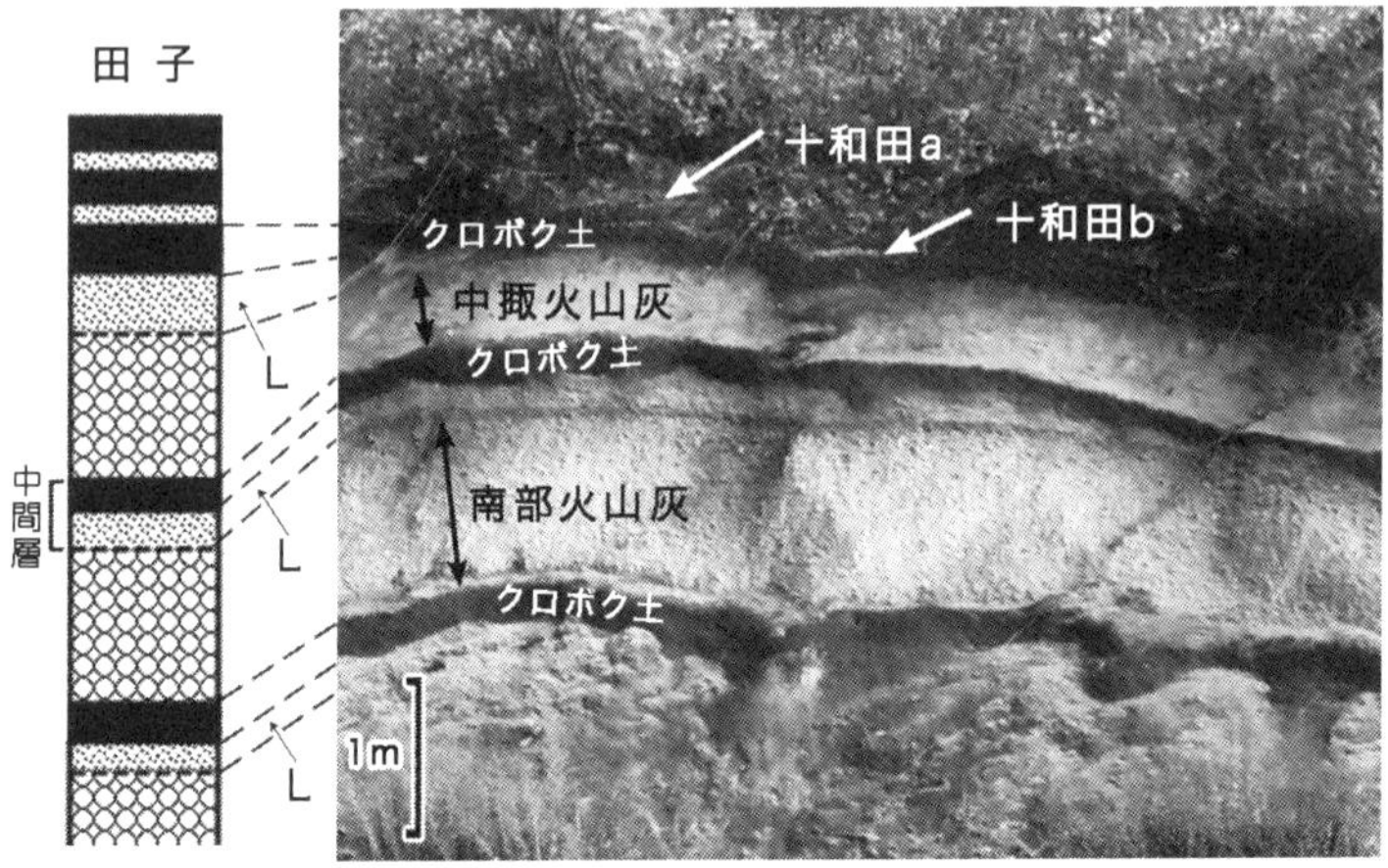

図3‒3　十和田火山灰とそれらの間のクロボク土の露頭（右）と柱状図（左：庄子、1983より）（青森県田子町）
柱状図のＬや中間層は後述する。（カラー写真は口絵⑥）

り返しにより何枚かのクロボク土が形成された、と理解される。このように、庄子論文によれば、火山灰土がクロボク土化している典型が見られるフィールドが十和田火山東地域（以後「十和田東域」と略記）なのである。

実際、現地には、図3‒3右（口絵⑥）のような露頭があった（田子地域）。火山灰としては上から、十和田ａと十和田ｂ、さらに下の厚い浮石（軽石）層が中掫火山灰と南部火山灰であることがわかる。庄子論文の田子の柱状図（図3‒3左）ともよく対応する。クロボク土はそれらの火山灰の最上部にそれぞれ発達しているように見えることから、火山灰を母材としたクロボク土の典型例を見る思いである。

しかし、南部火山灰や中掫火山灰といった確かな「火山灰」は図3‒3に示した矢印の範囲までで、その上のＬ部は、庄子論文では「火山灰層」であるのに対し、私の観察では「火山灰の再堆積物」と「ローム質土」である。こうした実物とその名称の不一致は、見解の相違ではすまされない物の定義に関わる問題である。この露頭の観察結果を正しく深めていくためには、「火山灰」や「ローム」の定義を明確にしておく必要がある。

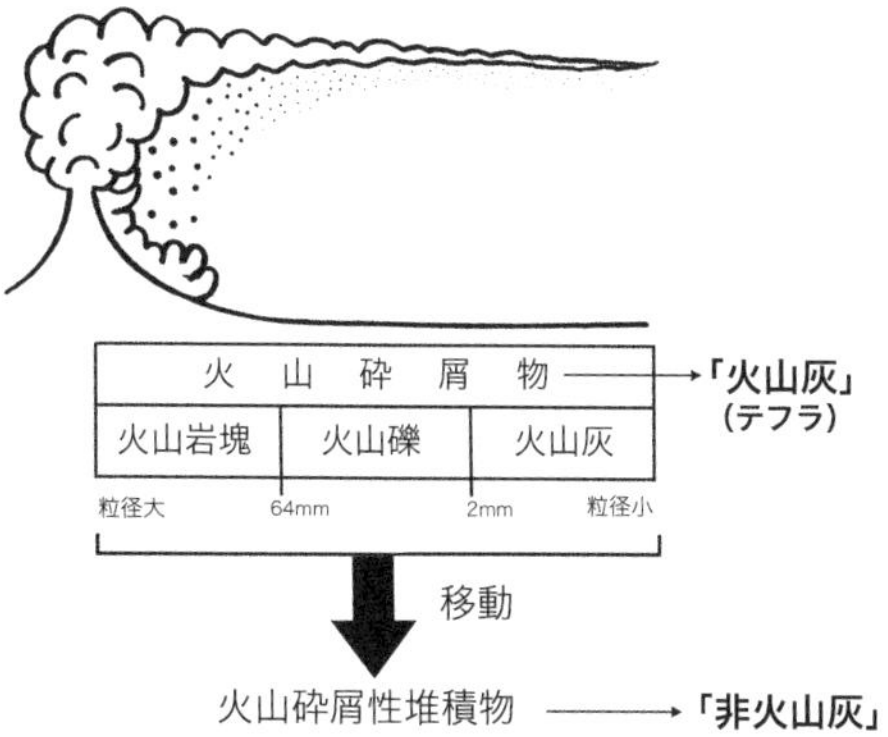

図3–4　火山砕屑物とその粒度区分（日本地質学会地質基準委員会編著、2001 をもとに図化）

「火山灰」とは

火山と火山岩を専門的に扱う地質学では、火山の噴火で放出されたものを「火山砕屑物《さいせつぶつ》」と呼んでいる（日本地質学会地質基準委員会編著、二〇〇一）。この火山砕屑物は成因的には、図3－4に図化されるように、火山の噴出物が直接堆積したという意味で「火山灰」（広義）と一括される。この広義の「火山灰」はすでに火山灰層序に使われる「テフラ」と同義で広く使用されている。さらに、火山砕屑物はその形態から、粒径が六四ミリメートルを超える「火山岩塊」、六四～二ミリメートルの範囲の「火山礫」、そして二ミリメートル未満の「火山灰」（狭義）と区分される。広義の「火山灰」は火山砕屑物であるが、それが堆積後に移動したことが明確な場合は「火山砕屑性堆積物」として区別される。

以前は、二次堆積物である火山砕屑性堆積物までも火山砕屑物に含めることを容認する見解もあった。しかしながら、そこまで概念を広げると、火山性物質を含む堆積物であれば、火山砕屑物になり得ることになる。こうして広げた区分では、日本のように何千万年も前の地質時代から火山と密接に関連する場所の堆積物は、その多くが火山起源の物質を含んでいることで「火山砕屑物」(火山灰)になってしまう。このようなあいまいな火山性物質は、土を扱う学術諸分野の学術用語として適切ではない。再移動が明らかな火山砕屑性堆積物は、「非火山灰」である。

したがって、非火山灰の母材であるならば「火山灰土壌」や「火山灰土」なる用語は不適当である。非火山灰でも、火山灰を多く含んだ土壌であれば、「火山灰土壌」や「火山灰土」と表現したほうがよいのではないか、という反論もあろう。しかし、土壌はその母材に基本を置くことから、母材の岩質の表現は適切でなければならない。したがって、非火山灰母材の土壌であっても、火山灰の混入が多く、その意味を表現したいのであれば、「火山灰質土壌」とか「火山灰交じり土壌」などとすべきである。火山灰の定義から離れたあいまいな概念の「火山灰」「火山灰土」あるいは「火山灰土壌」などは、火山国日本で土を扱う共通の学術用語としては適切ではない。

「ローム」とは

「ローム」とは元来、土壌学の学術用語で、地質学や日本の現在の土質工学にはロームの定義はな

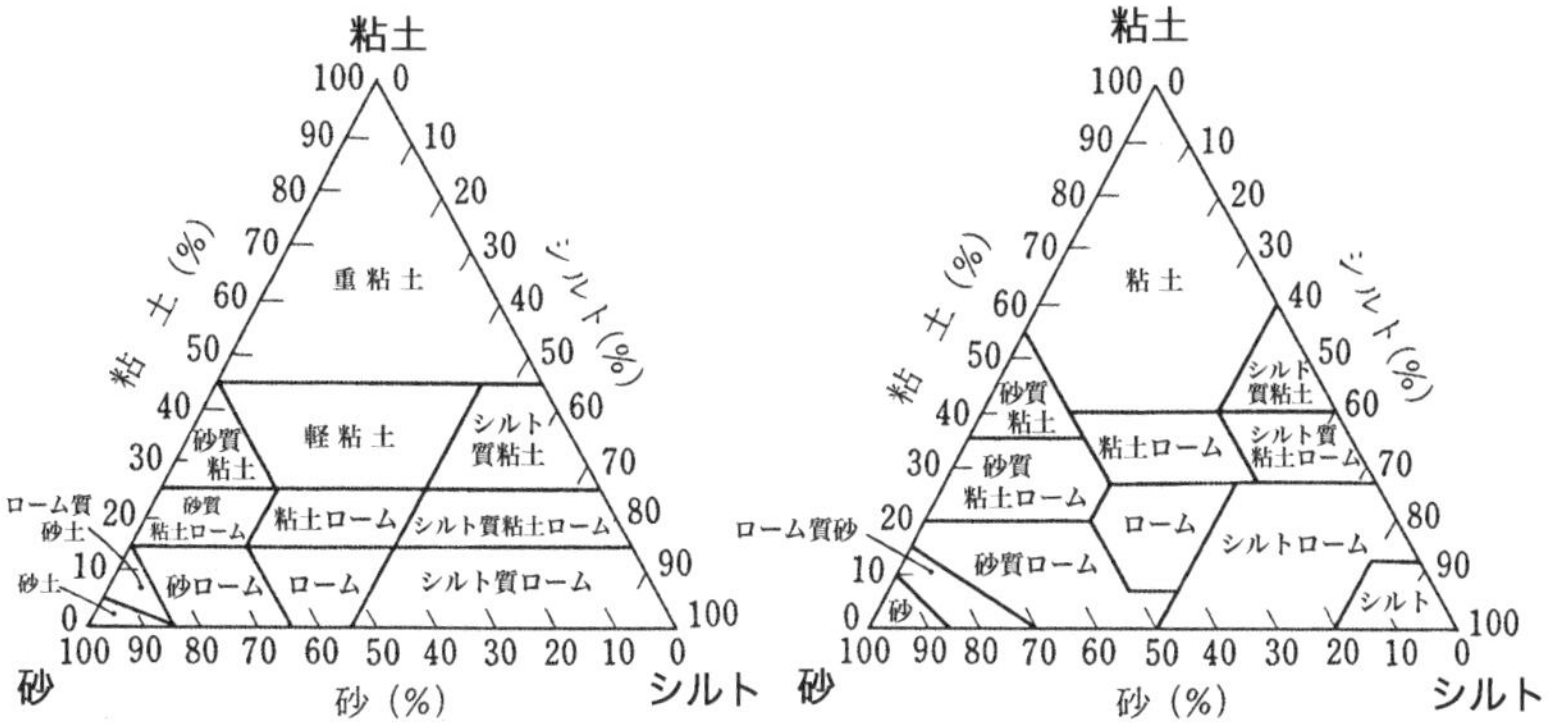

土壌学（日本）の区分　　アメリカ農務省の区分

図3-5　砂・シルト・粘土の３成分の混合比率による土壌の土性区分（久馬ほか編、1993、『土壌の事典』より）
日本の従来の区分用語での「埴土」は「粘土」に、「壌土」は「ローム」に換えてある（左図）。

い。土壌学では、土壌を構成する粒子の成分を、粗い粒子の「砂」、中間の「シルト」、微細な「粘土」の三成分の組みあわせで土性区分をしている。その組成区分の一つが「ローム」なのである（図3－5）。

日本で区分されるロームとは砂分が四〇～六五パーセント、シルト分が二〇～四五パーセント、粘土分が〇～一五パーセントの範囲の組成と定義されている（図3－5左）。つまり、砂分にそれよりやや少なめのシルトが交じり、わずかに粘土分が交じったものが「ローム」である。アメリカでは図3－5（右）のように、日本のロームより粘土やシルト分がやや多いものまでを「ローム」としている。ただ、両者の粒度区分のシルトの定義が違うので、単純な比較はできず、やっかいである。粒度区分やロームの定義は、国により、さらには扱う学会や機関により微妙に異なる。こうした定義の多少の違いは実用上支障がないので、各国の自主性に任されている。しかしながら、「ローム」の概念に「火山灰」はどこの国でも入っていない。では、なぜ日本では「ローム」の概念に「火山灰」が飛びこんできたのであろうか。

関東ロームは火山灰？

我が国で、ロームといえば、すぐに「関東ローム」が連想される。この地層に関しては、一九六五年に『関東ローム』という三分冊の、まとめれば厚さ五センチメートルにも達する学術書が出版された（関東ローム研究グループ編）。この時点までの主に地質学的な研究の集大成である。その冒頭に次の一文がある。

「太平洋をふちどる日本列島には、たくさんの第四紀の火山が分布していて、地表を覆う火山灰の分布は、日本列島の約二分の一を占めている。この火山灰のうちで、もっとも有名なものは、関東地方一円に分布する関東ローム層と呼ばれる、赤褐色の火山灰層である」

このように関東ローム層は日本を代表する火山灰層であるとされている。すなわち、この時点ではすでに関東ロームが火山灰であることが当然のことのように述べられているので、両者の結びつきはさらに古くさかのぼる。

一九二七（昭和二）年に、地質学（土壌学）者の脇水鉄五郎氏（東京帝国大学教授）は、関東ロームの分布や成因を論じた論文の研究史の中で、次のように述べている。

「武蔵野の台地を初めとし関東平野南部のいわゆる洪積最上部をなせる関東ローム（火山灰ローム

又はタフロームともいう）が軽石質火山灰を分解して生じたる一種特有のローム質粘土もしくは粘土質ロームたることは一たびその鉱物分を顕微鏡下に検すれば何人も肯定し得るところにしてこのことは明治の初年夙に小藤博士等によりて指摘せられその後明治二一年当時地質調査所技師たりし鈴木敏博士が東京地質図を編製しその説明書を公にするにあたりその成因を論じてこのものは風のため四近の火山より特来されたる火山灰が陸上に堆積せしものにして恰も支那の黄土が主として陸上堆積物たるによく類似すると説けり」

このように、関東ロームと火山灰が結びついたのが明治時代で、その後の諸研究でも受け継がれて、前記の『関東ローム』の大冊に至っているのである。『関東ローム』では地質学ばかりではなく、土壌学、考古学、土質工学などの分野の著者により、専門的側面から扱われているので、それぞれの分野にも「火山灰」の影響が及んだであろう。また、関東ローム層から採取された試料には、起源の違う火山灰が交じりあっていること、非火山起源の鉱物や岩片の混入がごく普通であること、さらには植物遺体としては炭化物よりは分解しにくい珪酸質の遺体であるプラントオパールが普遍的に含まれていることなどが明らかにされている（関東ローム研究グループ編、一九六五）。こうした諸事実は、関東ローム層は火山噴出物を少なからず含むとしても、それらは火口から噴出した物質が直接堆積したものでないことから「火山灰」ではないことの何よりの証なのである。

かつて、火山学者の中村一明教授は、ローム層およびその堆積作用は噴火による火山灰の降下で起こるのではなく、多くは噴火の終了後の再堆積であることを述べていた（中村、一九七〇）。しかし、そうした見解が、これまでの火山灰の定義のあいまいさを正す契機となって「関東ローム層

図3-6　大磯丘陵の関東ローム層。説明者は町田洋教授
ローム質土を詳細に見ると、起源が違う様々な礫が混入（右拡大部)。(カラー写真は口絵⑤)

のほとんどは火山灰ではない」という学術的な常識になるには至らなかった。

一九九四年、私は、神奈川県の大磯丘陵での関東ローム層の見学会に参加した。この見学会のテーマはテフラ（火山灰）にあったが、私のねらいは関東ローム層のほとんどが非火山灰であることの確認であった。そんな目で観察すると図3－6（口絵⑤）のようにローム質土（多摩ローム層）の中に、軽石など火山灰の再移動堆積物を含むものの、様々な起源の岩質をもつ礫が混入していることが普通で、関東ローム層はそのほとんどが火山灰ではないことを確認できた。案内役の町田洋教授はそうした普通のローム層（非火山灰）と稀に挟まれるテフラ（火山灰）との性格の違いを明確にして説明されていた。

以上、関東ローム層と火山灰との関係を見てきたが、関東ローム層のすべてを火山灰とするのは適切ではないことを強調しておきたい。これまで、ローム層の代表は関東ローム層であり、それが「火山灰」とされてきたことが、他地域のローム層までもが「火山灰」であるかのような影響を与えたのである。そのため、土壌学では、このローム層（＝火山灰）が褐色土と同等とされ、そのA層がクロボク土とされていたことから、クロボク土は火山灰となってしまったのである。すなわち、土壌学の「クロボク土＝火山灰」の思考の源流には地質学の「関東ローム＝火山灰」があったことになる。火山灰は、その定義を発する地質学がその分野であいまいな概念を使用し続けるかぎり、土壌学など他分野へのこれまでの悪しき影響は改まらないであろう。

近年、北海道や東北地方でも従来ローム層として火山灰扱いされてきた地層が風成層として見直されている（雁沢ほか、一九九四）。また、各地で広域テフラ（火山灰層）のローム質土への介在が明らかになるにつれて、徐々にローム質層が非火山灰であることの認識が広まりつつある。ローム層の中には、関東ローム層のようにその素材として火山灰の交じるものもあるが、それはその地方の地域特性として見るべきなのである。

「関東ローム層は火山灰である」と一旦すりこまれると、それが誤った概念であっても変えにくいものと思われる。そこで、関東ローム層は、そのほとんどが非火山灰で、その中にわずかに挟まれる真の火山灰との関係がよくわかる例をあげて火山灰の正しい理解の一助にしたい。

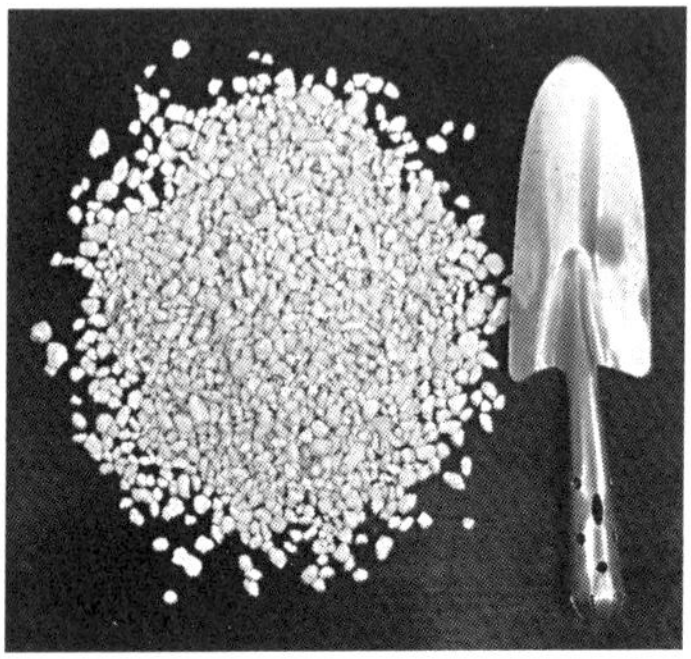

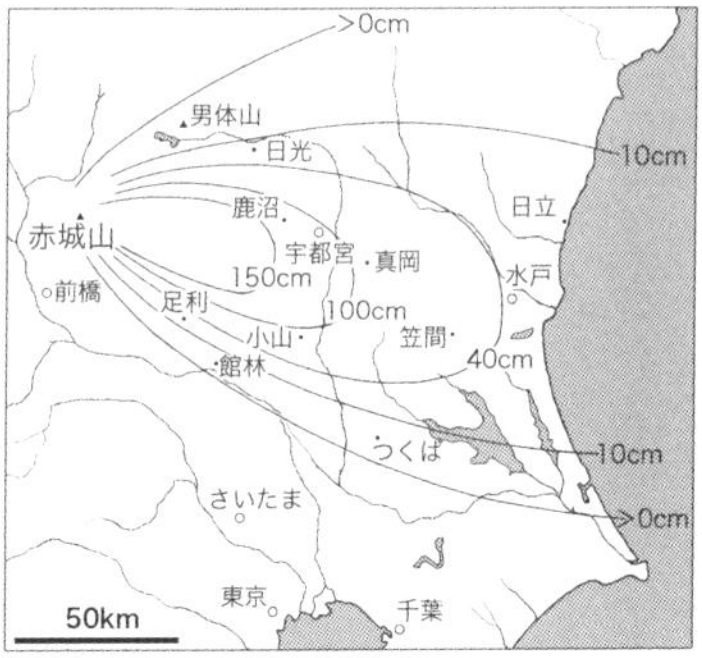

図3−7　左：「鹿沼土」は火山灰の「鹿沼軽石」が園芸用土とされたもの
右：赤城山から噴出した「鹿沼軽石」の分布と厚さ（町田・新井、2003より）

関東ローム層と鹿沼土

植木鉢に園芸用土を作る際、赤玉土、鹿沼土《かぬまつち》、腐葉土などを混合して使う。この赤玉土や鹿沼土は火山からの噴出物が直接堆積した火山灰である。火山灰の用土は採掘後、製品化するに当たり、ふるいで粒の大きさをそろえ、多少の粉分は除去してあるが、火山体から噴出した物のみの純粋な粒子の集合体である。赤玉土は各地の火山の火山灰を材料にしているが、鹿沼土は群馬県の赤城山の噴火による火山灰の「鹿沼軽石層」を採取し、図3−7（左）のように園芸用土として製品化したものである。この火山灰は三万年余り前の赤城火山の噴火による噴煙が西風により東側の鹿沼方面にたなびいて降り積もったので「赤城鹿沼火山灰」とも呼ばれている（町田・新井、二〇〇三）。この火山灰の厚さと分布は図3−7（右）のとおりである。栃木県の宇都宮市などでは一メートルを超す火山灰が堆積したので、この噴火がもし現在であったらその被害は甚大であろう。
　降灰後の火山灰は、ローム質土などに覆われて地下に埋没したが、園芸用土として、水はけ、水持ちのよいことなどから採掘され利用されている。図３－８は採掘場の露頭であるが地層は地表から、クロボク土、ローム質土、鹿沼土、ローム質土に区分できる。この露頭では見えない下にもローム質土や、ときに火山灰が堆積しているであろうが、こうした一連の地層が「関東ローム層」と総称されているのである。

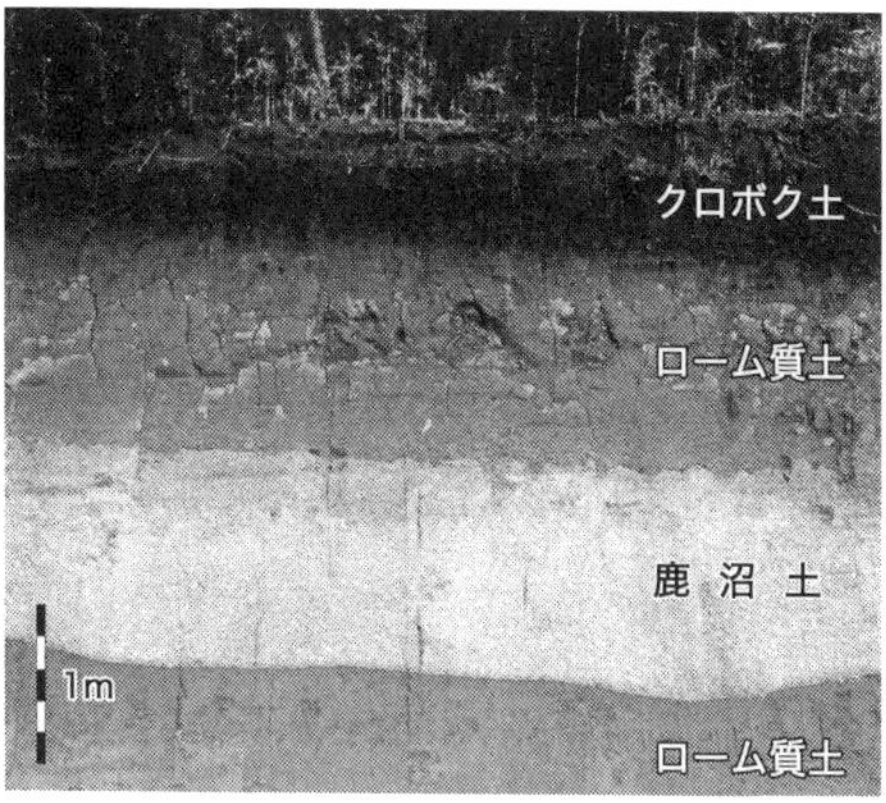

図３-８　関東ローム層に挟まれる火山灰（鹿沼土）
（鹿沼市御成橋町、鹿沼市提供）
関東ローム層はそのほとんどがローム質土（非火山灰）であるが、ときに鹿沼土のような火山灰を挟む。

　以上、ロームに「火山灰」あるいは「風化した火山灰」のような概念が居座るとしたら、それはきっぱりと追い出すべきである。そして、「ローム」などの用語は、図３－５に示したような土壌の組成区分に限って使用すべきである。地質学では、ロームを岩質で表現すると「シルト質砂」ということになる。だからといって、たとえば「関東ローム層」を「関東シルト質砂層」と言いかえてみても何ともなじみの薄い地層名になってしまう。「ローム層」や「ローム質××」は、すでに土壌学、地質学、考古学など、土を扱う諸分野において、一定の性質を表す共通概念として定着し

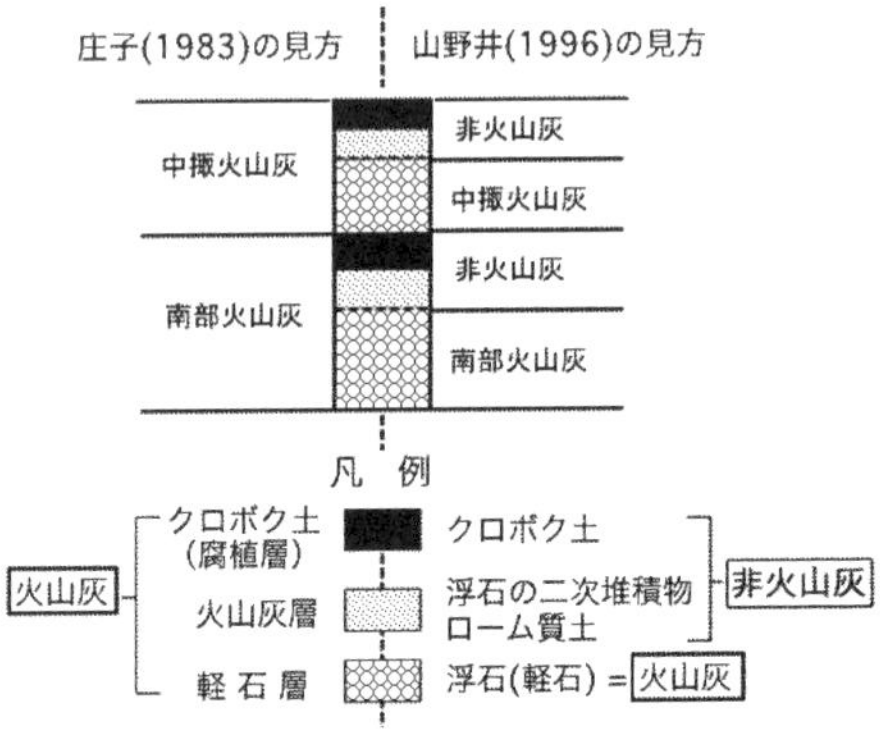

図3-9　十和田東域のクロボク土の以前の見方（左）と新たな観察結果（右）

ている。こうした物のニックネームの使用はむしろ尊重すべきことと思われる。そこで、土壌学以外の分野で岩質の特徴を表す場合は、「ローム質層」もしくは「ローム質××」とすれば、風化や土壌化が進み、主に褐色〜赤褐色をしている軟質な乾陸域成のシルト質砂の堆積物であることを適切に表現できる。ただしこの際、ローム質層やローム質土は火山灰の混入が必要条件ではなく、乾陸域の風成堆積物が本質であることをくどいようであるが強調し、十和田のフィールドに戻ることにする。

クロボク土は火山灰に非ず

十和田東域の地層は、「火山灰」と「ローム」の定義にもとづけば、新旧の見方は図3－9のように対応する。すなわち、庄子論文ではクロボク土を含めてすべてが火山灰であったのが、真の「火山灰」は浮石（軽石）の部分のみで、その上の浮石の二次堆積物を含むローム質土とクロボク土（図3－3のL部とクロボク土）は非火山灰になる。したがって、十和田東域でのクロボク土は火山灰ではないし、火山灰の表層部が土壌化したものでもない。では一体何か。この先、クロボク

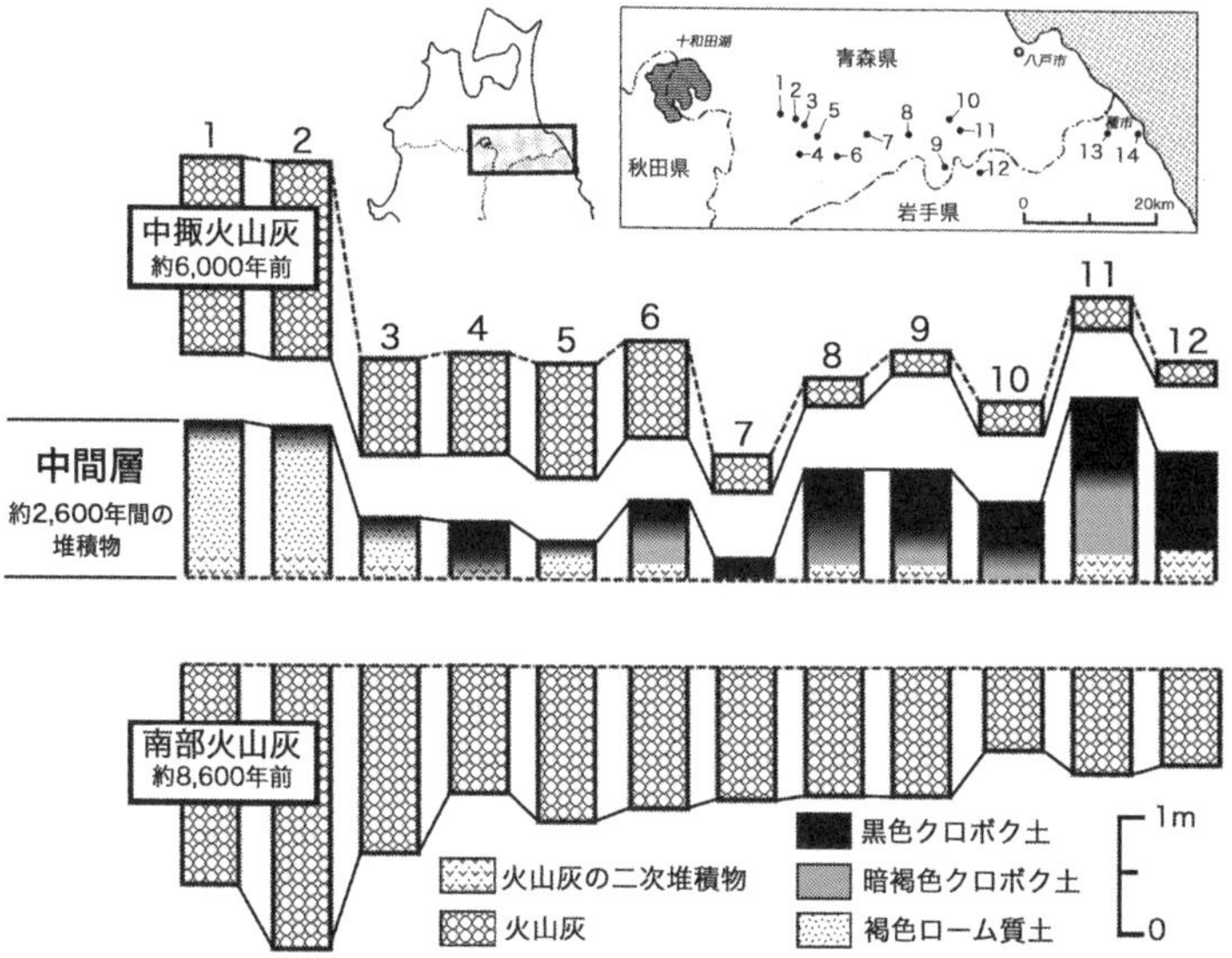

図3−10　「南部」と「中掫」両火山灰に挟まれた中間層（非火山灰）の中にクロボク土は形成されている（山野井、1996より）

土の正体解明の糸口は、この非火山灰部にある。

一般に、火山灰（テフラ）は同一時間の堆積を示す地層（鍵層）として貴重な存在である。十和田東域の表土の特徴は、いくつかの火山灰が挟まれていることである（図3－3、口絵⑥）。わけても「南部火山灰」と「中掫火山灰」という二つの顕著な火山灰層を活用すると、両層に挟まれる同一時期の非火山灰部を広い地域で見比べることができる。図3－10は、十和田火山の近くから太平洋沿岸までの表土の調査のうち、特に二つの火山灰の鍵層に挟まれた非火山灰部を「中間層」と仮称し、両火山灰から切り出すように図化したものである。この部分は、南部火山灰が八六〇〇年前に降り、次の中掫火山灰が六〇〇〇年前に降るまでの二六〇〇年間に限定された堆積物なのである。こうした期間限定の堆積物を見比べられるのは、地質学的には稀なケースで、十和田の火山灰とクロボク土との偶然の巡りあわせなのである。

さっそく、この中間層の特性を活かして各地の厚さを比べると、上下の火山灰の厚さは十和田火山から東へ離れるほど薄くなる傾向を示しているのに対し、中間層は火口からの距離と厚さに相関関係が認められない（図3‐10中段）。このことも中間層が火山灰ではないことの証である。さらに、重要なことは、中間層はその堆積場所と岩質から乾陸域の堆積物であり、成因的には「風成層」であることがわかる。すなわち、クロボク土は中間層の中で風成層（ローム質土）を母材として形成されているのである。

ところで、土壌の母材といえば、前述のように新鮮な岩石が風化してできる残積成母材が主体に考えられてきた。そうであるならば、風化によらない風成層の母材は、ここ十和田東域に限られた特殊な母材なのであろうか。母材のあり方は、土壌生成の基本に関わることなので、その一般性、特殊性について明確にしておかねばならない。

母材形成の実態

土壌の母材は、前述のように運積成母材と残積成母材に大別される。運積成母材のうち十和田の中間層のように乾陸域の堆積物が母材の主体をなすものを「堆積母材」と呼ぶことにする。そして、陸水域（河川、湖沼、湿地、氷河、洞窟など）の堆積物は「水成母材」とし、ここでいう「堆積母材」には含めない。他方、残積成母材は、以後「風化母材」と呼ぶことにする。

乾陸成の母材としては堆積母材と風化母材があるが、最初に風化母材（残積成母材）について調べてみた。しかしその形成過程や実物例に当たることができない。そんなことから、風化母材説の提唱者は実在をベースにしたのではなく、土壌化の進行に必要な場として、まずは母材を仮定し、その母材は基盤岩（母岩）が風化したものと考えた仮想の産物ではないか。ならば、風化母材は実在するのだろうか？という疑念も抱いてしまう。それを晴らすためには、陸域で母材が形成される諸作用の組み合わせから、風化母材と堆積母材の形成条件を求め、両者の普遍性や特殊性を検討する必要がある。

まずは乾陸成母材の形成に関わる地表付近の諸作用をあげてみよう。それには「侵食作用」「堆積作用」「風化作用」「続成作用」がある。このうち続成作用は、端的にいえば風化作用の逆で、未固結の粒子が固結化する働きで、泥や砂などの砕屑物粒子が堆積岩になるような作用である。この続成作用は常温・低圧（ほぼ一気圧）の陸域の地表では遅々として進行しないので、母材の形成に関わる作用から抜いておく。

こうした諸作用が、時間の経過とともに進行すると、地表にそれぞれ、侵食、堆積、風化が生じる。それらの程度は量にして、「侵食量」（E）、「堆積量」（D）、「風化量」（W）とする（いずれも0以上）。また、ここでいう風化とは硬質な基盤岩（母岩）が軟質化して母材となれる程度としておく。

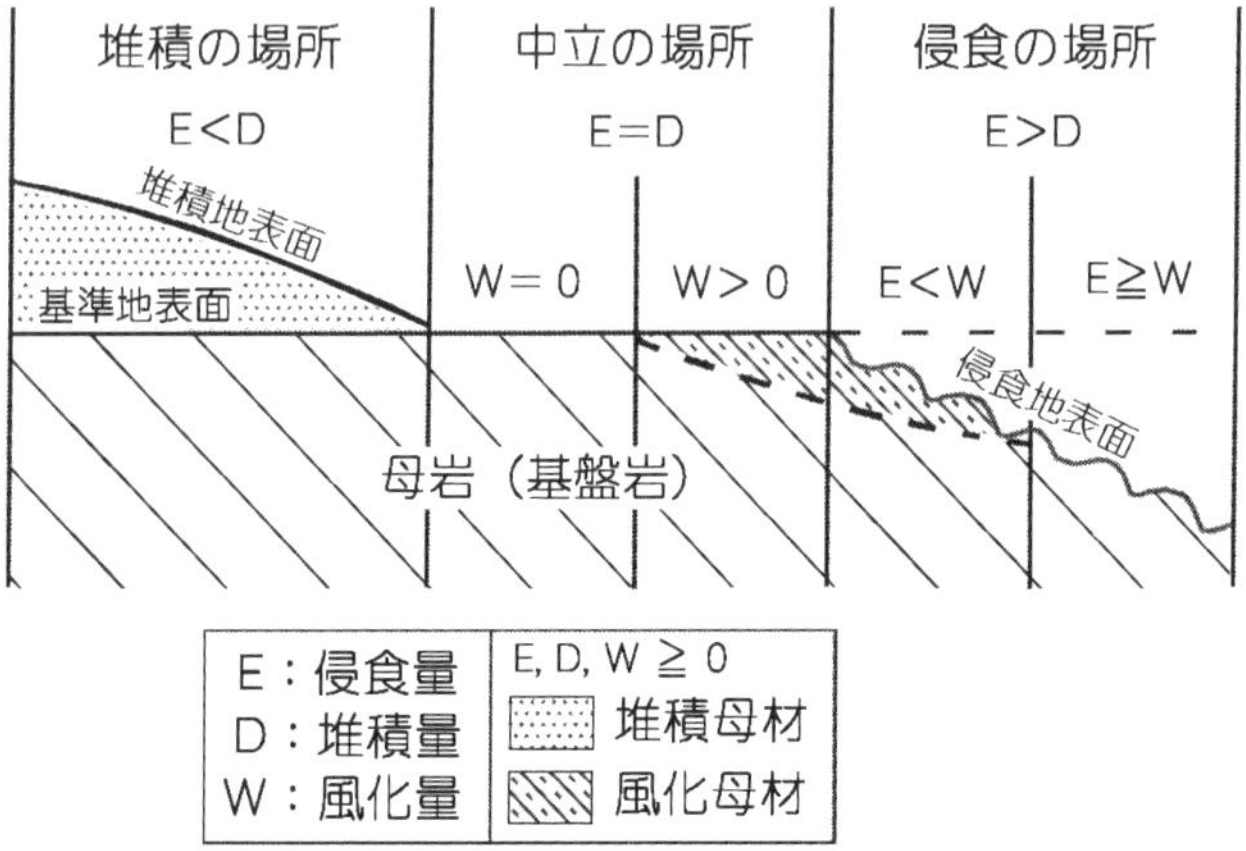

図3−11　乾陸域における「堆積母材」と「風化母材」の形成条件

乾陸の地表で、母材が形成される場所は、次の三つのいずれかにある。それは、堆積の場所（E＜D）、堆積も侵食もない中立の場所（E=D）、それに侵食の場所（E＞D）である。ただし、地表の初期状態は母岩（基盤岩）が地表面にあり、その後の諸作用は一定時間継続するものとする（たとえば堆積と侵食が短期間で不規則に交代しない）。こうした前提において、地表条件の進行と母材形成との関係は図3－11に図解するとおりである。

まず、地表が堆積の場所（E＜D）では、そこの堆積物（砕屑物）そのものが軟質である。その限りでは無条件で母材ができる。これが「堆積母材」である。このような堆積量が侵食量を上回る（E＜D）地表は、ごく普通にあり得る。したがって、「堆積母材」が形成され、実在することは容易に理解される。十和田東域の「中間層」はこのケースである。

他方、中立の場所（E=D）と侵食の場所（E＞D）では、「風化母材」の形成が想定される。中立

図3-12　耕されて赤色を呈するイングランドの畑の土

の場所では堆積や侵食による地表の増減がないから地表面（基準地表面）は変わらない。ここで母材ができるためには風化があればよい（W＞0）。従来土壌学で考えられている残積成母材（風化母材）の形成は地表の堆積や侵食が考慮されていないので、この中立の場所（E=D）で風化がある場所（W＞0）と同じ結果になる。こうした場所を国内で探すとしたら、まずそこは広い平地であろう。平地でも水域堆積のある低地ではないから、台地やそれより高い所に限られる。しかし、そのような場所での実例は、国内ではにわかに思い当たらない。

ただ、イギリスの地質を見学したとき、イングランドのなだらかな丘陵地を訪れた。その際、あたかも熱帯地方の赤土（ラテライト）のような畑を見た（図3-12）。不思議であったが、地質図を見るとそこの基盤岩はデボン紀の旧赤色砂岩であった。実際に自然表土の土壌断面を見ないと確実なことはいえないが、数億年前の熱帯の砂漠で形成された赤色の砂岩が「風化母材」となって形成された土壌の可能性がある。イギリスのように地殻変動が古い地質時代に衰退し、新生代には静穏化した地域ではこうした「風化母材」が形成されるのかもしれない。一般に、こうした「風化母材」があるとすれば大陸の楯状地やその周辺の地殻変動が小さな場所に違いない。しかし、日本のようにいくつものプレートが接する場所にあって地質構造運動の激しい地域では、地表で風化が進行するのに十分長い間、堆積や侵食の影響がなく、地表が変わらない場所は存在しにくいのである。

日本以外での中立の場所として、地上絵が残るペルーのナスカ台地があることを、ここを調査した同僚の阿子島功教授から聞いた。ここは、風成層（砂）が地表を覆うとそれを風が吹き飛ばすという堆積と侵食の循環が続いているから、結果的には堆積量＝侵食量の場所である。地表に古くから残されている礫はいつも地表にあって陽光にさらされる。そのため露出する礫の表面はニスを塗ったように黒く風化しているとのことである。こうした台地で、黒い礫を除くとその下の白い基盤岩が現れるので、これを連続させて白い線画を描いたとのことである（図3－13）。二〇〇〇年も前の地上絵が残されているのは、この間の風化が礫の表面を黒くするにとどまり、風化母材を作らないことを示唆している。こうしたナスカ台地のように一〇〇〇年を超す長い間変化のない（堆積量＝侵食量）地表はきわめて特殊な環境の場所と思われる。

図3-13　地上絵が残る南米ペルーのナスカ台地（Google Earthより）
長期間地表が変わらず（堆積量＝侵食量）、土壌ができずに地上絵が保たれる。

次に侵食量が堆積量よりも多く（E＞D）、侵食が進む場所であるが、こうしたところでは基盤岩が地表に現れる。前に紹介したアメリカのワイオミング州のビッグホーン盆地が好例である（図1－7、一七ページ）。ここは堆積量以上の侵食量があり、かつ風化量よりも侵食量が多いため、基盤岩が岩質の強度に応じて削られ、地層とその構造が広い範囲で露出し、母材ができないケースである（E≧W）。こうした場所（E＞D）で、「風化母材」ができるとすれば、その侵食量を上回る風化量（E＜W）が必要になる。このような場所としては、短期間で軟弱化する粘土鉱物を含む凝灰岩の露出区域とか、熱帯地域の高温多湿な地域にあってしかも風化しやすい山地などにはあるかもしれないが、いずれにせよ特殊な場所である。

さて、母材の存在をその形成条件との関係でみてきたが、その際の基盤岩は過去の風化土塊が侵食ですべて取り去られた地表を初期条件としている。ただ、日本はいくつかのプレートの境界部に位置しているので、地殻変動に伴う破壊や火山活動に伴う熱水の影響で、地下深くまで風化が及び、それが残されている場所もある。たとえば、花崗岩体が砂のように風化した、いわゆるマサ化した区域などは基盤岩自体がすでに風化している。しかし、日本列島では、こうした一部での深層に達する風化域を除いて、後述する第四紀の構造運動（地殻変動）の影響により、過去の風化した地表部はほとんど侵食が進んでいる。すなわち、風化部がほとんどない地表へとリセットされているので、基盤岩は（スコップでは掘れない程度に）硬いと考えて支障はない。したがって、少なくとも日本では、「堆積母材」が形成される条件の場所はいたるところに存在する。しかし、「風化母材」がある程度の厚さと広がりをもって存在する地表があるとすれば、そこは非常に特殊な場所である。

以上、十和田東域の「中間層」で見られた「堆積母材」は特殊な存在ではなく、むしろ我が国の土壌の乾陸母材の一般的なあり方なのである。そうであるならば、「堆積母材」の形成とその土壌化はごく身近に、しかも普通に起きているはずである。身近な表土の観察を通してその実在を確認しておこう。

第4章　堆積母材と土壌の形成

図4−1　左:重力で落下した岩
右:橋の縁石の風下側に堆積した土粒子

堆積母材の素材

堆積母材の素材は何かを、まずは明らかにする必要がある。堆積物は、その元になる粒子（砕屑物）の生成からその堆積までは、風化、侵食、運搬、堆積などの諸作用を通して行なわれる。すなわち、堆積母材は基盤岩が風化し、そこから生じた砕屑物が運搬されて乾陸域で堆積したものである。ただし、前述のように、陸上の水域（河川、湖沼、湿地、氷河、洞窟など）の堆積物は、本書では「水成母材」として「堆積母材」には含めないことにする。

乾陸域に住む我々は、何がどのように運搬されて堆積するのかを、身近な地表で実際に観察することができる。た

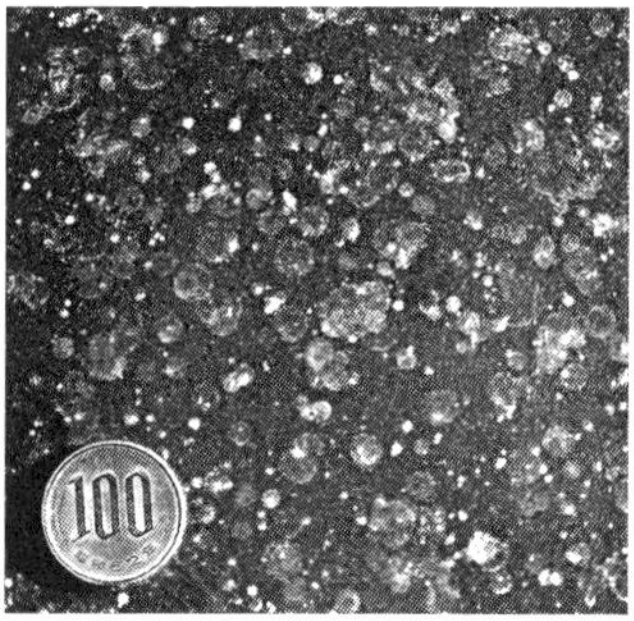

図4-2　左：4月の黄砂飛来時の風景（山形市）
右：黄砂が雨滴に取り込まれて落下し、乾燥した粒子（カラー写真は口絵⑦）

とえば、急傾斜地では重力による岩塊の落下やころげ落ち、強風時の乾燥裸地では舞いあがった「土ほこり」が地表にたまる様子などである（図4－1）。また降雨時には土粒子などが運ばれている濁った地表水を見ることもある。

こうして粒子は多様に運ばれるが、風で運ばれる細粒物質は「風成塵」と呼ばれている（成瀬、二〇〇六）。中国では、北西部の砂漠地帯で風に巻きあげられた砂塵が黄河の中流に運ばれて黄土（レス）として堆積している。レスは厚いところでは二〇〇メートル以上にもなる（詳細は後述）。こうした風成塵の一部は主に春先に「黄砂」として日本列島にも飛来する。

図4－2（左）は山形大学の屋上からの四月の風景である。いつもはくっきりと見える山々は黄砂で霞み、雪国では待望の春を感じるときでもある。屋上の防水シートの上には降雨に交じった黄砂などの風塵が乾いて白く見える。また雨滴に取りこまれた黄砂粒子が図4－2（右、口絵⑦）のように車のボンネットに汚れの斑点を付着させることもある。

黄砂は春だけではない。冬の雪に伴っていわゆる「赤い

図4-3　左：月山の残雪の表面に表れたクリーム色のまだら模様（2005年5月）降雪期の黄砂による着色。（カラー写真は口絵⑧）
右：月山の残雪（2010年）の着色部を構成する鉱物粒子などのいわゆる「風成塵」（齋藤毅氏撮影）

雪」が降ることもある。図４－３（左、口絵⑧）はこうした雪が降った二〇〇五年五月の月山《がっさん》である。山腹のスキー場は冬期の積雪が一〇メートルを超え、リフトの鉄塔が埋まってしまうため、雪融けの五〜七月がスキーシーズンとなる。そんな月山の残雪はよく見ると白一色ではなく、遠景ではクリーム色のまだら模様が見えることがある。月山の融雪時には雪上藻《せつじょうそう》の繁殖で残雪に色がつくこともあるが、黄砂の場合は融雪が早期に進む凸部から「赤い雪」が顔を出すことで区別がつく。この色は、雪とともに堆積していた黄砂が、融雪の表面に残り、その密度を高めたからである。着色した雪を融かして顕微鏡で見ると図４－３（右）のように粒子が見える。粒子はほとんどが鉱物質で、ときに藻類や菌類の胞子、花粉、植物体の破片などが交じっていることもある。

　雪国では平地においても、場所によっては数メートルもの積雪があり、四月の残雪は農家の心配の種でもある。図４－４（左）は山形県の豪雪地の一つ尾花沢市の四月中旬の水田の状況である。地表が数か月ぶりに顔を出す寸前の雪の表面は、うす黒く汚れている。この汚れは融雪剤の散布ではなく、道路か

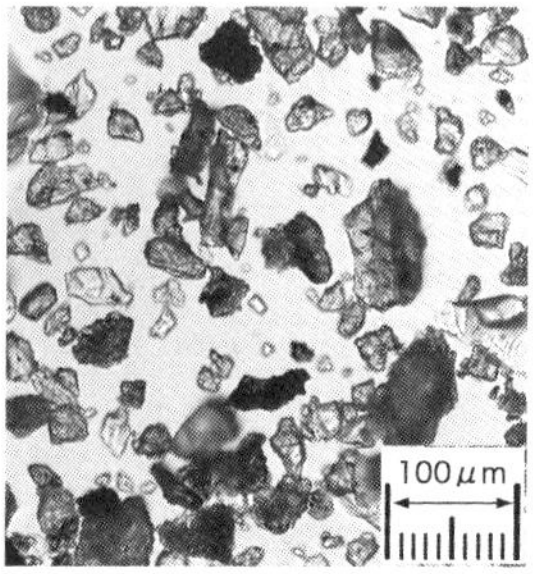

図4-4　左：山形県尾花沢市の雪融け間近の水田
残雪の表面に積雪期の風塵が融け残された「汚れ雪」が。
右：平地の残雪中の風成塵

ら離れているので、車の粉塵や除雪の影響も少なく、積雪期の風雪で混入した風成塵なのである。汚れ雪を融かして顕微鏡で観察したものが図4－4（右）である。多様な粒子からなるが、粒径は一〇〇マイクロメートル（〇・一ミリメートル）～一〇マイクロメートル程度で、日本に飛来する黄砂粒子（三～一五マイクロメートル）よりは大きい。月山の雪の中の数マイクロメートル程度の粒径（図4－3右）と比べると一〇倍もある。月山のものの粒径は黄砂と同程度であるが、平場のものは周囲から運ばれた風成塵（土ほこり）が主体と考えられる。雪国の融雪は、野山が雪に覆われている時期にも、風成塵の堆積があったことを教えてくれる。

このような風成塵の年間の堆積量は微々たるものであるが、まさに「塵も積もれば山となる」で、永年の集積はかなりの量になるはずである。侵食が起こらない場所で、一年に積もる量を〇・一ミリメートルと仮定してみよう。およそマツの花粉一個分の厚さである。一〇年で一ミリメートル、一〇〇年で一センチメートル、一〇〇〇年で一〇センチメートル、一万年で一メートルとなる。このように地表では、黄砂や土ほこり、地表水に流された土粒子、あるいはときに火山の噴火による火山灰などが堆積母材の素材になっていると考えられる。

自生と他生の粘土鉱物

黄砂や土ほこりなどの風成塵が、堆積母材の素材になり得ることを雪国の残雪などで見てきた。次は堆積している粒子から、それが風成堆積物である証拠もあげておこう。

日本のローム層中の石英粒子（SiO_2）の酸素同位体比が、岩手大学の井上克弘教授達によって調べられた。その結果、石英粒子には外来（中国）の粒子の堆積が認められることから、ローム層の素材に黄砂が加わっていることが明らかにされた（井上・成瀬、一九九〇）。

石英は風化に強い鉱物であるが、風化に弱い鉱物は、水に溶けてイオンとなって新たな鉱物を作る。これが粘土鉱物である。ローム質層中には多くの粘土鉱物が含まれるが、それが、その場で形成された粘土鉱物であるか、または他所で形成され、運ばれてきた粘土鉱物であるかが判断できれば、母材の素性をより明らかにできる。このため、この粘土鉱物についてふれておこう。

粘土鉱物は火成岩のようなマグマが固結、あるいは変成岩のような高温・高圧でできた岩石の中の珪酸塩鉱物（造岩鉱物あるいは一次鉱物）が単に粘土粒子サイズになったものではない。そうした一次鉱物が水と接し、その構成元素が溶解してイオン状態となり、それらが水の分子と結合して新たな含水珪酸塩鉱物になったものを「粘土鉱物」（二次鉱物）という。粘土鉱物は大きく成長せず、ほとんどが二マイクロメートル以下の粘土粒子サイズである。

このような粘土鉱物は一次鉱物の粒子が細かいほど水と反応する表面積が大きく、化学反応が促進される。その点、堆積母材の風成粒子は、細粒物質が多く、しかも地表部の水に富んだ環境に置かれるので風化母材より格段に反応が促進されるはずである。

実際、日本の土壌中にはアロフェンとかイモゴライトと呼ばれる粘土鉱物の存在が知られている。アロフェンは非晶質、イモゴライトは結晶程度が低い準晶質であるが、両者とも吸着機能、イオン交換機能など化学的な活性は強いとされている。

日本の土壌中にアロフェンが多い理由は、火山灰の中に多い火山ガラスが溶解して粘土鉱物を作るから、と考えられている。確かに火山ガラスは溶解しやすいが、その成分は一般にSi酸化物が六〇〜八〇パーセント、Al酸化物が一〇〜二〇パーセントを占めるといわれている。アロフェンはその化学組成上、Si酸化物とともにその半分程度のAl酸化物が必要である。すなわち、アロフェンの生成には火山ガラスよりはもっとアルミニウムに富んだ長石などからの溶解が必要になる。

他方、黄砂粒子の元素組成が調べられていて、小粒子（〇・一〜一・〇マイクロメートル）も大粒子（一・〇〜五・八マイクロメートル）もSi酸化物の半分程度がAl酸化物で、アロフェンの両者の比率に近いとされている。したがって、黄砂を主体とするような風成粒子が溶解すればそのSiとAlの比率はアロフェンと同程度になる。なお、イモゴライトはさらにSiと同程度までAlが必要で、より多くの長石などアルミニウムに富む鉱物の溶解が必要である。

以上から、粘土鉱物の生成は火山ガラスのみでなく、広く風成粒子を起源とする鉱物が地表に堆積し、そこから溶解したSiやAlイオンが骨格となって、アロフェンなどの粘土鉱物が合成されると考えられる。こうして土壌表層部で合成される粘土鉱物は、「自生」(または「現地性」)という。他方、中国のレスや日本に飛来した黄砂中の鉱物にはAl-緑泥石やカオリンなどの粘土鉱物が付着していることも明らかにされている(田崎ほか、一九九〇)。これらは現在の土壌表面ではなく、他域で形成され風送されてきた鉱物であるから、「他生」(または「異地性」)という。このような風成粒子に付着していた他生の粘土鉱物や微細粒子などが、アロフェンなどの自生の鉱物に加わってA層上部での活性を強めているものと考えられる。

実際、我が国の褐色森林土の粘土鉱物には現在の地表環境下での合成が可能とされるアロフェンやイモゴライトのほかに、カオリンやイライトなどの存在が広く認められている。後者は、高温の熱水変質や地質時代的な長時間の変質を受けないと生成されないような粘土鉱物で、現在の日本の地表付近での成因は謎のままであった。これは風化母材をベースに粘土鉱物も自生と考えていたからで、堆積母材中の他生の粘土鉱物と考えればよいのである。

ここで、姶良《あいら》火山灰の噴出源に近い鹿児島県の火山灰(シラス)台地の粘土鉱物の例をあげよう(須藤談話会編、一九八六)。ここのシラスは入戸《いと》火砕流(約三万年前)であるが姶良火山灰と同様、ほとんど火山ガラスからなっている。粘土鉱物は表層部のみで形成されているが、各地の粘土鉱物の組成は、①アロフェンが主体、②ハロイサイトが主体、③スメクタイト、イライト、カオリナイト/スメクタイト混合層鉱物からなるもの、がある。このうち③の粘土鉱物は地表の風化作用によって短時間で形成されるようなものではなく、水中とか地質学的時間を要する変質作用によるもの

図4-5　鳥取砂丘の堆積物（林原小都音氏撮影）
風成層でも植物が生えないので土壌化は進まない。

である。新しい時代にできたシラスの台地の地表に③の存在は不可解なこととされていた。しかしこれも他生の風成粒子がもたらした粘土鉱物とすれば難なく理解されることである。ここのシラスの台地が風成層に覆われていることはその後、証明されている（成瀬ほか、一九九四）。

このように我が国の褐色森林土のみならず、火山ガラスの密度の高いシラス台地の地表でさえ、風化的変質では生成が困難な粘土鉱物が交じっていることは、風成層の「堆積母材」が一般的であることの裏づけでもある。

有機物の分解と無機物の残留

一般の風成層の堆積は、我々の生活時間の中では微々たるもので堆積の実感はほとんどない。しかし砂丘砂の堆積は、特に冬期は短時間で地形が一変するほどの量で進行する。砂漠や砂丘の砂は、埋積や移動が速く、乾燥状態も伴って、種子の発芽を妨げるためにほとんど植物が生えないので、土壌ができない（図4－5）。

これに対し、植物で覆われる一般の地表は、植物遺体などの有機物が分解することで「土壌化」

が進行し、土壌ができる。こうした地表部で、堆積母材が形成されるのであれば、有機物の分解に無機物の集積がどう関わるかを明らかにしなければならない。まずは、地表部での有機物の分解から見ておこう。

地表に落ちた有機物はそこでほとんどが分解される。この地表部での分解は大変重要な作用で、これが働かないと地表部は生物の遺体が累々と積もり、山をなすことになる。そうはならず、相変わらずの地表が維持されているのは地表部の分解作用の賜といえよう。

有機物の分解作用は、土壌生物によることが明らかにされている。菌類はいわゆる腐朽などを通して分解するし、小動物は落ち葉や小枝（リター）を細片化し、消化して分解する。図4－6は東京の明治神宮林下の片足面積の表層土中にいる土壌動物の数を示したものである（青木、一九八

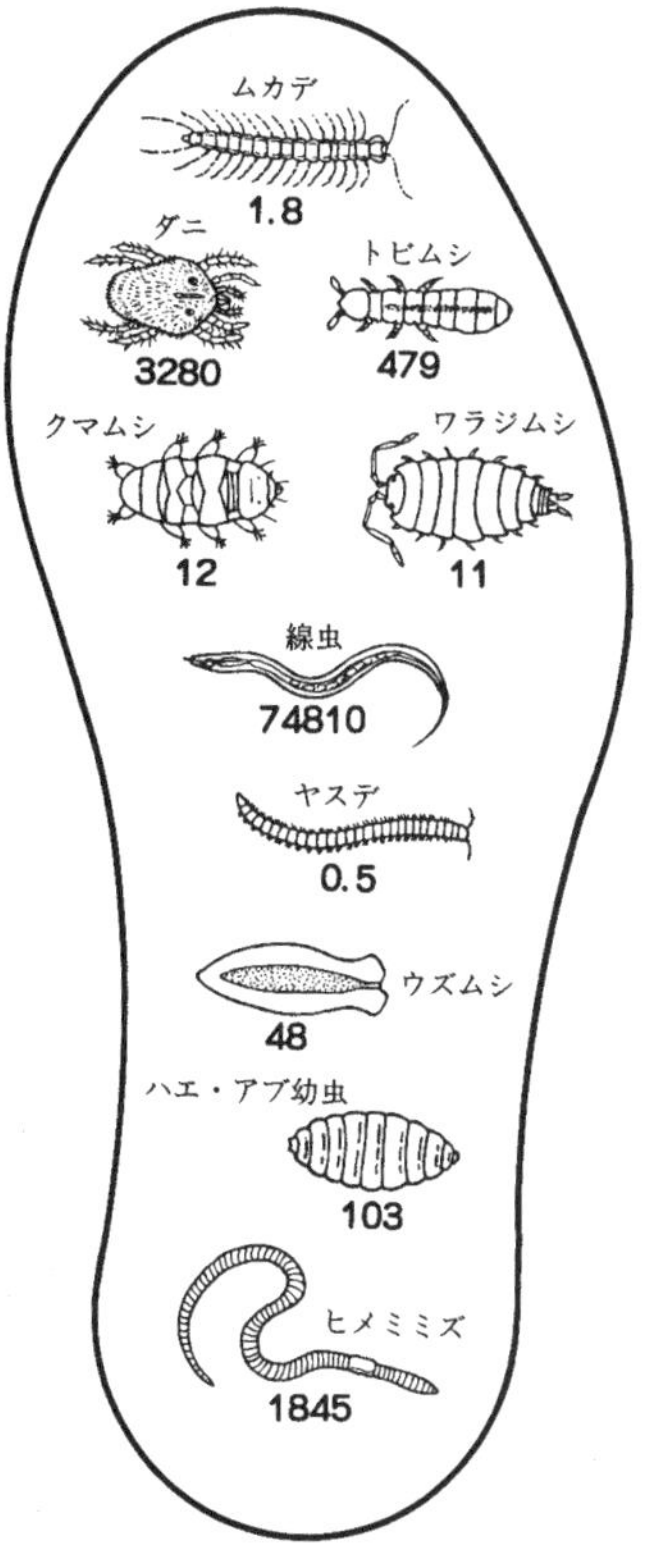

図4−6　林下の表土（東京の明治神宮の片足面積）にいる土壌動物数（青木、1983）

三）。小さな動物で、目立たないにしてもこんなにも多くいるものかと驚きさえ感ずる。さらに小動物になるほどその生息密度は高くなる傾向があるとされている。こうした分解が行なわれている最上部は土壌学ではA_0（AオーもしくはAゼロ）層などと呼ばれている。「土」は地球の最上層にある「表土」であるが、その上に「土」ではないA_0層があることになる。A_0層は、表土との関係では図4－7のようになる。この層は、有機物の分解が進む順にL、F、Hの三層に分けられている。

こうして有機物の分解が進むA_0層では、堆積母材の素材（無機物）は残留し、その密度を高めているはずである。その実体については明らかではないが、堆積母材が広く一般の乾陸域で形成されているとすれば、普通の自然林でもその証拠は見つかるはずである。

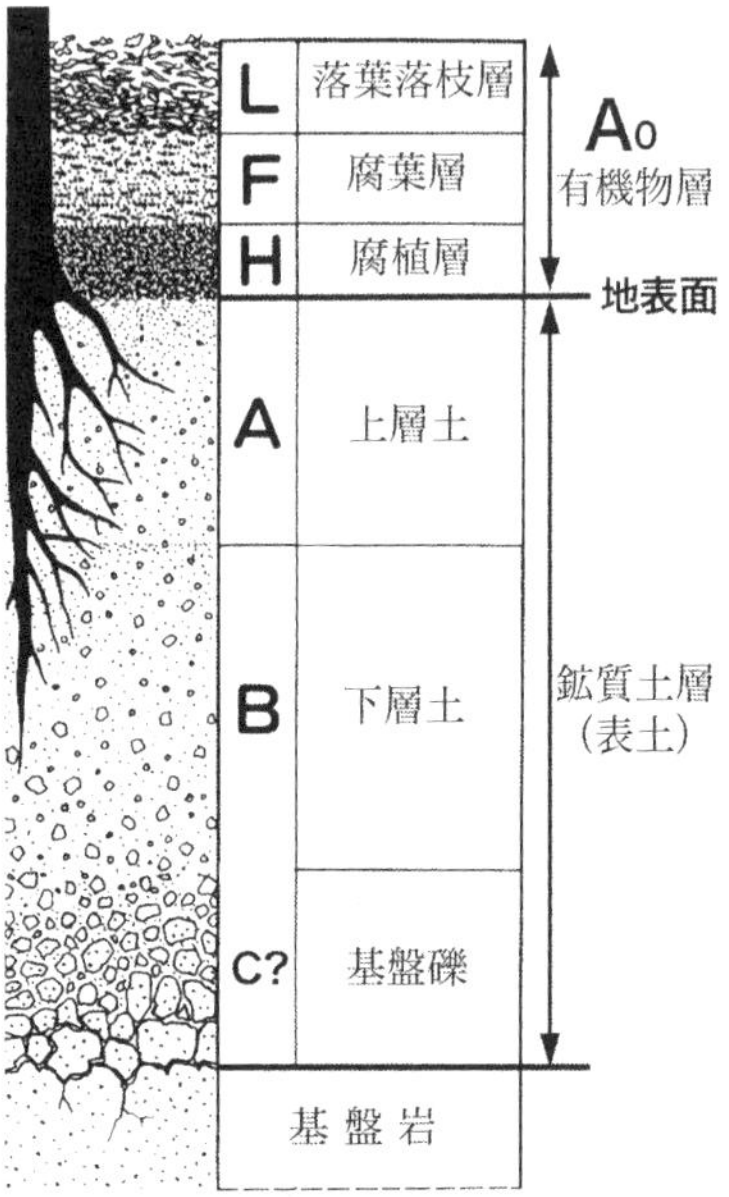

図4–7　土壌（鉱質土層）とその上を覆う有機物層（A_0層）の柱状図（青木、1983に加筆）

山形市の扇状地の背後から丘陵に移行する場所の多くは、かつての里山の薪炭用の林が、数十年放置されて半自然状態になっている。こうした林は全国いたるところにあるが、一二月の初旬、そんな林の一つに行ってみた。この林は緩く傾斜する地に、ミズナラ、コナラ、クヌギなどを主体に、樹齢五〇年以上と思われる大木も交じる一方、枯死した倒木も目立つ。葉を落とした地面を歩くとカサカサと音がするほど厚く枯れ葉が堆積している。しかし、毎年これほど多くの葉が落ちる林床のわりには踏みごたえのある硬さである。この感覚は表土までのAo層がそんなに厚くないからで、

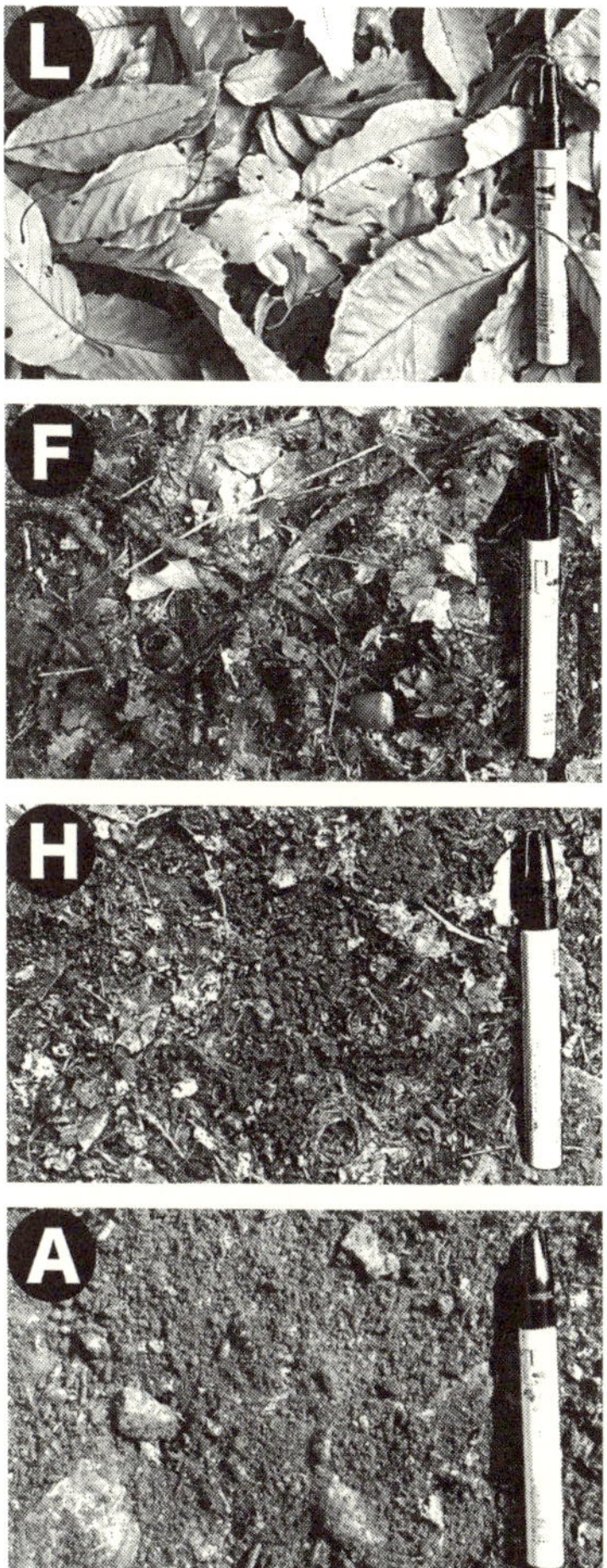

図4-8　落葉後（12月初旬）のＡ層の上に見られるAo層（Ｌ、Ｆ、Ｈの平面）
Ｌ：落ち葉や小枝（リター）が主体。Ｆ：リターの細片化が進み腐葉土状。Ｈ：有機物が細片化し暗色の粉状物質（腐植）が主体で虫の糞もある。Ａ：土壌のＡ層（鉱質層）。

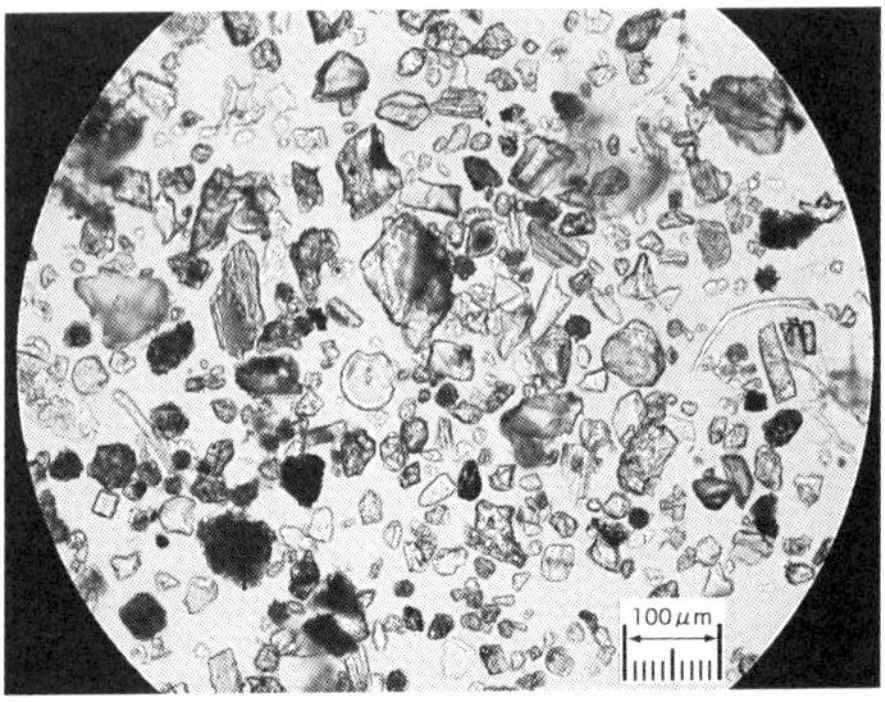

図4-9　林床の落ち葉に付着していた鉱物を主体とする粒子

これまで長い年月にわたって落ちた葉や枝（リター）の分解が確実に進んでいることが実感させられる。林床の表層から順にはがすと図4－8のように、分解の段階を示すL、F、H層がわかる。しかしながら、堆積母材が集積しつつあるか否かは肉眼観察では不明である。そこで、L層の落ち葉とH層中に砂の粒子状に集積していた虫の糞を試料として採取した。

風成粒子の残留を探る

室内に持ち帰った落葉試料は水に浸して洗い、その洗水を一日放置し、沈殿部を顕微鏡で観察したものが図4－9である。暗色の不透明な粒子は有機物であるが、透明なやや角張った粒子は鉱物である。粒径は一〇〇～一〇〇マイクロメートル程度のものが主体なので、黄砂粒子（三～一五マイクロメートル）よりは大きい。周辺の表土から「土ほこり」として飛ばされてきた粒子が主体と思われる。粒子には、石英、長石などが認められるほか、植物起源のプラントオパールなどもある。こうした鉱物質粒子は、葉などに付着したか、直接地表に落下した風成粒子で、さらに有機物の分解が進んでも残留し続けるはずである。

次にH層中の虫の糞は、低倍の顕微鏡像では〇・四～〇・五ミリメートルに粒径のそろった粒子である（図4－10上）。この糞を砕いて粒子を水中に浮遊させ、沈殿部を集めてより高倍率で見たものが図4－10（下）である。有機物粒子（暗色で不透明）とさらに細かな鉱物粒子（明色の細粒）を見ることができる。この鉱物粒子は、F層にいた小動物（虫）が細かなリターを食べた際、鉱物粒子をものみ込んだもので、虫の腸を通り、消化できなかった有機物とともに排泄されたものである。

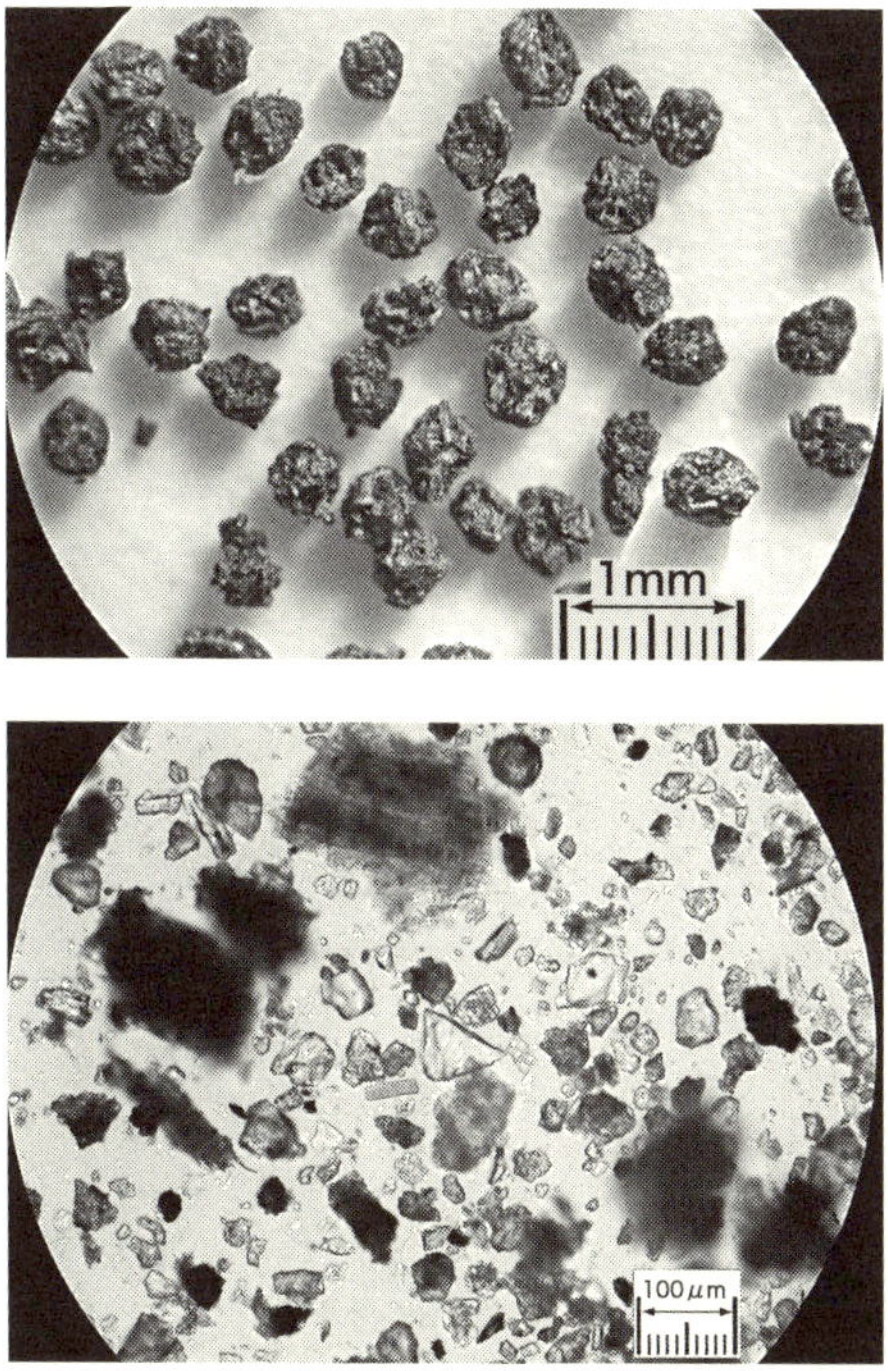

図4‒10　H層に交じる虫の糞（上）とそれを分解した拡大像（下）
糞には未消化の有機物に多くの鉱物粒子が交じる。

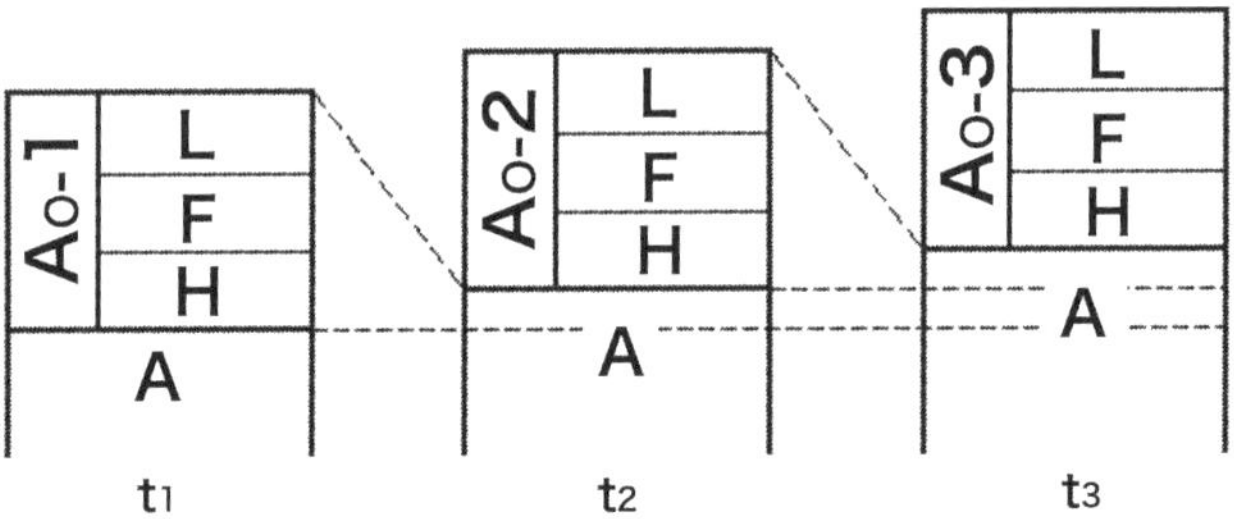

図4−11　Ao層での有機物の分解と鉱物質の残留により、新たなA層が鉱質層として累加される模式図

こうした糞の例のようにさらに細かくなった有機物は、カビや細菌の仲間がその酵素で消化してより低分子へと分解を進めていくとされている。そうしたカビや細菌を、トビムシ、ササラダニ、センチュウなどが食べ、それらはさらに動物食性のダニ、トビムシ、センチュウなどに捕食される。その捕食動物の遺体はカビや細菌により分解されることになる。こうした食物連鎖やネットワーク、あるいは循環を通して、有機物の分解がさらに進み、ついには有機物が高分子の腐植へと変化していくものと考えられる。この間、風成粒子は鉱物質であるため、ほとんど消失せずにその密度を高めていったはずである。その残留鉱物はそれまでのA層の上に累加され、堆積母材が形成されることになる。

このようなAo層の有機物の分解消失と風成粒子の鉱質部の残留・累積との関係を時間の経過（t_1～t_3）に区切って図4－11に示す。t_1は有機物層1（Ao－1）が形成される初期状態である。t_2は有機物層1（Ao－1）が分解されつくされた時点で残留した鉱物質がA層に累加され、そのときからの有機物層2（Ao－2）の初期状態で、t_3に向けて分解が始まる。t_3は同様な分解時間が進行しさらにA層が累加した状況である。なお、t_2、t_3における鉱物質の累加は誇張して描いてある。

表土と地層累重の法則

Ao層で有機物に混入した無機物は有機物の分解でその密度を高め、ついにはA層の表層部に累加し、堆積母材となることをみてきた（図4－11）。

表土の最上部に加わった母材は土壌のA層を宿すものの、時の経過とともにその機能を上に移し、母材は下に埋もれB層になる。さらに母材は（C層となるかどうかは別問題として）埋積深度を深めていくが、その下限は植物の根の届く範囲（約一・五〜二メートル）となる。これよりもさらに埋積を深めた母材は、もはや土壌を宿す役割はなくなり母材を引退することになる。「引退母材」は母材でもなく土壌の面影もないので、単なる堆積物のように見える。しかし、かつての土壌を支えた履歴は重視すべきで、それには「引退母材」のような呼び方よりは「旧土壌」の名称のほうがふさわしい。

地質学にはその基本法則として「地層累重の法則」がある。「重なる地層において、元来下位にある地層は上位にある地層より古い」という法則である。これはごく当たり前のことであるが、地層の上下関係を時間的な新旧関係に読みかえる法則である。表土は風成の堆積物であるから、水成堆積物と同様にこの法則が適用される。しかし、乾陸域の表土は土壌を宿す母材として、土壌化作用を経験している点で水成堆積物とは異なる。こうした、特異な土壌化作用を経験した地層を「土

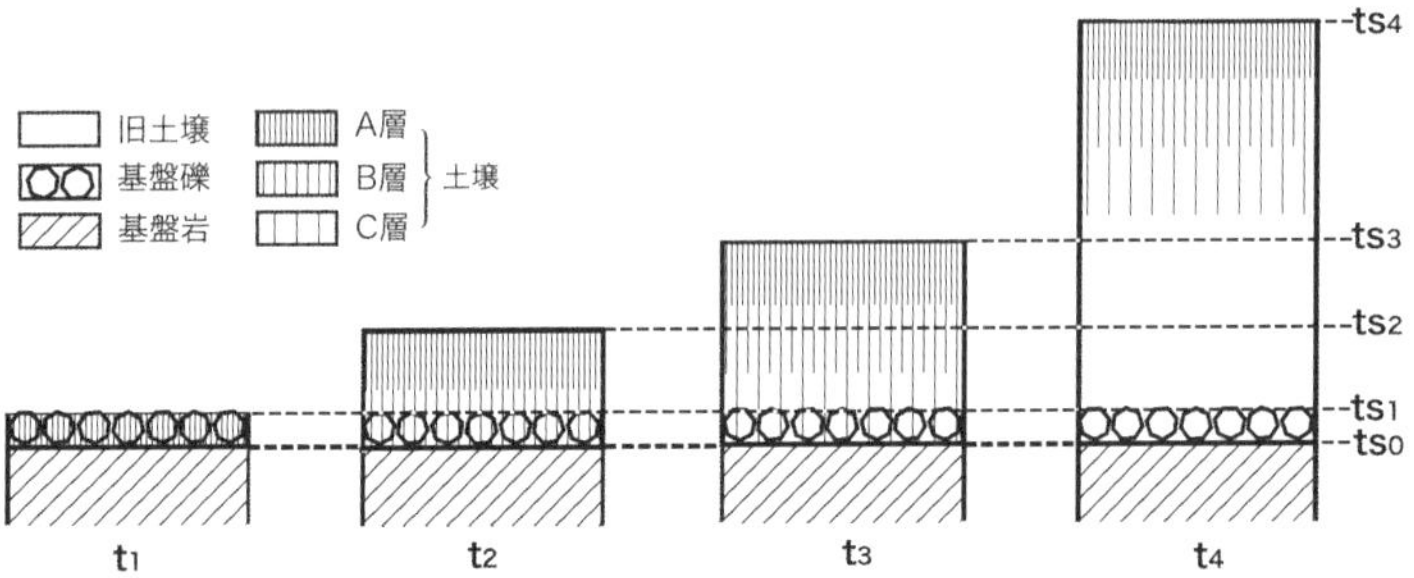

図4-12　土壌化作用を経験しながら成長する表土（C層はB層と旧土壌の漸移帯とする）

壌堆積物」と呼ぶことにする。土壌堆積物の成長は図4-12に図解するとおりである。この図で t_1 から t_4 は各成長段階の表土であるが、その最初の t_1 には多くの場合礫が認められる。この礫は風化母材の視点ではC層と考えられていたものである。この礫の成因はあとで探るとして「基盤礫」と呼んでおこう。なお、この図でのC層は土壌のB層と旧土壌の漸移帯にある土壌とする。

表土の t_4 を現在とすると、この柱状には「旧土壌」と「土壌」の関係が表されている。実際の表土では土壌から旧土壌へと漸移するため、その境界は一線で画されるわけではないが、t_4 のように判別できたとするならば、土壌部を「褐色森林土」、旧土壌部を「ローム質土」と機能面で呼び分けることができる。さらに t_4 の柱状図では、ts_1 ～ ts_4 はそれぞれの土壌発達時の地表であった層準を示している。こうして表土を土壌堆積物の成長として見ると、表土（土）はかつての「地表の集積」であったことが理解される。

ところで、この ts_1 ～ ts_3 が地表であったとき、そこに古代人の遺物が放置されれば、それは t_4 の ts_1 ～ ts_3 の層準に埋積されていることになる。すなわち、土中の遺物はその埋積される位置により、相互の新旧関係がわかり、型の変遷や系統の基本軸である時間を決めることができる。このことから、冒頭であげた、土に関する境界分野の盲点「昔の物がなぜ土の中から出てくるのか」の疑問は、「地表の物は順次堆積物で覆われるから」で、解決する。

このような土壌堆積物はA相からB相、C相へ、そして旧土壌相へと相転移していく。こうした様相は、これまでの地質学では認識されなかったあり方である。すなわち土壌堆積物は、堆積作用に加え、分解作用、風化作用、集積作用、変質作用、続成作用、それに後述する生物攪乱作用などが複合した、いわば「土壌化堆積作用」とでもいうべき働きを受けているのである。

表土が支える陸上生物

土壌化堆積作用の一環として、先にAo層での有機物の分解を見た。その有機物の中でも炭素は、主要元素でもある。

四六億年前に地球が誕生し、その後の大気は濃度の高い炭酸ガス（CO_2）であった。二五億年前、葉緑素をもった植物が海に出現して増加したことによって、炭酸ガスが使われて酸素が分離された。そうした海中ではサンゴなどによる炭化物（有機物）の合成も進み、石灰岩の堆積があって大気の組成は炭酸ガスが減り、酸素が増えた。

約五億年前、陸上植物が現れて発展し、地球上の炭酸ガスの循環を分担するようになった。すなわち大気中の炭酸ガスは、植物に吸収されて炭化物を合成し、その炭化物は（一部は動物を養い）、地表などで分解されて再び大気中の炭酸ガスに戻るのである。

こうした海や陸の炭素の循環システムが一定に機能して継続し、大気中の炭酸ガスの濃度は長い間一定に保たれてきたのである。しかし、近年、本来循環しない化石燃料の燃焼による炭酸ガスが大気に加わり、その増加が問題となっている。

炭素以外にも生物体を作る有機物は窒素やその他の元素もあるが、炭素の循環を表土との関係で表すと図4－13のとおりである。このようにして地球表層部をみると、Ao層や土壌は、陸上生物が自らの生育環境を生成するきわめて重要な部分であることがわかる。この部分は、その機能をAo、A、B、C層で分担し、地球の表層部に存在し続けてきたのである。すなわち、この地表部は陸上生物の誕生以来、数億年にわたり地球とその時々の生物が、ともに作りあげてきた機能システムなのである。

そうした歴史的な産物としての土壌の下に埋もれた「旧土壌」は、もはや現役土壌ではない。したがって、土壌学の対象からは遠のくかもしれないが、地質学的にはさらに探るべき対象なのである。

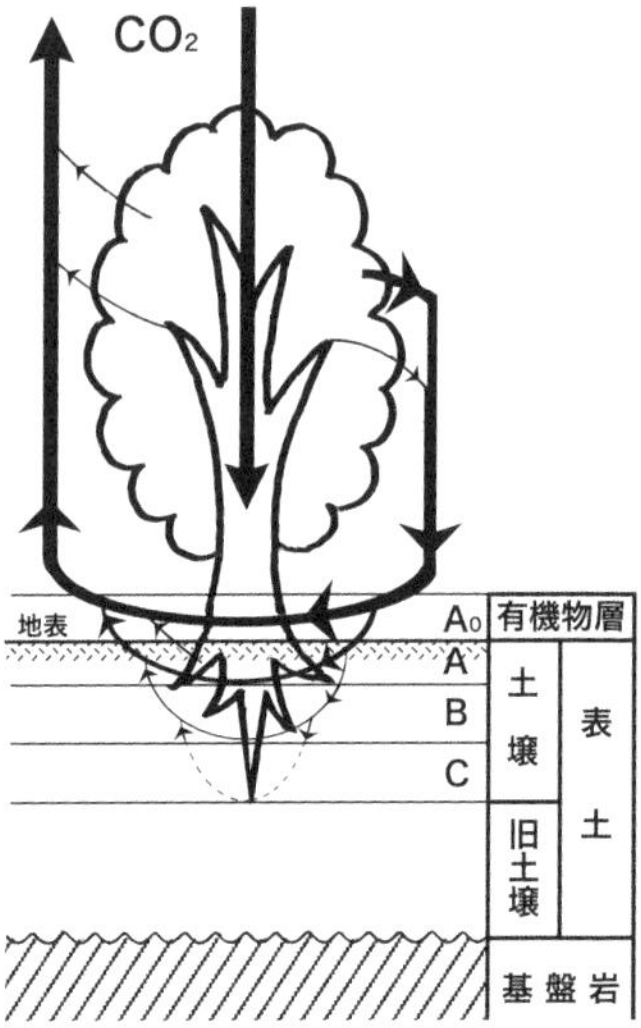

図4−13　陸域での炭素の循環
植物による合成と地表（一部は土壌）での分解の平衡があってCO_2濃度はほぼ一定に保たれてきた。

第5章　表土の地質学

基盤礫の謎

表土の構成員である土壌は、主に「堆積母材」から形成されることが判明した。堆積母材は土壌機能を上の層に移すことで埋没し、旧土壌として堆積していくことも明らかになった。この先、視点を土壌から旧土壌にまで広げ、表土の一般的な特性を探ることにする。このことは、より特殊なクロボク土の特性を明かすのに有効になるはずである。こんな見通しで、しばらくは表土を地質学的な観点で見ておきたい。

まずは、「土壌堆積物」を最下部から見ていこう。風化母材のC層では最下位に礫があることがその特徴でもあった。そして、この礫は基盤岩が風化しつつあるものと考えられてきた。実際、各地で土壌の断面を見てもその最下部には多くの場合、礫があるという事実は重視される。なぜ、この礫が堆積母材の誕生期に形成されるのだろうか。

図5－1（口絵②）は山形盆地の東縁の奥羽山脈の山脚部にある村山市土生田《とちうだ》の露頭である。こ

図5-1　表土と基盤岩の関係が見られる露頭（山形県村山市土生田）
鮮新統の基盤岩上に基盤礫（風化礫と移動礫）があり、その上位に礫交じりローム質土などの表土が重なる。（カラー写真は口絵②）

こは山腹斜面に林道が切られた法面《のり》で、基盤岩は鮮新統の凝灰質砂岩である。基盤岩を覆う表土は、下位より、基盤岩の礫、礫交じりローム質土、浮石からなる肘折《ひじおり》火山灰（約一万年前）、浮石交じりローム質土、そして最上部がクロボク土になっている。

注目すべき最下部の基盤岩の礫はその上下で差違がある。すなわち、下位は基盤岩が風化して分離独立した「風化礫」、上位はそれが移動した「移動礫」である（以後、両者を合わせて「基盤礫」という）。しかし両者を明確に区分することは困難である。こうした露頭は一見、かつて地表まであった基盤岩が下方へ風化を進め、現在の風化最前線が基盤礫にあるように見える。そのため、この礫が風化最前線の礫と誤認され、風化母材説を支えてきたように思われる。
　この基盤礫は土壌堆積物の誕生期の産物として、その状態からこの地点の地表環境の変化を読むことができる（図５－２）。すなわち、基盤岩上での土壌形成の開始は、それまでの侵食の環境（E＞D）から堆積の環境（E＜D）に転換したことを意味する（E：侵食量、D：堆積量）。一般に物の運動方向が反転するとき、短時間の中立期（E=D）を挟む。「風化礫」はこの中立期に基盤岩が地表にさらされて風化作用を受け、基盤岩から分離独立したものである。さらに時間が過ぎ、地表が堆積の環境（E＜D）に移るが、ここは斜面であったので、まずは近隣で侵食された基盤の礫が転入してきた。この礫の移動距離は短いが異地性の礫である。こうした礫は後述する不整合面を覆う「基底礫岩」に類似するが、規模が違うので、「移動礫」と呼ぶことにする。

地表状態の変遷	地表での作用	基盤礫
E<D	母材の堆積	移動礫の堆積
E=D	基盤岩の風化	風化礫の形成
E>D	基盤岩の侵食	

↑時間

図５-２　表土最下部の基盤礫付近での環境の変化
Ｅ：侵食量、Ｄ：堆積量。

　このように、基盤礫とその周辺の地層は、表土の形成の初期に、地表状態が「侵食」から「中立」を経て「堆積」へと転換したことを記録している。これは当時の地表環境が大きく変わる事件があったことを物語る。この事件が何であったかを解く鍵は基盤岩の最後の侵食にある。しかし侵食はその場に物証を残さないので、同様な露頭観察を重ねても事件の解決は望めない。そこで、基盤岩を削った最後の事件は「基

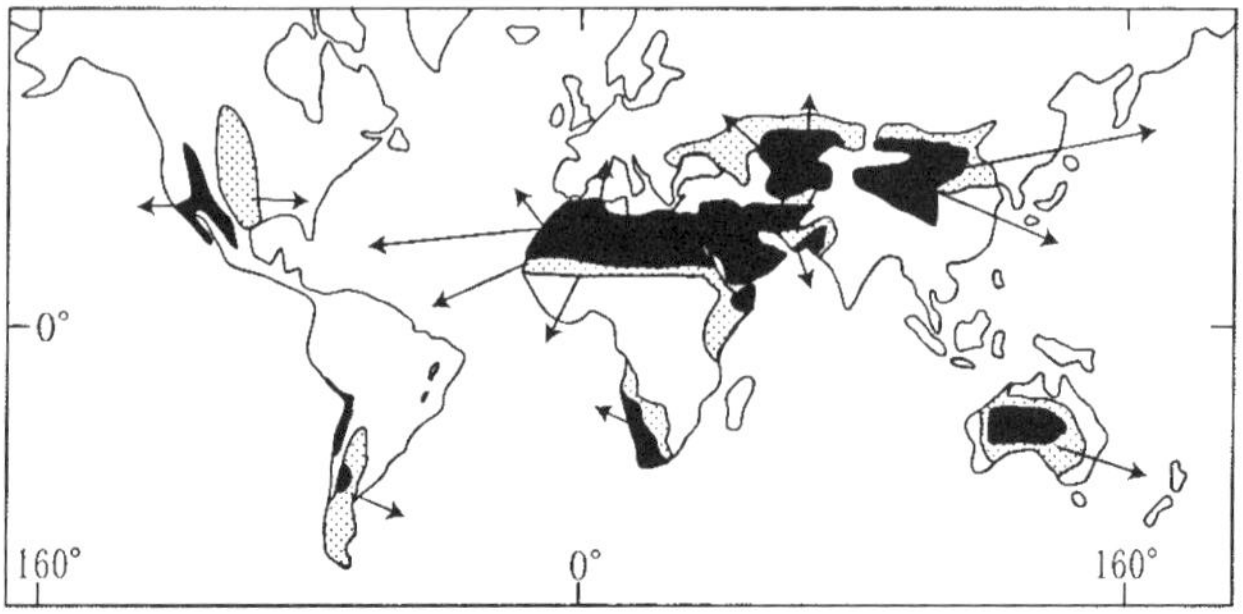

図5−3　世界の乾燥地域とそこからの風送塵の経路（Pye, 1987より）

盤岩事件」と仮称し、それが何かは一旦棚上げして礫の上の風成層本体に視点を移すことにしよう。

風送塵と表土

表土を作る風成層は、前述のように、黄砂や土ほこりのような風成塵、火山灰、あるいは基盤岩の岩片などが素材となって堆積したものである。風成塵のうち広域な堆積に影響を及ぼすものが風送塵である。風送塵は砂漠地帯で起きるいわゆる砂嵐が元になり、広域に飛散する。その移動は図5−3に示すように、偏西風や季節風などにより地球規模で起こる。

日本列島への風送塵はタクラマカン砂漠やゴビ砂漠に起源がある。これらの砂漠の風下に近接した中国の黄土高原には二〇〇メートルを超すような風送塵である黄土（レス）が堆積している。日本へ飛来する黄砂は、それだけが純粋に堆積すればレスであるが、実際は火山灰や基盤岩の風化物などが交じりあって風成層を作る。日本海沿岸域は

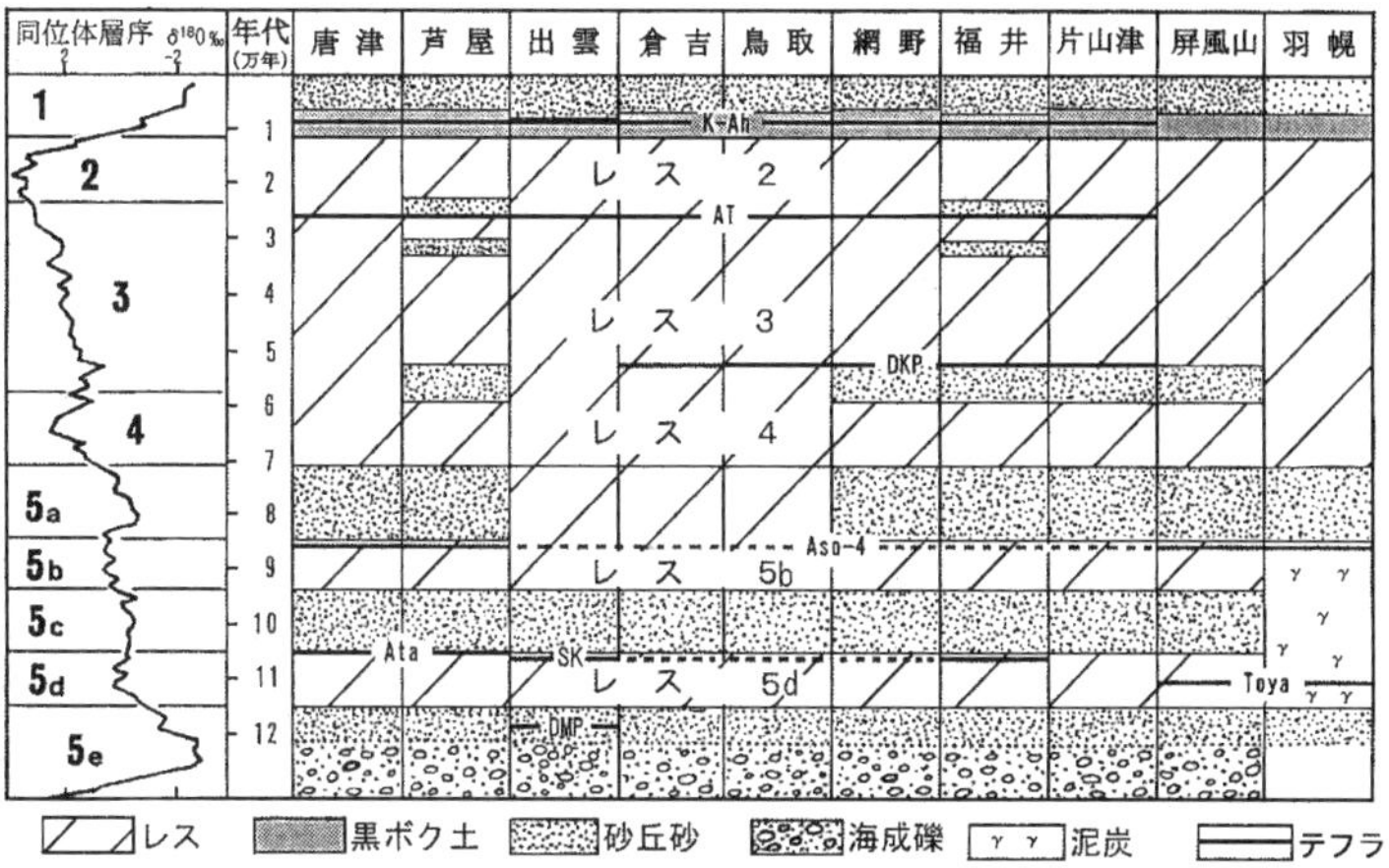

図5-4　最終氷期以降の北九州～北海道の日本海沿岸（現砂丘地）のレスと風成砂の形成（成瀬、2006より）

季節風の最も風上に当たるので、火山灰や基盤岩の風化物が内陸部ほどは多く交じらない。ただ、沿岸域なので、砂浜からの飛砂の堆積もある。この飛砂の堆積が少ない時期は、沿岸部の風成層はレスに近い岩質になる。図5－4は最終氷期以降の日本海沿岸部のレスと砂丘砂の堆積状況を示したものである（成瀬、二〇〇六）。

　図の左側の同位体のカーブは、ほぼ気温の変化に対応し、左側が寒冷で右側が温暖を表している。こうして見ると、レスは寒い時期に（現在の砂丘地には）多く堆積する傾向がある。また、レスは飛砂の堆積時には連続を断たれるが、堆積がなかったとは考えられない。図5－4で一万年以降が現在に至る後氷期で、レスの堆積が砂丘砂に代わっているが、後氷期の現在も黄砂の飛来があることから、暖かい時期でもレスの堆積は継続していたはずである。

　日本列島では一般に東側の風下の風成層ほど

いろいろな粒子が交じる機会があり、風送塵のほかに、火山灰や土ほこり、基盤岩の風化岩片などが加わったはずである。その結果、各地域にはそれぞれの地域特性をもった風成層が堆積し、それが母材となって褐色森林土やローム質土を作り、表土を形成しているのである。

土壌の攪乱

地表に落ちた風成塵は、Ao層で分解をまぬがれてA層の母材として堆積する。A層は有機物が分解される過程で多くの土壌生物によって攪拌される。これは「生物攪乱作用」(バイオターベーション)と呼ばれている。

図5-5　旧石器遺跡発掘平面に現れた生物攪乱の跡（山形県寒河江市高瀬山遺跡）（カラー写真は口絵⑩）

図5－5（口絵⑩）は山形県寒河江市の高瀬山遺跡の、クロボク土の少し下位にある古い層準で、旧石器が埋積されている面である。褐色の地層に茶色や白い斑点が密集している。茶色は上から、白色は下からの攪拌による移動である。木の根の跡を埋めるものもあろうが、大きな斑点はネズミやモグラなど大型動物の穴の跡、小さなものはアリやミミズなどかもしれない。いずれにせよ、当

時の地表部での小動物のうごめきによる「生物攪乱作用」の跡がわかる。図5－5の発掘面は、その上は黒色、下は白色の地層に挟まれた層準であるから、色の違いで上下の土が動いていることがよくわかる。しかし、単一色の地層間でこうした生物攪乱があってもその跡は判別できないであろう。多くの表土堆積物は単一色であるから、こうした生物攪乱の跡が認められないにしても、それがあったものと考えるべきである。

モグラによる生物攪乱の現場としては、地下の土を地表に盛り上げた「モグラ塚」を見かける。地中のミミズなどを食べているモグラは、A層の堆積物を地表に出すので、当初の堆積関係を乱している。このモグラが地下で餌にするミミズもまた、土壌中の土を食べて消化し終えた糞塊を地表に出すなどの攪乱をしている。実際、地下にはミミズだけでなく多くの土壌生物がいるが、とりわけ、ミミズの作用が大きいと注目したのが、進化論のチャールズ・ダーウィンである。彼は土壌を作ったのはミミズであるとさえいっている。この見解は大変興味深いことなので紹介しよう。

ダーウィンと土壌

進化論で知られるチャールズ・ダーウィン（一八〇九―八二）（図5－6左）が世を去る一年前（一八八一年）、ミミズの研究の著作が出版される（図5－6右）。「ミミズの作用による土壌の形成」などと訳されているが、この訳の「土壌」の元は“Vegetable Mould”であるから、植物性の肥沃土であり、「腐植土」に近い概念である。ダーウィンの大きな業績といえば、ビーグル号による

図5-6　晩年のチャールズ・ダーウィンとそのミミズに関する著作（John van Wyhe, ed. 2002-より）

世界一周の旅で観察したことを元にした「進化論」である。そうした外国での体験とは別に、イングランドの身近な大地にも関心をもって観察・研究している。そして、肥沃土（土壌）の形成にはミミズが関与しているのではないか、と考えた。彼は一八三七年にロンドン地質学会で「肥沃土の形成について（On the formation of mould）」でミミズについての講演をしているから、四〇年以上も扱い続けてきた重要な研究テーマでもあった。ダーウィンは、土中に棲むミミズが有機物交じりの土を食べ、消化し終えた糞塊を地表に出すことに注目したのである。多くのミミズがこのことを長い間繰り返すと大量の細かい土が地表に運びあげられて、その集積で土壌が形成されるというものである。そうするとミミズが食べない大きな物体は、その下の土が食べられて地表に排出されることにより、次第に地中に埋もれていくはずであると考えた。実際、牧草地の地表にまいた石炭ガラやストーンヘンジなどの古代遺跡が、時を経て地中に埋積されることも観察している（図5－7）。こうした事実をミミズの仕業と考え、そのことを実証しようとミミズの生息密度や一定時間に出される糞の重さなど、量的な調査を行なった。小さなミミズではあるが、表土のすべてはその体を数年ごとに通過して耕され、凹凸が修正されて大地が平坦化されてきたとも述べている。ミミズがこうした大役を果たすことは、もっと下等なサンゴ虫が珊瑚礁や島を築くことを引きあいに出して説明している。珊瑚礁の形成説は、今でも教科書で扱われるようにダーウィンの輝かしい業績の一つであるが、彼のミミズの研究は荒唐無稽な珍説として、評価しないむきもあるようである。しかし、身近な「土」を考え、その正体を明かそうとした精神と行動は、さすがはダーウィン！である。すなわち、彼の目の前に展開する事象を注意深く観察し、小さな変化を見逃さない、むしろ小さな変化の継続こそ重要なのだという視点は、自然史の本質に迫るには不可欠な態度として学ばされる。彼のこうしたミミズの研究は、前記の「ミミズの本」の出版までに必要なデータがすべて間に合ったのではなく、確かめたい課題を残している。その課題は、本書で扱っている表土の形成に関わる実験でもあるので、是非ここで紹介しておきたい。

図5-7　ストーンヘンジでは地表に落ちた石の埋積をミミズの作用と考えた

ダーウィンの実験とミミズ石

この実験は、上記の「ミミズの本」の出版される三年（準備を入れるともっと）前から、ロンドン郊外のダウンの自宅の庭の一角（牧草地）で開始された。それは、実際に地表に設置した石が時とともにどう沈下していくかを観測しようというものである。ダーウィンは遺跡の石がミミズの作用で土

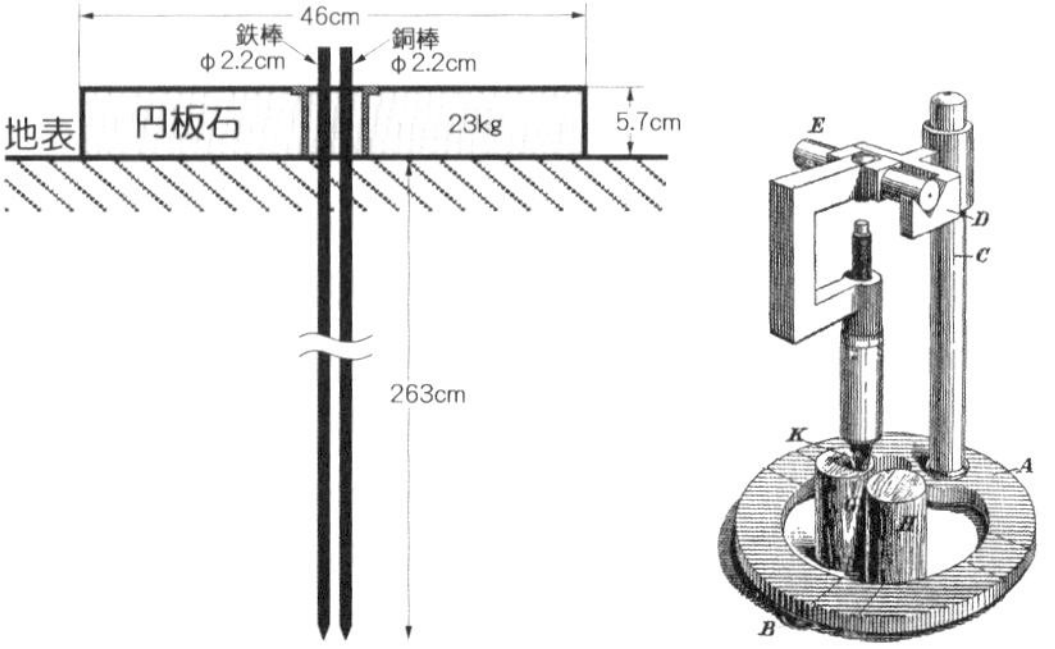

図5-8　左：ダーウィンの実験に使われた地表に置かれた粉ひき臼状の円板石とその動きを探る基準点となる金属棒
右：石の動きを精密に測る測定装置（Darwin, 1901 より）

の中に埋もれていくとした自説を裏づけるために、この実験の必要性を痛感したからに違いない。石の沈下があるとすればそれは微々たるもので、証明に必要なデータを得るには長期間を要するので、ミミズの本の執筆に間に合うべくもない。彼の余命をもってしても有意なデータを得るには難しい実験なので、子供としては最も若い五男のホーレスとの共同研究になった。

　実験装置は野外に置かれるが、図5－8（左）に示すような構造である（Darwin, 1901）。中央部がくりぬかれた粉ひき臼状の重さ二三キログラムの石（円板石）を地表に置き、その石の沈下を実測しようというものである。沈下量は地中深く挿入された金属棒の頭を基準点（不動点）として、そこから石の表面までの長さで求められる。ちなみに金属棒は熱膨張の影響などを知るためと、予備のため、銅製と鉄製の二本が設置された。微量な長さの測定には精度が要求される。そのため、測定時に石の表面となるつば付きの金属管を石の中央の穴に溶けた鉛で固定した。他方、測定装置は、図5－8（右）のような専用の精密機器が用いられた。息子のホーレスが作成したものである。彼は精密機器会社を設立したような技術者であったので、石の変動量を一〇〇分の一ミリメートルの精度で測れる機器を作ることができた。一八七八年から観測を始めて、四年目に父ダーウィンが亡くなり、一八年間観測を続け、その結果が一九〇一年にホーレス・ダーウィンにより公表された。

観測の結果は年間変動量として、たとえば一八八〇年には二月一九日を基準にすると徐々に沈下が進行し、九月七日には五・六二ミリメートルになり、その後は二か月で約二ミリメートルの上昇が観測されている。こうした上下変動は大地の水分の増減に起因すると彼は考えた。また、厳寒の凍結では七ミリメートル以上も上昇し、気温が上がり凍結が融ける際にはわずか四時間四〇分で二・三ミリメートルも沈下するなど、気象に関わる変動が予想以上に大きかったようである。そうした変動をならすようにすると、前半の九年間は二・二ミリメートル／年、後半の九年間では〇・三六ミリメートル／年の沈下値を得ている。この値は思いのほか小さかったようで、特に後者の値の少なさには驚きさえ表している。結局は、ミミズの作用による動きを正確に求めることは、気象などによる変動が大きすぎて難しいとしている。

この石の動きの測定は一八九六年に石が動かされる事故があって以来中断されたが、その後、その場で「ミミズ石」として保存され続けている。現在のミミズ石の状況は図5－9のとおりである。一八七八年に地表に置かれた円板石（ミミズ石）は、現在、その表面は見せてはいるもののほとんど埋もれかけているように見える。もしこの石が、一八九六年に一旦動かされたあとにすぐに復元され、その後ずっとそのままであったとするならば、この装置は単なる遺産ではなくてまだ生きているのである。その場合、この石で目をつけるべき重要なポイントは石の中央に突き出た二本の金

図5–9　当時のままに保存されている「ミミズ石」の現在の状況（John van Wyhe ed. 2002–より）
地表に置かれた円板石が130年を過ぎた今、埋もれようとしている。

属棒である。ホーレスはこの棒の頭と石の表面との間隔を図5－8（右）の計測装置で測定していた。この装置の図には二本の棒の頭も描かれていて、設置当時の突出状況をうかがい知ることができる。すなわち、現在の石（図5－9）程度の突出であれば、その上に測定装置を設置しても大きな調整をしなくても使えそうである。このことは、石は一見、地中に沈みこんで埋もれたかのようであるが、棒の頭と石の表面との関係は実験開始当時とほとんど変わらないと思われる。もし、ダーウィン父子が推定したように石が沈下したのであれば、金属棒は石の表面を基準に、地表部にもっと長く抜け上がってきたように見えるはずである（図5－10上）。しかし一三〇年以上過ぎた現在、図5－9の写真にあるように、そのようになってはいない。このことは、石は沈下したのではなく、図5－10（下）のように、堆積物に埋められたと考えられる。すなわち、風成層の堆積を証明しているかのようである。そうであるなら、将来は、金属棒が長く露出するようになるのではなく、石とともに埋もれていくものと予想される（図5－10下右）。このことの正否は、現在では精密な測量器具を使えば短期間に精度よく判定できるはずである。しかしながら、ミミズ石のようなアナログ的装置のほうが、わ

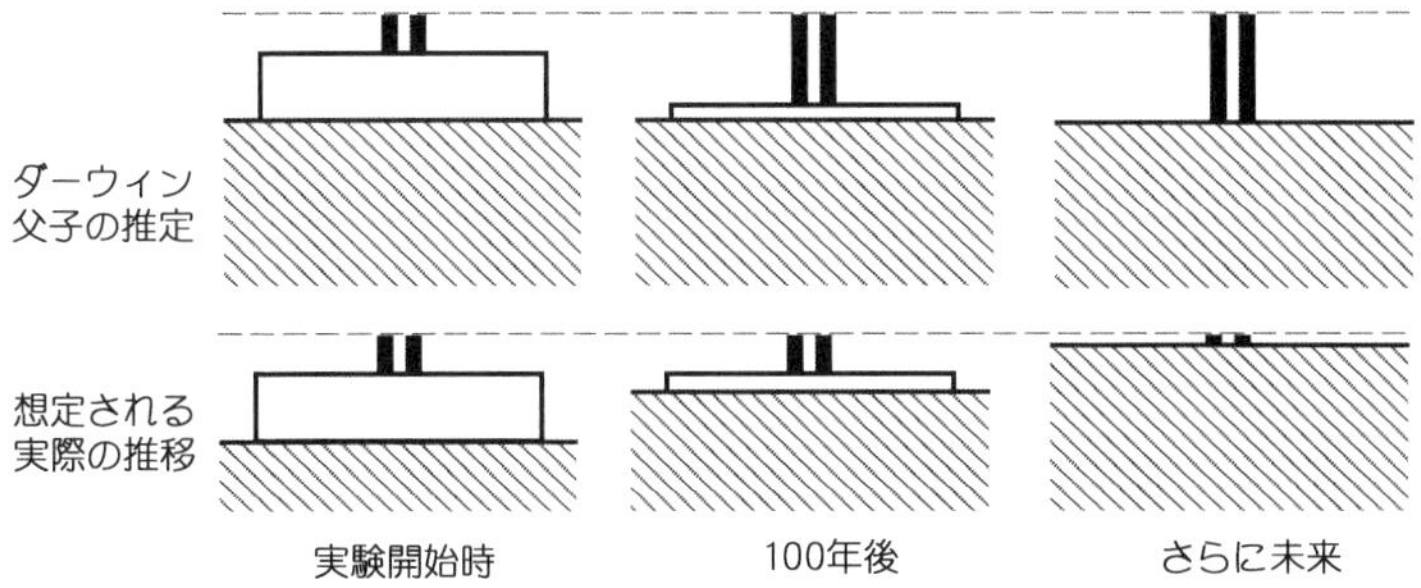

図5-10　ダーウィンの設置した円板石（ミミズ石）と地表の変遷との関係（断面）

かりやすさでは優れている。ダーウィンハウスでは、是非、自然のまま放置するような管理をお願いしたいところである。でも将来、土に埋もれた実験装置をどのように見せたらよいのだろうか、気になるところではある。

さて、ミミズ石が図5－10（下）のように推移するのが正しいとするならば、同図上段のように考えたダーウィンは、ミミズの作用を過大に、地表に追加される堆積物を過小に、それぞれ評価したからかもしれない。ミミズなどによる生物攪乱はダーウィンの考えるように土壌（A層）の深部にまで及ぶというよりは地表に近い部分（A層の上部）で著しいのである。土壌中の生物はその中の有機物を食糧とするので、それを求めて動きまわる範囲も有機物の量と比例的と思われる。つまり、土壌生物の動きまわる範囲はH層（腐植層）からA層の最上部あたりが主体のはずである。ダーウィンが観察したミミズは確かに深いところにもいたが、そこの土はミミズにとっては「まずい」ので、多くは食べない、むしろ浅いところの有機物たっぷりの「おいしい」土を主体に食べて、すぐ上の地表に糞塊を出していたのではなかろうか。そのようにしてA層上部の有機物を分解しているうちに新たな有機物に富む堆積物が上に堆積し、こうした繰り返しで土壌が堆積していったものと考えられる。したがって、堆積粒子の上下が入れ替わるような攪乱は主にA層の上方であり、B層など土壌深部に至る攪乱はモグラやネズミのような大型動物や木の根などによってのみ、低頻度で起こったものと思われる。

表土はこうした生物攪乱を土壌化作用の一環として経験しているものと考えられる。したがって、堆積粒子は攪乱を受けなくなる深度まで埋積された以後は地層累重の法則が成り立つが、それ以前は成立が保証されない。つまり、土壌堆積物から時間の情報を得ようとする場合、その精度（解像度）には限界がある。

表土のツンドラ体験

表土の堆積期開始期の状態の実例は肘折火山灰（約一万年前）を含む地層で見た（図5－1）。この肘折火山灰層を鍵層として観察地域を広げて、火山灰の下方の旧土壌を見ていくと、いずれもローム質土ではあるものの、粘土質、あるいは砂質、というように岩質が地点によって違うことに気づく。こうした岩相の差違は堆積地の微地形の違いを反映したものと考えられる。このような違いとは別に、肘折火山灰のすぐ下に奇妙な構造が見つかった（図5－11左）。木の根の跡のような下へ細くなる構造であるが、ネット状につながる部分もあることから、根の跡ではない。私の研究室の学生諸氏の協力も得て、こうした構造をあちこちで探し出すことができた。しかし、何の跡か

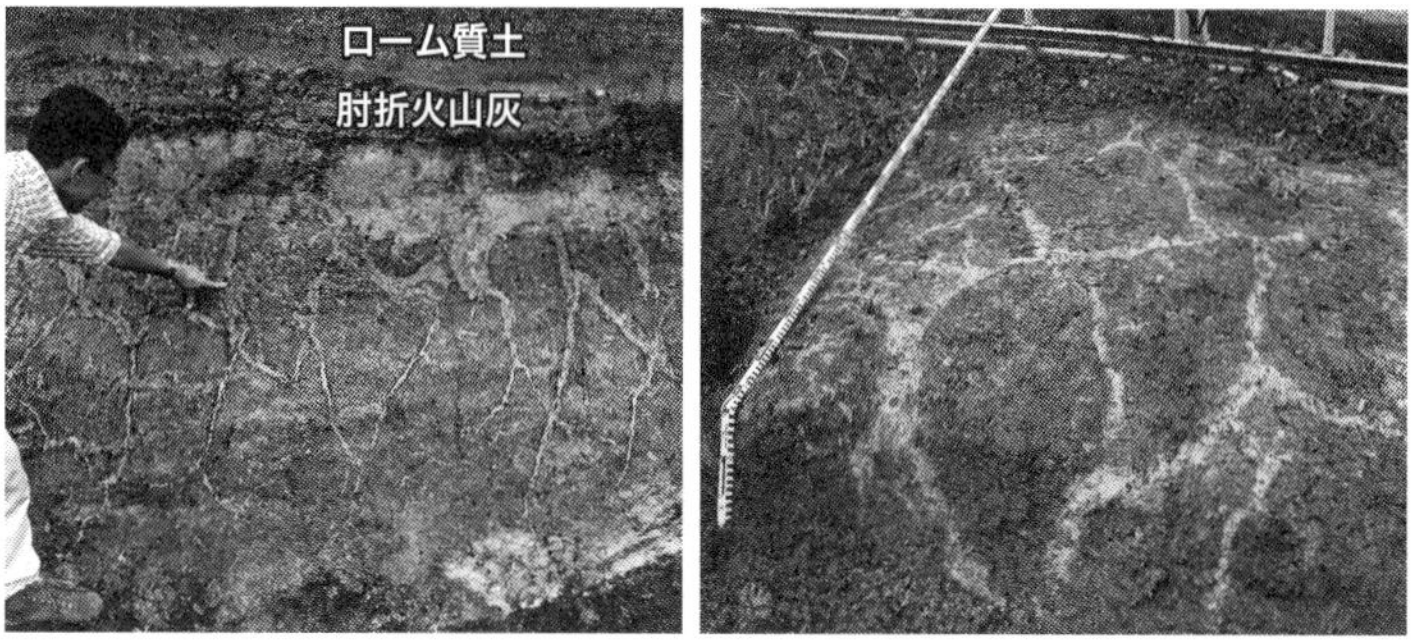

図5-11　左：ローム質層断面に見られる「木の根状」構造（山形県村山市田沢）
右：「木の根状」構造の水平断面は多角形（ポリゴン）を示す（山形県尾花沢市二藤袋）

については、わからないままであった。そんなある日、肘折火山灰の露出する丘が切り取られ、畑地にされた場所で、木の根状構造の水平断面を見つけた。畑地の表面を削りだしてみると図5－11（右）のような網状構造が出現した。この形は泥質の湿地堆積物が干上がってできるマッドクラック（干裂《かんれつ》）とそっくりである。しかし、ここは丘陵の上で湿地になるような場所ではないし、泥質でもない。いろいろ成因を考える実験をしたり、文献に当たった結果、ようやく類似の土壌構造がわかった。それは、図5－12に示す「フラジパン」として区分される土壌に特有の構造である（Van Vliet *et al.*, 1981）。フラジパンの成因については諸説があって、定説がないようである。この論文は一九八一年に公表されたものであるが、フランスとベルギーの土壌学者が自国の最終氷期の堆積物に残されたフラジパンを永久凍土のある地域でできる構造と詳しく比較検討したものである。その結果、永久凍土説のみがフラジパンの構造的特徴を説明できると結論づけている。ここで扱われている構造は尾花沢の不明の構造とその特徴が一致している。

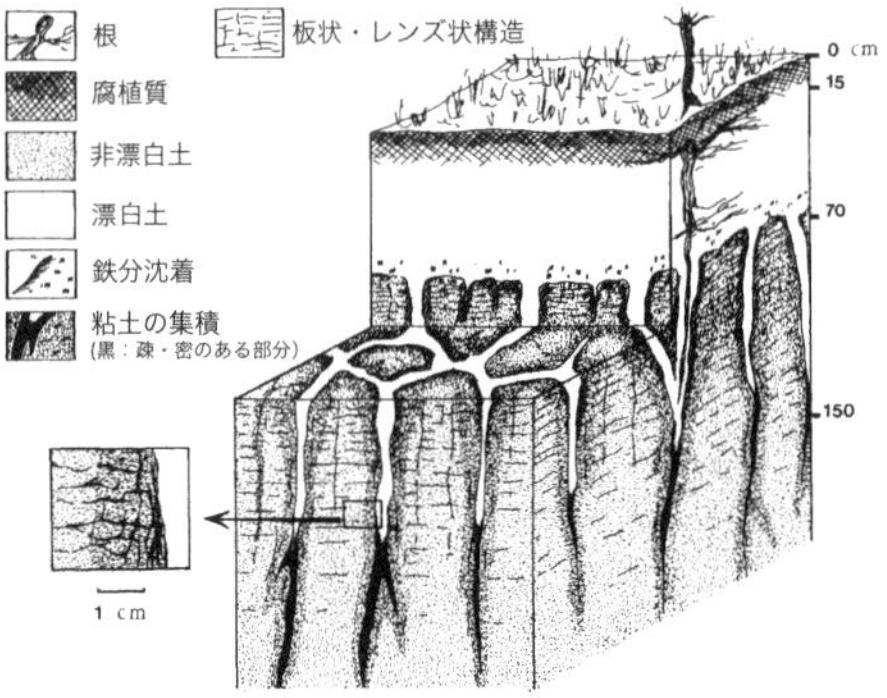

図5−12　フラジパンとされる土壌の模式図（Van Vliet *et al*., 1981より）
永久凍土地帯でできた木の根状とポリゴン構造。

すなわち、下に細くなるポリゴンの立体構造とその上の漂白層がセットで認められることなどである。よって、尾花沢にも当時、永久凍土があったと考えられる。

こうしたポリゴンユニットの形成は図5－13のような過程で考えられている。すなわち、永久凍土ができた大地が初めての（一年目）の冬をむかえる。すると大地は表層まで（冬期凍土層も含めて）凍結する。凍結したままさらに温度が下がると、大地は収縮して亀裂（クラック）ができる（図5－13左端）。夏になり表層部で融けた水は永久凍土層の亀裂に浸透して氷結する。次の冬、次の夏、……と同様に繰り返されると永久凍土層上部では氷の膨張で亀裂部が広がり、垂直断面では楔《くさび》のような氷が形成される（図5－13右端）。これはアイスウェッジ（氷楔《ひょうせつ》）と呼ばれ、水平断面では多角形のネット構造を作る。こちらはアイスポリゴンと呼ばれ、融けた地表部にも多角形状の地形（ポリゴン）を残す。現在のカナダ北部、アラスカやシベリアのツンドラ地帯には永久凍土があってその地表にはポリゴン地形が形成されている。そうしたツンドラ地帯の平原の地形を〝Google Earth〟で訪ねてみると、いたるところにポリゴンを見ることができる。その直径は数メートルから数十メートルと規模は大きいが、北極圏では冬期凍土層（活躍層）や永久凍土の発達

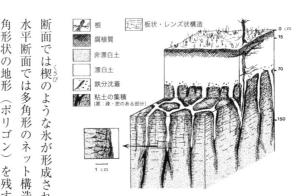

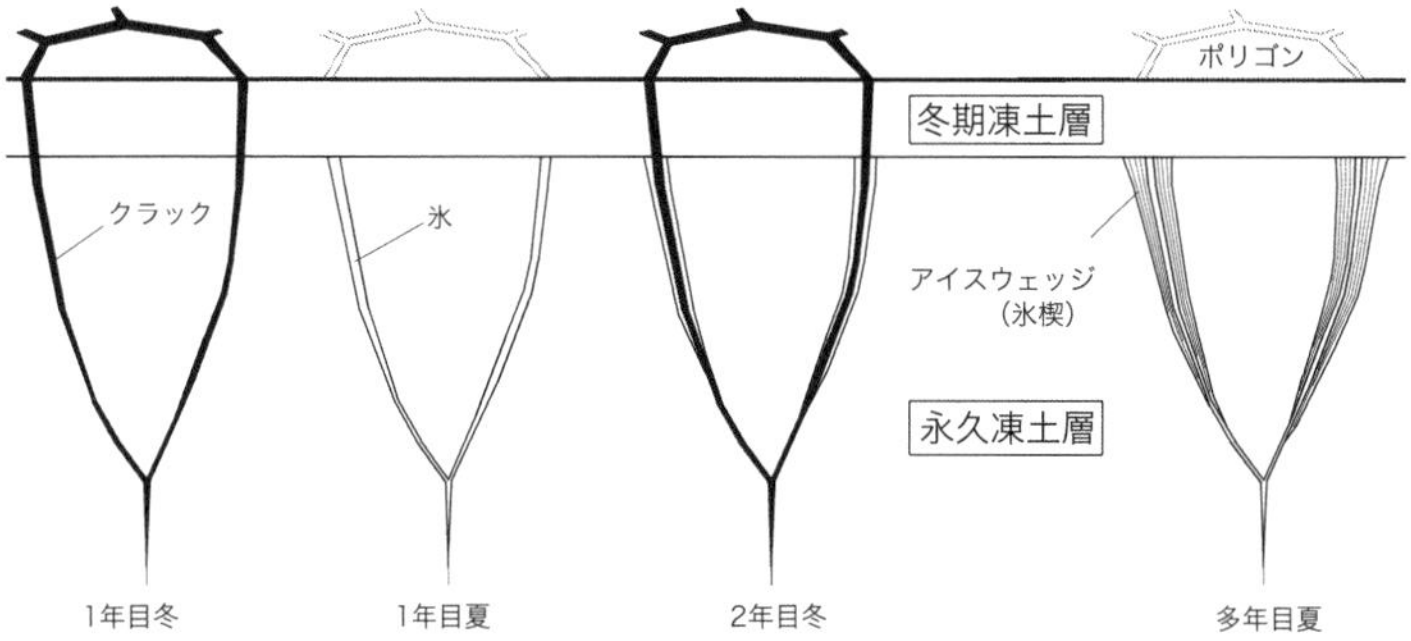

図5-13　永久凍土とアイスウェッジとポリゴンの形成過程

が厚いから相応に大きなポリゴンとなるのであろう。

現在の日本での永久凍土は、北海道の大雪山の二〇〇〇メートルを超すような高地で見つかっている（福田・木下、一九七四）。尾花沢などで見られたアイスポリゴンの跡は肘折火山灰（約一万年）の下にあるので最終氷期の最後に形成された可能性がある。当時は山形の大地にも永久凍土層ができるほど寒冷な、雪の少ない乾燥したツンドラ的環境であったことが推定される。今の尾花沢の冬は一メートルを超す積雪があるが、それとは違う意味での厳しい冬があったことを旧土壌に残された跡から知ることができる。

変質作用の進行

さて、ローム質層は旧土壌としての堆積物であるので、関東ローム層は土壌堆積物でもある。したがって、単に火山灰が再移動し、風成粒子とともに地表風化を受けた土ではなく、土壌としての堆積と地表を経験した地層と考えるべきである。関東ロームの中に黒色の強い部分があって、そこだけを成因

年代	ローム層の層序	主な粘土鉱物と粘土粒子の形（数値はμm）			粘土鉱物の変化
後期洪積世	立川ローム層（陸成　関東）	アロフェン		点状粒子（0.05）	アロフェン ⇩
	武蔵野ローム層（陸成　関東）	低結晶度のハロイサイトとアロフェン		球状粒子と栗の殻状粒子（10.1～0.2）	低結晶度のハロイサイト ⇩
	下末吉ローム層（海成　関東）	ハロイサイトとハロイサイト／メタハロイサイト不規則混合層鉱物		薄板状粒子(0.1以下）と栗の殻状粒子(0.1～0.2)	ハロイサイト／メタハロイサイト不規則混合層鉱物 ⇩
中期洪積世	多摩ローム層（陸成　関東）	高結晶度のハロイサイトと低結晶度のハロイサイト		管状粒子(0.3～0.5）と栗の殻状粒子（0.1～0.3）	高結晶度のハロイサイト ⇩
前期洪積世	八千穂ローム層（陸成　八ヶ岳東麓）	ハロイサイトとモンモリロナイト／カオリン鉱物不規則混合層鉱物およびモンモリロナイト		管状粒子(0.1～0.3)と薄板状粒子(0.1～0.8)	モンモリロナイト／カオリン鉱物不規則混合層鉱物 ⇩ モンモリロナイト

図5-14　ローム層中の粘土鉱物の変化系列（須藤談話会編、1986を改変）

的に「旧表土」とか、「旧土壌」というのは誤りである。地表、A、B、C層を経験した結果、何らかの原因で黒みが残っている地層なのである。そうした関東ローム層の中にも旧表土面がないわけではない。前に述べた「鹿沼土」などの火山灰層や洪水による砂礫層の直下で、土壌の堆積の継続が中断された場合に限り、当時の地表面が旧表土面として認識できるのである。

旧土壌となったローム質層は土壌化作用に代わって、堆積物が長期間にわたって受ける一般的な作用、たとえば、変質作用の影響なども現れてくる。関東ローム層などの旧土壌が、長期の変質作用を受けることで、粘土鉱物が変化する例を図5-14にあげておこう（須藤談話会編、一九八六）。

この図では、立川ローム層が最も新しいローム質層で、武蔵野ローム層、下末吉ローム層、多摩ローム層と順に古くなる。ここまでが関東ローム層で、さらに古いローム層として八ヶ岳東麓の八千穂ローム層が加えられている。変質作用の結果、新しい立川ローム層にはアロフェンが含まれているが、この鉱物は前述のように活性はあるものの、骨格もしっかりと定まらないいわば未成熟な粘土鉱物である。A層で形成されたと思われるが、立川ローム層の旧土壌になってもアロフェンが主体で、成熟へ向けては遅々として進まない。そして、武蔵野ローム層で低結晶度のハロイサイトに変化するが、それには一〇万年近くも要している。その後、結晶度の高いハロイサイト、モンモリロナイト／カオリン鉱物不規則混合層鉱物、そして結晶度が高く安定したモンモリロナイトへと数十万年かけて変質の変遷をしていくことになる。このように表土中の粘土鉱物は、土壌化作用とは桁違いに長い時間を要することの多い変質作用によるものと理解される。ローム質土には褐色森林土に比べて、白みを帯びて粘性が増す部分があるが、それはこうした粘土鉱物化の影響とも考えられる。

表土の層理と構造

ローム質土を露頭から離れて見ると層状に見えるので、層理面があるかのように思える。露頭でその境界面を削ってみると、何となく変わってはいるが、海成層などのような明確な層理面はない。こうした地層の重なりの状況を野帳にスケッチする場合、不明確な境界部は点線で区切り「漸移」

の意味を記録する。主に海や湖の堆積物を相手にしてきた地質屋にとっては、土壌調査におけるこの点線での表現は、ある種の作為的な後ろめたさを感ずる。ところが、遺跡調査の現場では、考古学者による力強い「土層区分線」がくっきりと壁面に引かれているのに感心する。岩質の変化に乏しい限られた範囲の埋積土を何とか区分するには、相応の経験に基づく微妙な差を見分ける力が必要である。地質屋のようにウジウジしていたらとても仕事にならない。私が考古学者としての経験を積んだら、同じことをできるようになるかもしれない。ともあれ、なぜローム質層の層理面は明確でないのか、考古学者による「土層区分線」は、何を区切っていて、どんな意味があるのかを考えておこう。

層理面とは、堆積環境の変化によりその前後で岩質が変化するが、それまでと新たな堆積物との境界部に作られる面である。水成堆積物の場合は流速の急な変化が岩質に差違をもたらし、層理面を作る。他方、風成層の堆積環境に関しては地形、気候、生物といった因子が変化を与える。しかし、これらの変化は、急ではない。気候や生物の変化は数千~数万年もの周期で変動するから、その変化は土壌堆積物には漸移的な違いしか与えない。地形はその影響が近接した場所では、転石や崩壊、あるいは断層等の事件的変化を与えるが、部分的である。

このように、定常的に堆積する風成層としてのローム層には堆積環境の急変がないから堆積面ができない。すなわち、ゆっくりとした堆積環境の変化のもとでは、地層は漸移的に変化していく岩質となる。ただし、非定常な事件（イベント）堆積物が地表を覆うとき、その下面は堆積面となる。たとえば、遺跡の埋積土では遺物（土器や石器など）の下面や遺構（竪穴住居跡や貯蔵穴など）の表面は、それぞれ置かれた時期や掘られた時期を示す面として残る。

こうした堆積時の構造とは別に、堆積後のローム質層は、A層からB層へと埋没していく過程で、そのときの地表環境に応じた土壌化作用を受けて岩質が変わる。それは、気候の変化に応じた成帯性土壌の形成である。すなわち、寒冷期であれば、漂白土やポリゴンなどの形成、温暖期であれば赤色土の形成などがある。さらには生物攪乱、粘土鉱物の変質作用などが加わり、土壌や旧土壌は新たな岩相に転移し、いわばリフォームされた姿を見せているのである。

以上のように、風成層に見られる層理（層理様の構造）は水成堆積物の層理とは異なり、ゆっくりと進行する堆積環境の変化と、堆積後の二次的な諸作用による変化の跡が複合したものなのである。したがって、地層として土壌堆積物を見る場合、その顔つきは、生まれつきのものと、育ちの過程のものとが重なっていることに留意すべきなのである。

さて、こうしたローム質層の層理に関しての一般論を念頭に、尾花沢の丘陵地での例を見ておこう。ここの丘陵地のローム質層は肘折火山灰（約一万年前）より少し下位までしか観察できなかったが、さらに下位まで見られる機会ができた。それは考古学的な発掘による深掘り断面である。例の旧石器捏造事件のあった現場である。考古関係者から、そんな現場を出すな！と叱られそうだが、現れた地層には何の罪もない。貴重な地層なので、取りあげるのである（図5-15）。

この現場では、斜面の露出部と掘られた深度を加えると一〇メートル余りのローム質土が出現した。ローム質とはいえ、実にカラフルな地層であることが印象的である。図5-15のA地点が深掘り部分で、そこの断面が図5-16（左）である。発掘土は三五層もの土層区分がなされていたが、

図5-15　連続的なローム質層に見られる岩相変化（山形県尾花沢市袖原）
A：深掘り位置　B：ポリゴン跡

そのうちA地点は二五層から下の三五層までの古い部分である。土層区分は粒度組成的な違いと色の違いで分けられたものである。前者は当時の微地形や気候の変化を反映したものと考えられる。他方、色の違いは赤色系が目立つが、さらには褐色、茶、黄、白などでも分けられていた。こうした着色に関しては、赤い色は後氷期の表土には見られない色で、熱帯や亜熱帯で形成される赤色土の形成と共通的環境があったと推定される。すなわち、長期間、高温多湿な地表環境に置かれたための二次的な変化が反映されたものと考えられる。さらに、Aの深掘りの断面で何層かに、木の根

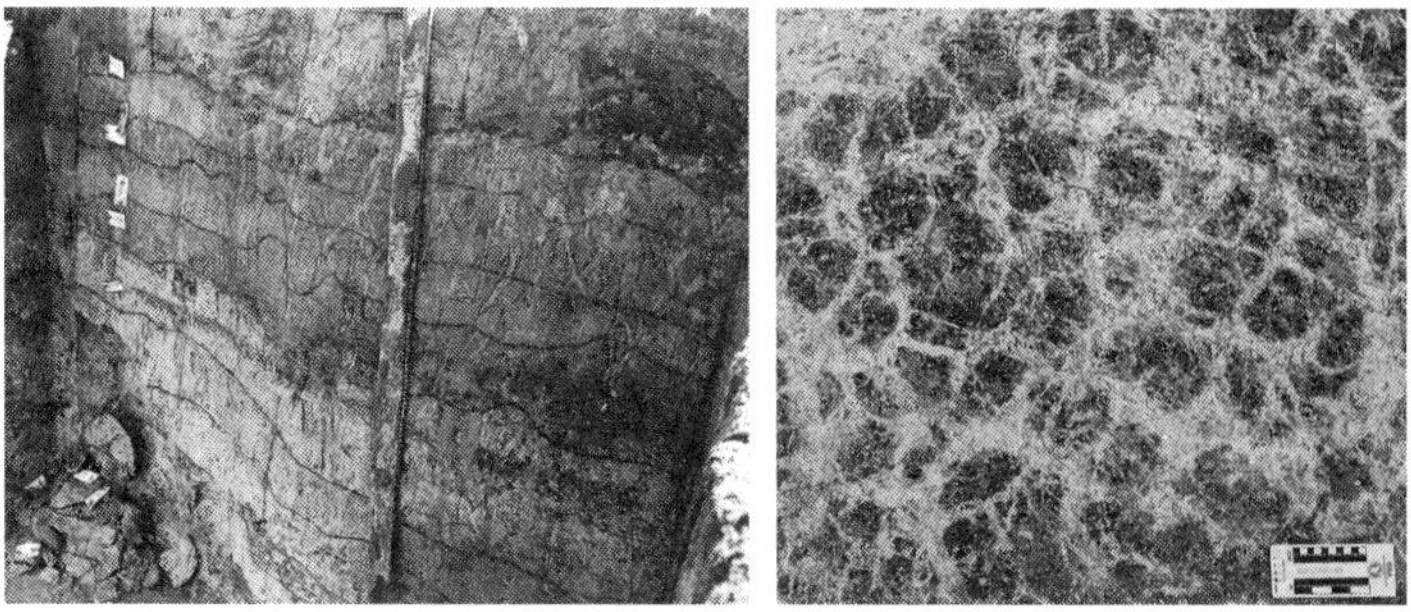

図5-16　左：尾花沢丘陵でのカラフルなローム質層（A地点、25～35層）
右：アイスポリゴンの跡（B地点の水平面）
温暖期に赤色土化した表土が寒冷期には永久凍土となって形成。（口絵⑪に別角度からのカラー写真）

のような構造が認められる（図5－16左）。これは前述の永久凍土の形成によるアイスポリゴンの跡がその垂直断面にアイスウェッジの跡として現れているものである。図5－15のB地点では上位層準のアイスウェッジの水平断面が現れている（図5－16右、口絵⑪）。赤土に白いポリゴンがはいり込み、あたかも霜降肉のように現れている。この土壌の赤色は高温・多湿な暖期に、白色の網はその後の寒冷・乾燥期にできたアイスポリゴンの跡をローム質層が埋め、漂白された構造である。ここの旧土壌にはそうした生い立ちの跡が重複して記録されている。最下部の年代は不明であるが、多分数十万年前からのローム質層が連続しており、そこには亜熱帯的な赤色土から、ツンドラの永久凍土の跡まで残されていることになる。日本の成帯性土壌がそのときの気候に応じて様々に変化してきたことの記録でもある。

ここの露頭はさらに詳細な地質学的記録を残したいと願ったが、二〇〇一年の捏造判定調査の終了とともに、さっさと埋められてしまった。残念なことである。

表土の年代層序

表土としてのローム質層は風成層であり、風成層は地層累重の法則が適用される地層でもあった。地層からは、岩質や化石などを時間の順に検討することで環境の変化や生物の進化が明らかにされる。こうしたことを世界共通の時間の尺度（地質時代）に組み入れていくと、生物や地球の歴史を解明することができる。地質学では、地質時代の境界が定められた世界で唯一の場所である模式地がある。その周辺の地層が詳しく調べられていて、そこの生物的・物理的層序を共通の物差しのように使って世界各地の地層と対比することになる。表土は現在の土壌も含むから、地質年代のうち最も新しい第四紀のものである。そこで、まずはその年代的基準である第四紀についてふれておこう。

第四紀は約二五九万年前から一万年前までの「更新世」と、それ以降、現在までの「完新世」とに二分されている。二分とはいっても更新世と完新世の長さの比は二五八対一でほとんどが更新世である。この更新世もさらにジェラシアン（約七八万年間）、カラブリアン（約一〇三万年間）、イオニアン（約六六万年間）、後期（約一一万年間）などと区分されている（IUGS－ICS－SQS, 2010）（図5－17）。そもそも地質時代は動物の進化に基づいて区切られるものであるが、第四紀の中の時代をさらに細かく区切ろうとしても限界がある。それは期間が短すぎて動物に顕著な進化が現れないからである。とはいえ、二五九万年という第四紀の大半を占める更新世をわずか四つの時

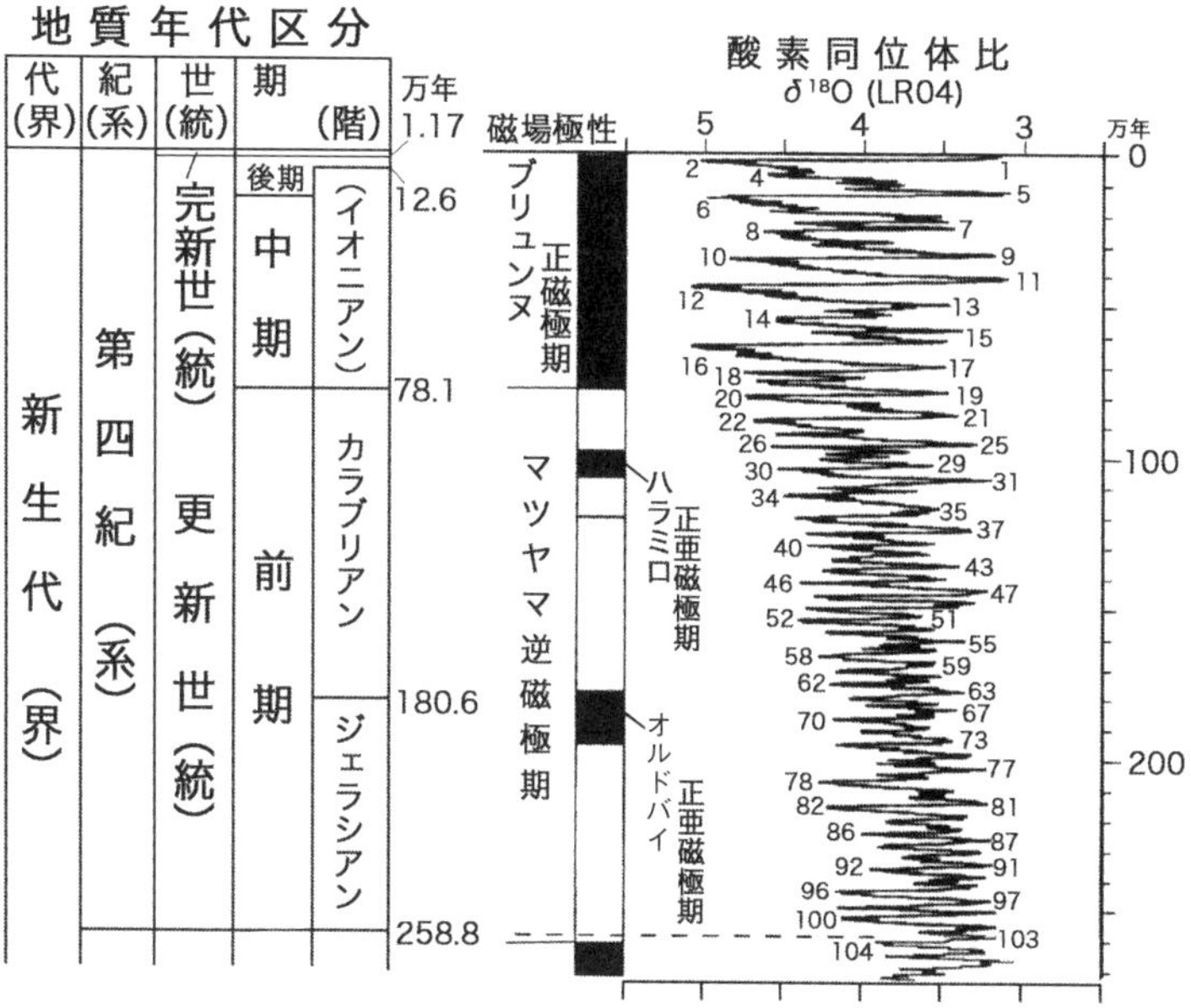

図5-17　表土の形成があった第四紀の年代層序と物理的変化の区切り（IUGS-ICS-SQS, 2010より）

代のみで区切るのは粗すぎる。

そこで、もっと細かな時代区分ができる道具の一つとして古地磁気の記録がある。第四紀の間、地球の磁極はN極とS極が入れ替わる反転を何回も繰り返してきた。地層はその堆積当時の磁極を記録しているので、時代情報として有効になる。さらに、第四紀は気候の変動が著しい時代でもある。気候の変動に敏感な植物や動物もいるから、これらの化石を使うことも有効である。しかしそれらよりはもっと古気候の変化に応じて普遍的に変化するものがある。それは、各時代にできた酸素で、それは酸化物として保存されている。

酸素はその同位体として^{18}Oと^{16}Oがあるが、両者の大気や海水中での存在比は気候の変化に応じて変わる。したがって、深海底に堆積した有孔虫化石の殻（$CaCO_3$）に含まれる酸素同位体（^{18}Oと^{16}O）の比率を堆積時代の順に連続的に求め、その数値から曲線を描くと古気候の変動に対応する。この曲線は「酸素同位体比カーブ」と呼ばれている。これまで世界各地の海底の堆積物から得られた同位体比カーブを集め、細部の差違を補正するなどの修正がなされ、まとめられたものが図5－17（右）である。このカーブはさらに新第三紀鮮新世以降の過去五〇〇万年以前にもわたって求められている（図5－17では省略）。ノコギリの歯のようなカーブは過去の気候変化を表しているので、現在の後氷期である暖期を1とし、その前の寒期を2、さらに前の暖期を3というように寒期、暖期ごとに順番に数字が割り当てられている。すなわち奇数が暖かい時期、偶数が寒い時期を表すことになる。またカーブとその年代も詳しく対応づけられたことにより、番号は単に寒暖の順番ではなくて特定の時期の意味をもつことにもなる。この番号は海洋酸素同位体ステージ（ＭＩＳ）の目盛りとして各地の地層に対応させれば、第四紀の細かな年代区分のきわめて有効な共通の尺度になる。もちろん、古地磁気や酸素同位体の変化にしても、それらのステージに放射性元素などから得られる絶対年代の目盛りが入れられてより有効な地球史の尺度となる。

さて、表土の時間的な目盛りとして第四紀の時代区分を紹介したが、実際に表土の地質年代はどのように知ることができるのか。表土は土壌化作用を受けて化石や有機物が分解されて残らない。何か、分解されない物理・化学的なもので時代区分の目盛りになるものはないか。風成層が良好に発達している中国の黄土高原の例をみよう。

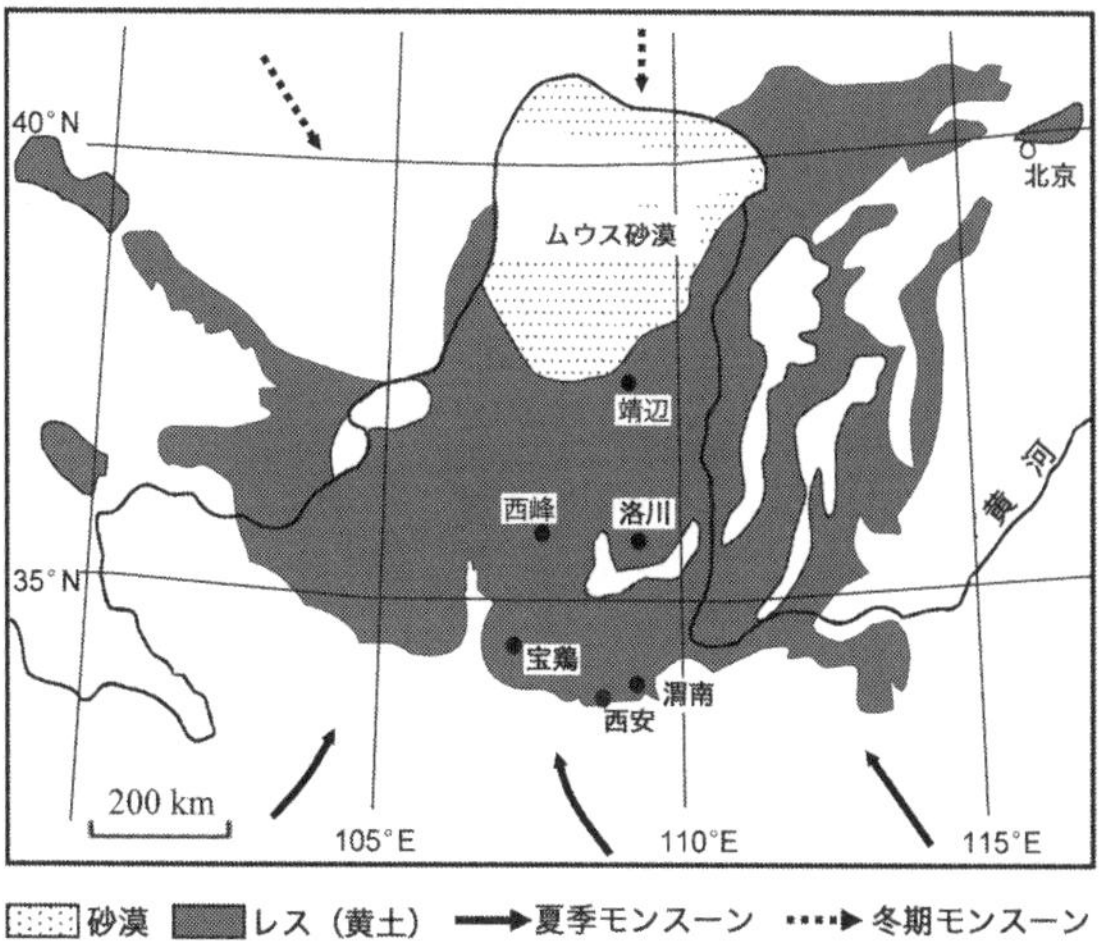

図5-18　風成塵の風下の黄土高原には厚い黄土層が堆積している（Wu and Wu, 2011より）

黄土は「元祖風成層」

中国の北部の黄河の中流域は風成塵の供給地の風下に当たり、風成層が形成されている。ここの風成堆積物は「黄土」（レス）と呼ばれ、最大層厚が二五〇メートルにも達している。黄土層の分布範囲は図5－18に示すが、その堆積地域は台地を作っているので黄土高原と呼ばれている。この地域ではその台地を中小の河川が侵食するため、崩壊などが多発する場所でもある。植林などの対策が講じられているが、台地からの流下水は黄土色に泥濁して中小河川に合流し、ついには黄河となっている。図5－19は黄土層の台地を侵食して流れる黄河で、河岸の侵食崖には黄土層の断面が見えている。そこには水平な縞模様が重なっているが、これがこれから述べる黄土

図5-19　黄土高原を流れる黄河と両岸に現れた黄土層
(Hirshfield and Sui, 2011)

層の重要な特徴なのである。
中国の黄土層の近代的な研究は中国科学院の劉東生教授を中心に進められてきた。それらの結果は大阪市立大学の市原実教授によって詳しく紹介されている。それによる黄土層の層序は図5－20のとおりである。黄土層の特徴である縞模様は土色の濃い部分と淡い部分の繰り返しによる。濃色部分は「古土壌」、記号でS、明色部は「レス(黄土)」、記号でLと表されている。最上部(現在)の土壌をS_0、その下のレスをL_1とし、さらにS、Lと交互に重なる地層に順に番号をつけて、S_{32}、L_{33}まで区別されている。黄土高原の洛川や宝鶏の地質断面が標準にされ、その他の黄土層の層序がS、Lの番号で対比されている。このように対比できるのは、それぞれのSやLが広い範囲でその連続が確認され、あたかも広域火山灰のように鍵層として使えるからである。こうしたS、Lの繰り返しによる互層の成因は古気候の変動に起

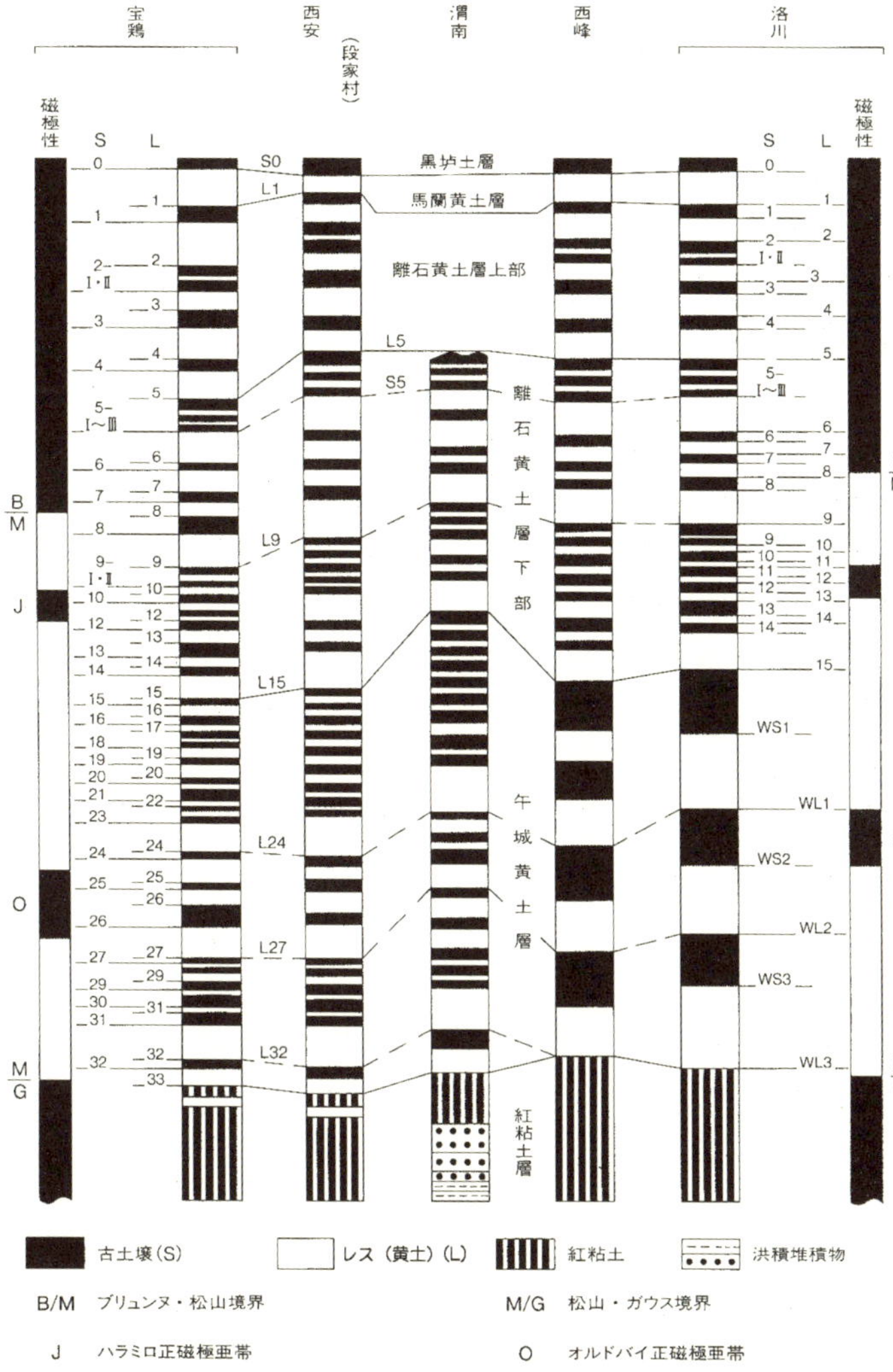

図5-20　黄土高原の宝鶏や洛川を基準にした層序の対比（市原、1996）

因するとされてきた。すなわち、暖かい時期は堆積物（母材）に土壌化作用が進行し酸化鉄を多く含むため暗赤褐色化し、Sの特徴をもったとされている。こうしたSは磁化率が高く、それが低いLとは物理的な差が出ることでより明確な区別が可能になる。このように黄土層は土壌化作用の結果を反映したSとLが交互に累積している地層なのである。

実際にどのように土壌化が進んだかは、黄土の堆積速度からみておこう。SとLが重なる最大の層厚が二五〇メートルでその堆積期間が二五八万年とすると、ほぼ〇・一ミリメートル／年が黄土層の堆積速度である。これは最も速い場所での平均堆積速度であるが、この速度では一〇〇年でも黄土は一センチメートルの厚さにしかならず、地表に置かれた一円玉（一・五ミリメートルの厚さ）が埋まるのに一五年も要することになる。この速度は我々の生活感覚からすれば、きわめて遅いように思われる。したがって、黄土高原は、砂嵐の頻発する砂漠の風下にあって、地表は速やかに黄土に埋もれていくといったイメージがあるとすれば改める必要がある。こうした堆積速度からすると、表面から深さ一〇センチメートルくらいまでのA層の土壌化期間は一〇〇〇年を要したことになる。黄土高原は半乾燥地帯であるが、照る日ばかりではなく、雨も雪も降り、植物も生え、土壌生物も活動したはずである。こうみると黄土層は単に風塵が積もった地層ではなく、十分に土壌化作用を経験している地層なのである。したがって黄土層はS（古土壌）とL（レス）に分けられてはいるが、S（古土壌）だけが土壌化作用を受け、L（レス）は土壌化作用をまったく受けていない、という意味ではない。黄土の初期の研究者が地層中の縞模様をどう呼び分けるかで、どちらかといえば強調した形態に重点をおいた名称の名残と理解される。

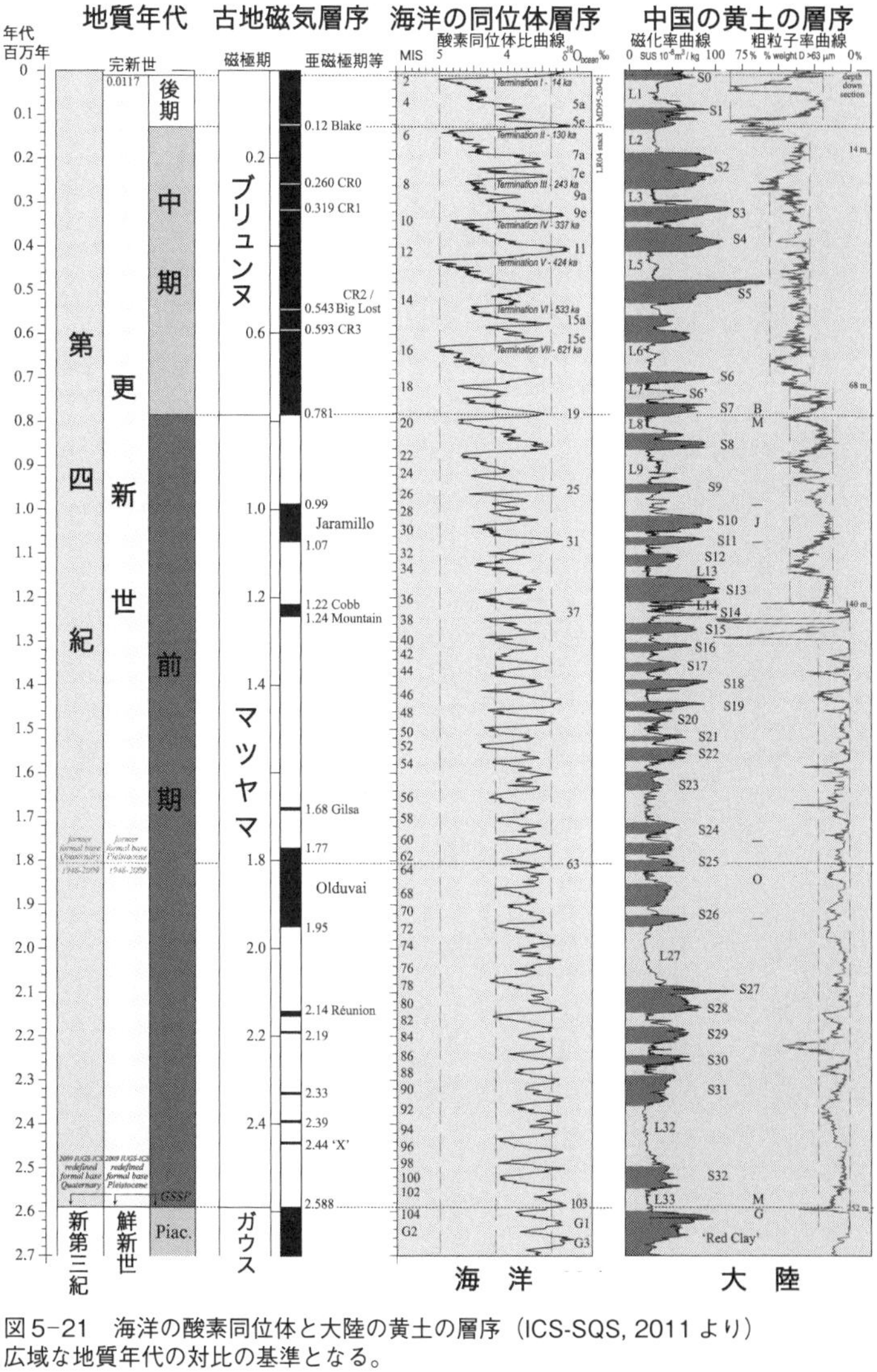

図5-21　海洋の酸素同位体と大陸の黄土の層序（ICS-SQS, 2011より）
広域な地質年代の対比の基準となる。

さて、こうした黄土層のSとLは古気候の変動を反映したものであるから、海洋酸素同位体ステージとは対応するはずである。古地磁気の記録も加わって、最近では図5-20にあげた洛川などの地域のみならず、黄土高原北部の靖辺の黄土の最下部(地表から二五二メートル、約二五九万年前)までの対応が試みられている。国際地質科学連合(IUGS)などがまとめた広域年代層序表(二〇一一年版)のうち、海洋と大陸の対比の部分を選び図5-21に示す。大陸の風成層に残された土壌化の差違を記録するSとLは、大洋の海底に残された酸素同位体比の奇数と偶数の時期と対応がつけられてその形成年代が明らかにされている。このように黄土層は土壌堆積物として、第四紀の陸成層を代表する地位を得ているのである。

黄土は人類紀の地層

さて、土壌生成作用とは母材とその場の気候、生物、地形との、ある時間にわたる相互作用のことであった。この作用を良好に表現しているのが黄土層である。すなわち黄土層は二六〇万年を超える長い時の流れの中で、砂漠の南方の平原という地形の中にあって、気候の変化に伴って動植物などの生物的変化にも応じて土壌化作用を継続してきた。黄土高原の地表では今も土壌が形成されつつあるが、そうした地表部の母材に現役を譲り、下に埋もれた引退土壌(旧土壌)の累積が黄土層なのである。そうした累積の始まりを黄土高原では二六〇万年以上前までたどることができるが、この二六〇〇万年前とはどんな意味をもつのであろうか。

実は、二〇〇九年に第四紀の年代が国際的に変更され、第四紀の始まりが従来の一八一万年前から二五九万年前とされた。より正確に言えば、イタリアのシシリー島モン・サン・ニコラの模式地にある海成層中のジェラシアンの下底（二五八・八万年前）が第四系の下限と定められた。翌二〇一〇年から、日本もこの基準を使うことになった。世界の地質時代区分の大変更で、文字どおり大変なことなのである。ともあれ、「第四紀」は「人類紀」として未来にもつながる重要な時代として位置づけていこうということで再定義されたのである。そして、人類やほかの動物の進化で第四紀を細かく分けることは前述のとおりきわめて困難なので、古気候や古地磁気などの変動によるより細かな区分で代用されたことも前述のとおりである。

他方、新しい第四紀層の下底が定義される二〇年以上も前から、黄土層はSとLの繰り返される最下位のL33から始まるとされ、そこは古地磁気のガウス／マツヤマ境界部と一致するとして、その下底が定められていたのである。つまり、黄土層はL33の下底を境に、それ以上でS、Lが繰り返されるという点で、それ以下の地層（紅粘土層）とは明確に異なる地層であり、この層準で、温暖から寒冷・温暖の対照が著しい時代へと大きく変化したと考えられていた。こうしてそれまでの時代とは明確に区分される黄土層の基底こそ第四紀層の始まりとするのが合理的であるという劉教授達の主張があった。したがって、黄土層の基底はむしろ新しい第四紀層の始まりを決めるのに影響を与えたのである。

こうして決められた新しい第四紀の時代は、寒期と暖期の対照がより明確になり、それが繰り返された時代ということになる。このような時期に現れた人類にとって、寒暖の変化に伴う環境の変

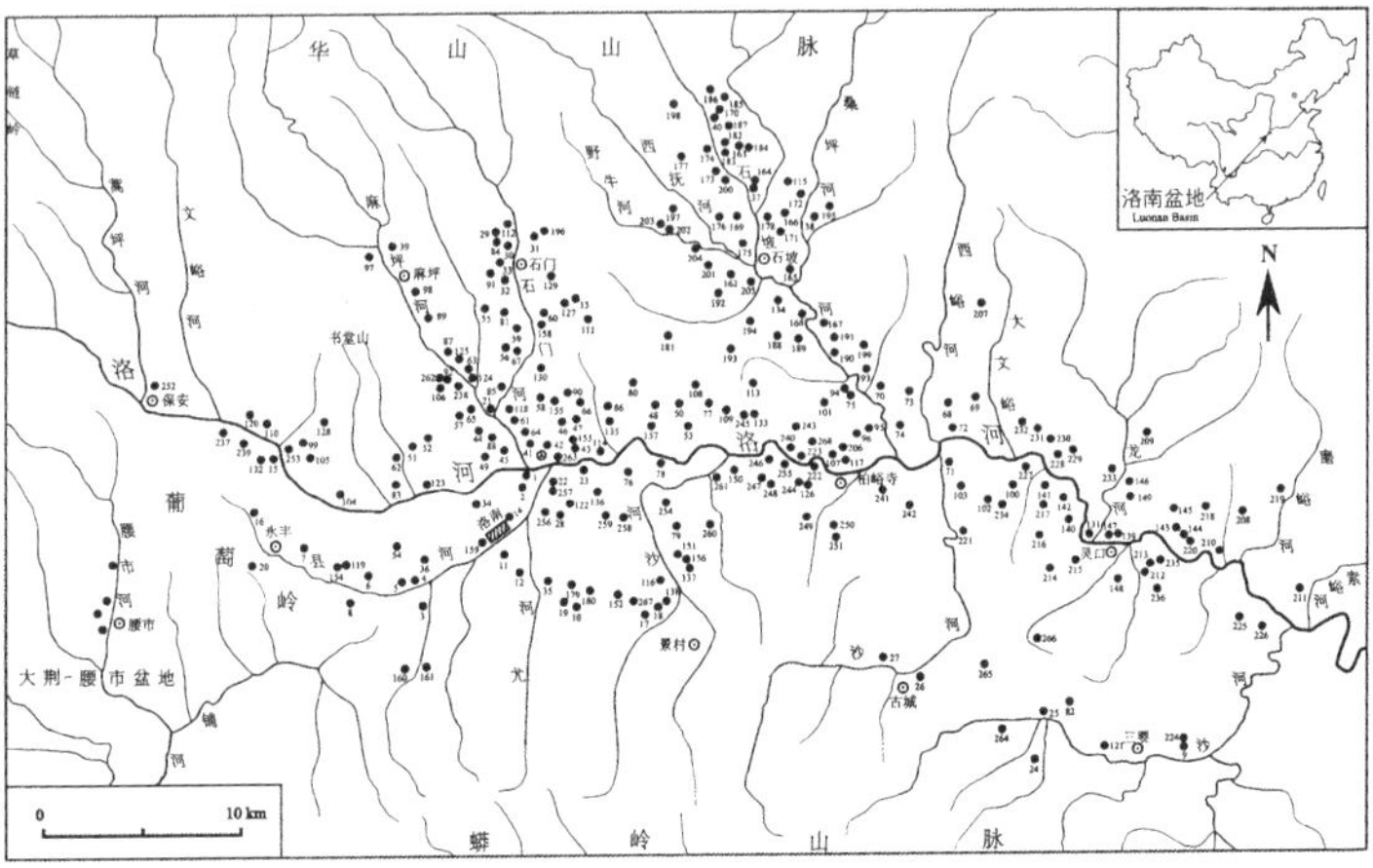

図 5-22　多数の旧石器の出土地点
黄河支流域の洛南盆地。（王ほか、2008）

化は試練であったと思われるが、そうした困難の克服が進化の原動力になったに違いない。猿人であるアウストラロピテクス属から進化した原人、すなわち初のヒト属としてのホモ・ハビリスは約二四〇万年前のアフリカの地層から見つかっている。新たに定められた第四紀の始まりよりは少しあとの時期であるが、新たな気候の変動の時代は、新たなヒト属すなわち人類の出現と進化をもたらしたのである。ホモ・ハビリスはその後アフリカから各地に広がり旧人、新人となって進化をしてきたとされる。その過程は諸説があり、よくわかっていない。その最大の理由は、人類の進化は化石によって明らかにされていくのであるが、化石としての人骨の発見がきわめて稀だからである。ヒトの遺体は土に埋もれ、あるいは埋葬されるが、そこが普通の表土（風成層）では土壌化作用が進行し、多くは酸性の環境となって骨は溶けて残らない。しかし、黄土の大地には人類が生活していた確かな証拠が残っている。すなわち、彼らの生活の跡や使用していた石器などは土壌化に耐え、発掘により多数見つかっている。図5－22は黄河支流の洛南盆地の発掘例であるが、ここの黄土層からは多くの旧石器の手斧などが出土している。

人骨としては、中国では北京郊外の周口店の石灰岩の洞窟から一九二六年に北京原人の発掘があった。その後、一九六三年には西安の南東の藍田の黄土層からついに原人の下顎骨が発見された。翌年、藍田の東一六キロメートルの公王嶺の黄土層からも原人の下顎骨と頭骨が相次いで発見されることになった。前者はS_6層（約六五万年前）、後者はL_{15}層（一一〇〜一一五万年前）からの出土とされている。現在これらの原人は「藍田人」、「公王嶺人」と呼ばれている。

このように黄土層でも保存条件がよい場所ではヒトの化石が残っている。今後、多くの発掘が進めば藍田人のように人骨が見つかる確率が高まるはずである。黄土層は、ホモ・ハビリスから進化した原人、さらには黄河文明を作るに至った新人までが生活した大地なので、まさに「人類の地表」の累積というにふさわしい地層なのである。加えて、黄土層の各S、L層は良好な鍵層として層序区分が確立され、人類の歴史を解くきわめて有効な役割を果たしている。こうしたことからも中国の黄土層は表土の元祖ともいうべき地層であり、世界の表土（風成層）の地質学的な基準なのである。

日本の風成層

日本での大陸側からの風送塵として純粋に近いものは日本海沿岸部のいわば風上部の限られた地域にしか見られないことは先に成瀬敏郎教授の成果で紹介した（図5－4）。そんな日本のローム質層の中でも鳥取県倉吉市の古土壌は九州や大山《だいせん》火山などのテフラ（最下位三三万年前）を挟むこ

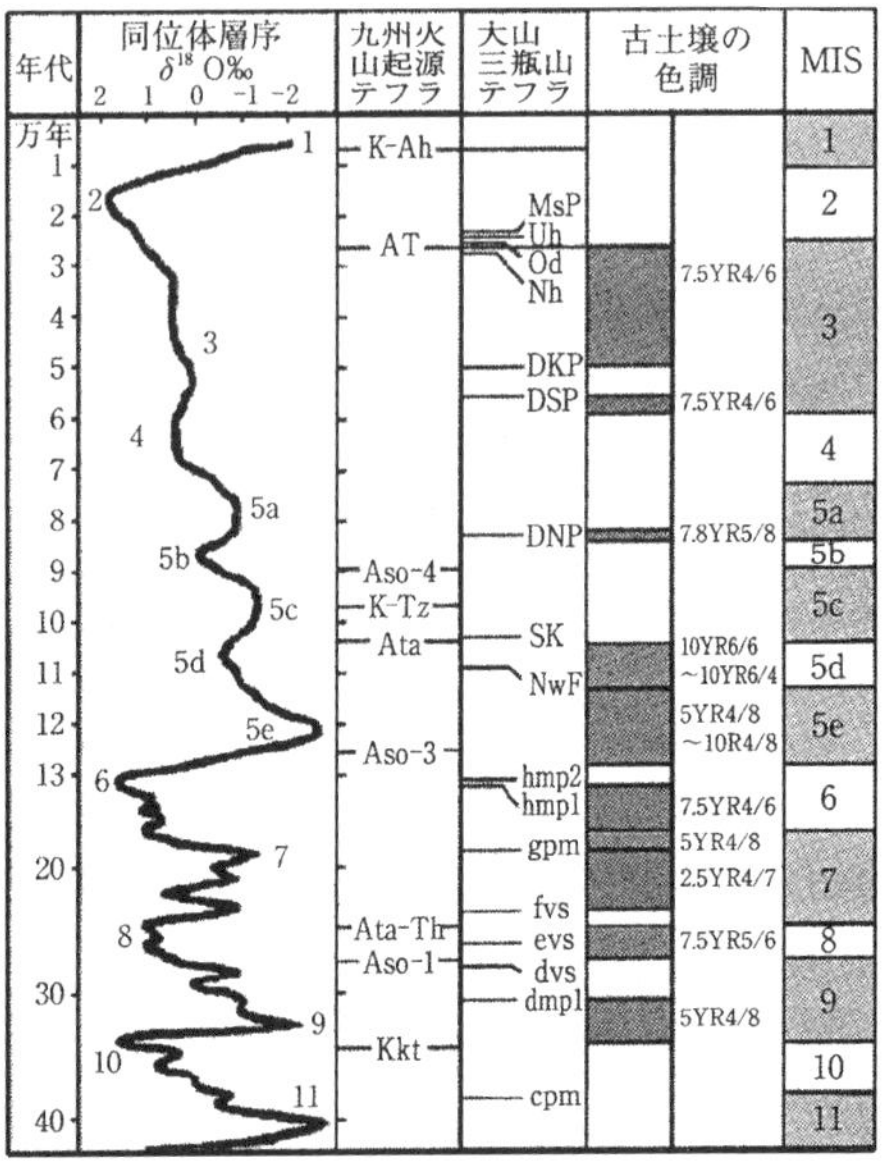

図5-23　日本の風成層（鳥取県倉吉市のローム質層）の編年（成瀬、2006より）

とで、編年もされ、我が国の風成塵堆積物としては先駆的な層序となっている（成瀬、二〇〇六）（図5－23）。注目すべきは古土壌が色調で区分されていることである。すなわち、この図の「古土壌の色調」の柱状図の中で濃く塗られた部分は茶褐色から赤褐色の土壌で、これらは温暖な間氷期であるステージ9、7、5や亜間氷期のステージ3に対比されている。特に5eとされる部分の色調は最も赤みが強く、最終間氷期の赤色風化部と考えられている。つまり、日本の風成層も古気候による物理・化学的な土壌化作用の違いで区分ができるようである。この際、旧土壌としての風成層は、前述のように堆積時の構造とその後の二次的な変化が重複していることに特段の留意が必要である。

日本の表土の多くは、その下位にすぐに基盤岩があるので、そう厚い発達はない。しかし、旧石器が出土するようなところでは旧土壌がローム質土層として比較的厚く発達している。先にあげた倉吉市のローム質層は火山灰などを挟み、すべてがローム質層ではないが基盤岩まで約二〇メートルの厚さがある。この倉吉市のローム質層（古土壌）は、図5－24のように韓国を経て黄土高原の洛川の黄

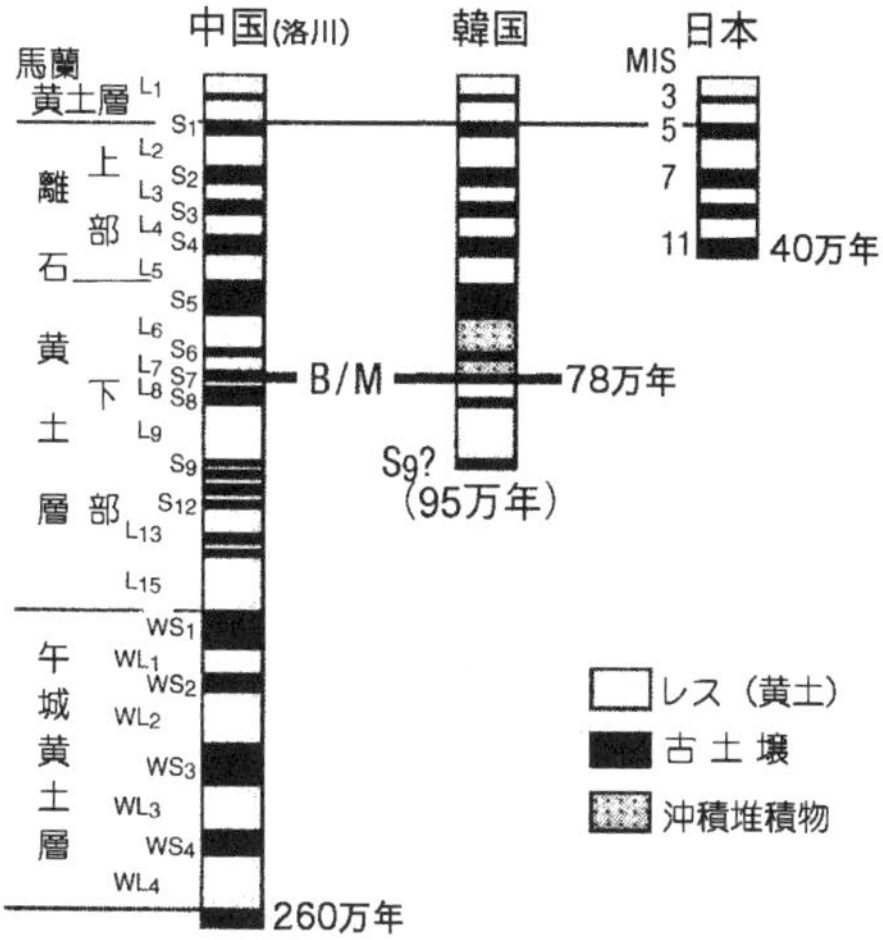

図5−24　日本・韓国の風成層と中国の黄土層への対比（成瀬ほか、2008より）

土層に対比されている（成瀬ほか、二〇〇八）。中国の黄土高原では黄土層が厚いところで二五〇メートル以上にも達し、最下部の年代は約二六〇〇万年前と第四紀の始まりと一致する。他方、韓国の風成層は約九五万年、日本のそれは図5－24では約四〇万年前までしか表現されていない。日本の風成層は調査・研究が進めば、もっと古いものが見つかるのであろうか。このことを探るためには、日本の風成層（表土）はいつから、どのようにして誕生したのかを明らかにする必要がある。

第6章　日本列島の形成と表土の誕生

日本列島の生い立ち

日本列島の生い立ちの中で、表土をのせる基盤岩がどのような時期に誕生したのかをみておこう。中生代の末期（白亜紀）には、日本はユーラシア大陸東端に陸続きであった。その頃恐竜が歩いた大地は、その後大部分が海の下に沈んでしまった。その海も時を経て、現在の陸になる時代へと変遷した。そうした日本列島の生い立ちを、図6－1に時代順に示した。まずは、どのように陸ができてきたかを図の①から⑥で順に見ていこう。

古第三紀（①三〇〇〇万年前頃）までは列島は、大陸と陸続きであったが、太平洋側に引っ張る力が働きはじめ、大陸から分離していく。そして新第三紀の初め（②二〇〇〇万年前頃）に日本海が誕生する。その後（③一六〇〇万年前頃）、地球温暖化があって海水面が上昇し、今の日本列島はその多くが海域となる。さらに太平洋側に引っ張られた日本列島は、その大部分がより深い海になっていく（④一五〇〇万年前頃）。そして、それまで太平洋側に引っ張られていた日本列島は、

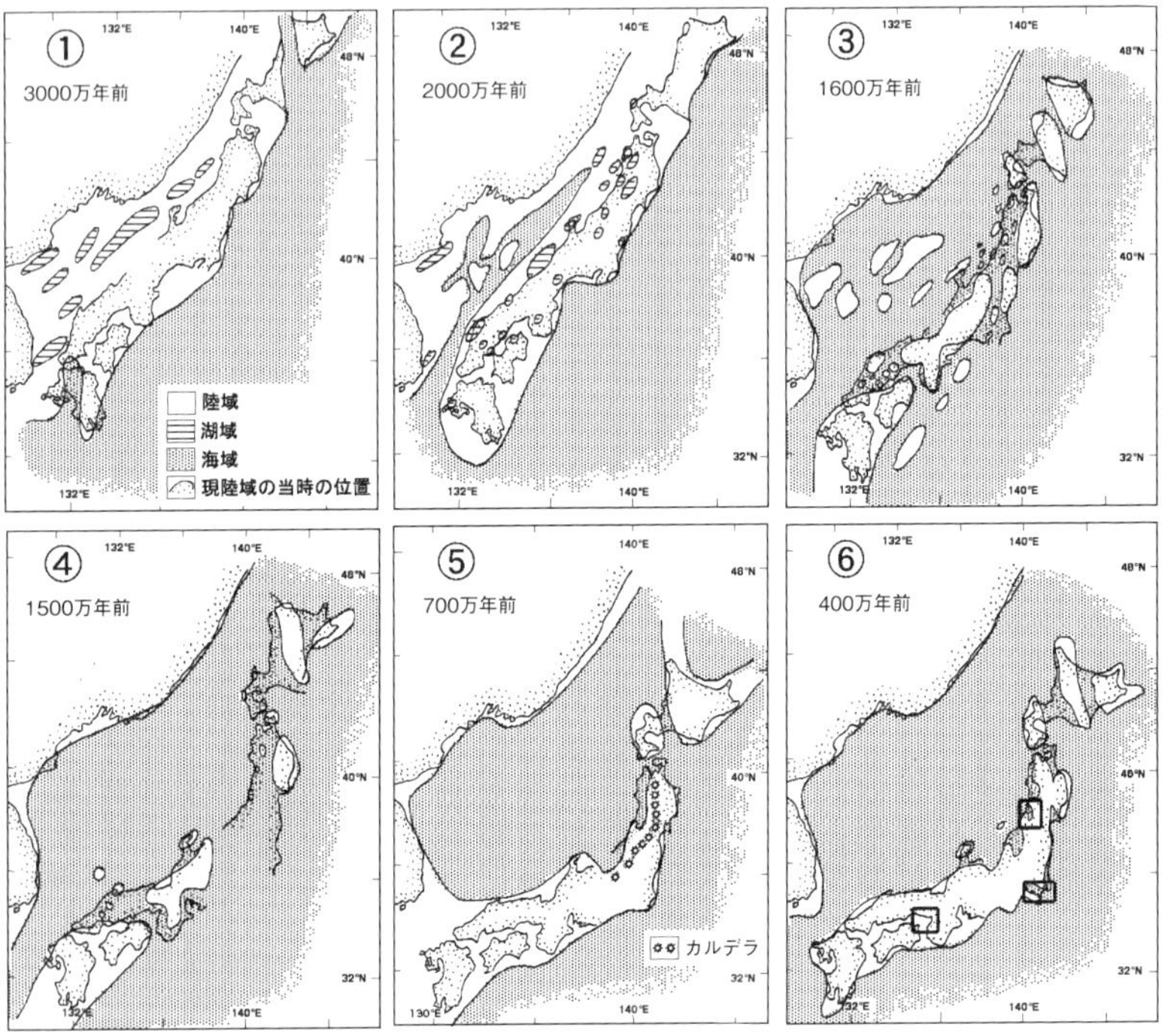

図6-1　新第三紀における日本列島の変遷（山野井ほか、2010より）
⑥の矩形範囲は、次節で風成層の誕生を詳しく探る地域。

一〇〇〇万年前頃から、中立もしくは反対に太平洋側から押されるようになり、列島はおおむね緩やかな上昇に転じ、陸地が増え、東北日本では今の奥羽山脈がまずは陸化する（⑤七〇〇万年前頃）。その後、陸化はさらに進む（⑥四〇〇万年前頃）。このような時期の陸上では風成層が形成されていたはずである。陸が増えるにつれて、日本列島の地域的な特徴も現れてくる。たとえば、日本海側の秋田、山形、新潟などでは現在の陸域に日本海が湾状に残ることになる。関東では太平洋が房総半島、東京湾、さらにより内陸部へ湾入していた。関西では瀬戸内が陸域で、こののち、内海となる。このように陸域の地域差も大きいが、どこも現在の陸域の状況に近づいていく時代である。そこで、この時期の日本列島の代表的な場所として、関東、関西、それに東北地方について、そこでの風成層の誕生を探ってみよう。なお、これらの地域の位置は、図6-1⑥の中で示されている。

関東地域の風成層

関東平野の周辺の台地や丘陵地には関東ローム層が広く分布し、ローム質層の先駆的な研究がなされた。この関東ローム層の主体は風成堆積物で、火山灰ではないことはすでに指摘した。ここのローム質層は年代の異なる風成堆積物の集合として、下位より「多摩ローム層」「下末吉ローム層」「武蔵野ローム層」「立川ローム層」に区分されている。最も古い「多摩ローム層」以前の風成層はないのだろうか。多摩ローム層の堆積前の状況を見ておこう。

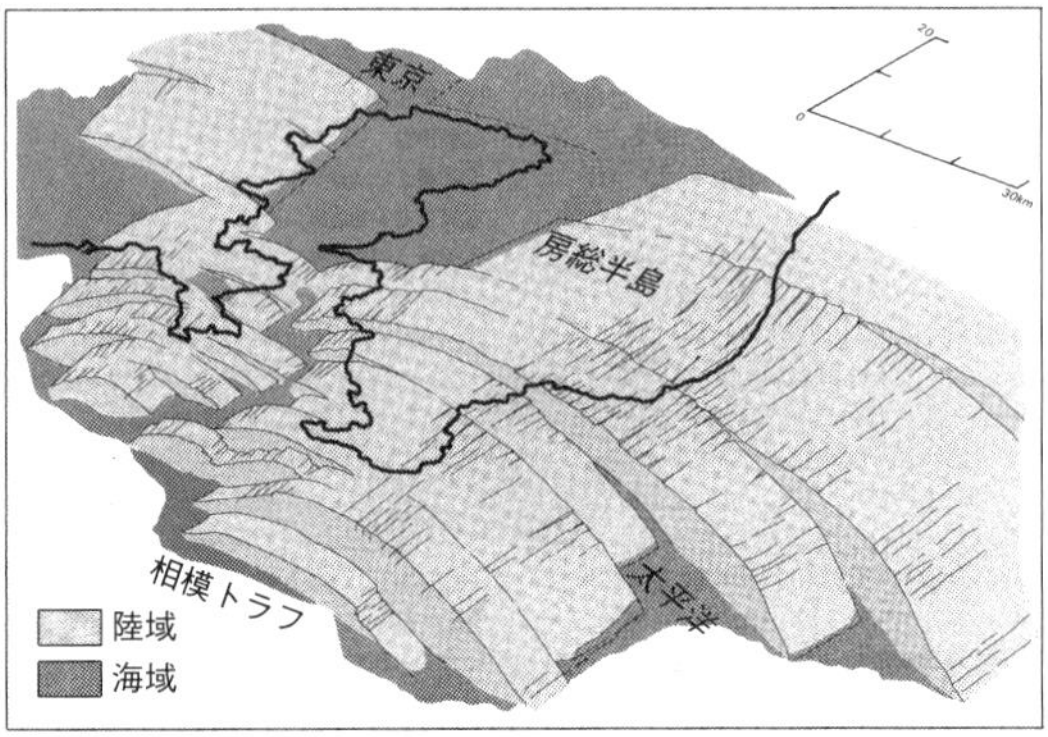

図6-2　更新世中期の長沼不整合進行期の隆起形状概念図（三梨、1980）

関東では第四紀更新世前期には広く浅海に覆われ、上総《かずさ》層群が堆積していた。ところが更新世中期の顕著な地殻変動により、房総半島や関東平野を取りまく山地が急激な上昇をした。その結果、それまでの浅海域は陸化した（図６－２）。陸化した地表では風成粒子の堆積があり、風成層が形成されたはずである。ただし、この陸化をもたらした地殻変動は激しく、陸域は堆積よりも侵食が勝った。そのため、風成層がたとえ一時期堆積しても、引き続く侵食で消失したであろう。この時期の大規模な侵食は上総層群の上部を広く削り、「長沼不整合」と呼ばれる顕著な侵食面（不整合面）を形成している。なお、不整合とは、重なりあう二つの地層の間に、侵食された部分などがあって堆積が不連続になっている現象をいう。すなわち、不整合面を境に両地層間には、何も堆積していない時間・空間があることを意味している。

さて、上総層群の堆積後に陸化した場所では、風成層は堆積したであろうがすべて侵食されたことを述べた。その後もこうした侵食を起こした隆起は多摩丘陵などで続いたが、陸水に侵食されない程度まで上昇した地域では、侵食が及ばず風成層が堆積した。これが多摩ローム層なのである。

多摩ローム層は詳しくみると、一つのローム層ではなく、六層のローム層からなり、それぞれの間には海成層が挟まれている。そんな風成層のうち最も古いローム層が「柄沢《からさわ》ローム層」や「平戸ローム層」などと区分されるもので約四〇万年前とされている。これらの層が堆積後、温暖化による海面上昇により、風成層は海の底に沈み、海成層に覆われた。やがて寒冷化により海水面が下がり、再び陸となり、そこに風成層が堆積した。多摩ローム層はこのようなことの繰り返しで形成された地層なのである。その後も続いた隆起によって侵食をまぬがれた台地には、下末吉、武蔵野、立川の各ローム層が風成層として堆積したのである。

以上のように、関東では多摩ローム層より古い風成層は更新世中期の激しい地殻変動に伴う「長沼不整合」期の侵食作用で失われ、存在しない。したがって、関東の風成層は約四〇万年前に「多摩ローム層」として誕生したものと考えられる。

大阪層群と風成層

関西では、大阪層群が第四紀の地層としては連続性がよく、我が国で最も研究の進んだ地層の一つである。その最下部は河川成の砂礫を主体とし、下部から上部は陸水（湖沼・河川）成の堆積物に海成の粘土層を挟んでいる。海成粘土層は、下位よりMa0からMa13まで番号がつけられ、海洋酸素同位体ステージ（ＭＩＳ）と関係づけられ、暖期の高海水準の海成堆積物とされている。こうして、陸や海で堆積した地層が大阪平野やそれを囲むような丘陵地（六甲、千里、泉北など）に分布している。海の地層が丘陵地に分布していることは当時の海水面が高かったからだけではなく、海底堆積物がその後の運動により隆起したからである。こうした大阪層群の最近の総合層序は図6―3のようにまとめられている(吉川・三田村、一九九九)。

そもそも大阪層群は後背地で侵食された砕屑物が受け皿側の盆地に堆積してできた地層で、今でも海ではMa13として堆積が続いている。したがって、大阪層群は海や平野下の層序は理解しやすいが、丘陵部の大阪層群上部、とりわけその上位の地層となると、ことは単純ではなくなる。それは、砂礫層が優勢で、火山灰や海成粘土の介在がなかったり、下位層を侵食したりで、地層の位置づけが難しくなるからである。そうした丘陵部の礫層をさらに上位に見ていくと、ほぼ水平な高位段丘層に至り、そこに赤色に風化した風成層が現れる。大阪層群分布地ではこうした丘陵地の地層に風成層が誕生したのである。大阪の丘陵地では、一体何が起きて風成層の堆積が始まったのだろうか。どうも扱いが難しい礫層の存在が鍵のようであるが、この礫層を大阪層群の生い立ちの中でもう少し詳しく見ておこう。

大阪層群の大部分を占める陸成層は、前述のように河川や湖沼の陸水層である。そうした陸水層ができるには、大阪湾から大阪平野、さらにはそれを取りまく六甲、生駒《いこま》、和泉《いずみ》の山地が、なだらかな斜面が続く準平原であったからである。そんなある時期に海水面が上がって陸水域は海の下になって、広く海成粘土が堆積する。やがて海面が下がって陸水層が堆積する。このことが気候変動で繰り返されたが、地層が厚さを増すためには堆積物を受け入れる盆地が沈下しないと、そこが埋め立てられて堆積が進まない。大阪層群の陸水層と海成層の厚い堆積は、山地側の堆積物を供給し

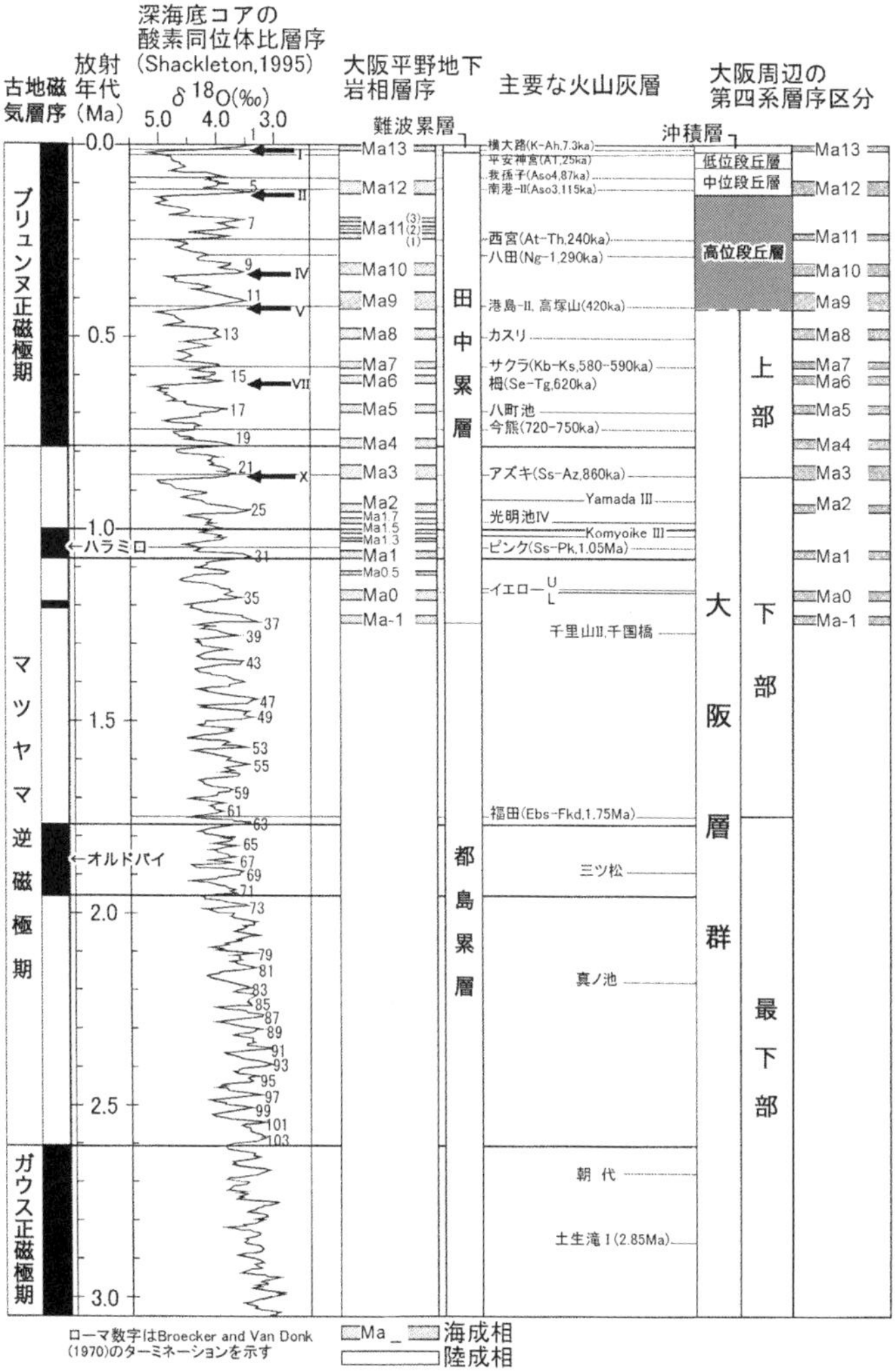

図6-3　大阪層群の層序表（吉川・三田村、1999より）
高位段丘の形成期に風成層の誕生があったならば、その時期は約40万年前である。

続ける程度に緩やかな上昇と、受け皿側の盆地の緩やかな沈下とのほどよいバランスが数百万年もの長い間保たれた結果なのである。ところが、丘陵部の大阪層群上部の上位では、前述の礫層などの堆積が優勢になり、高位段丘層の形成が始まるというそれまでとは違った事態が生じたことになる。それは、上述の長い間のバランスが崩れたためである。その理由は、山地側の急上昇によると大阪市立大学の藤田和夫教授が説いた。

地質学ではとかく堆積する側の地層にのみ関心がいくようであるが、藤田教授は削られる側の山地のあり方も重視している点がユニークである。この視点は大阪層群のみならず、日本のこの時期の堆積物の理解には不可欠に思われる。まずはその藤田説を図6－4に示そう。

この図では山地側の上昇と、受け皿側の盆地での地層の発達が、曲線で表されている。横軸には一〇万年単位での年代が、縦軸には高さが取られている。〇メートルよりも下は山地の隆起に対応する盆地側の沈降深度が目盛られている。なお、海水準は変化しないものとしている。まずは、山地側の六甲山地（基盤）とされている太い実線を見よう。この曲線は長期間のなだらかな準平原面を表したあとに急カーブで上昇し、六甲山地の急激な隆起を表している。そして、そのあとを追うように丘陵面曲線（破線）も上昇している。高さを増した山腹からは多くの礫が生産され、盆地側に堆積する（大阪層群上部の上位の礫）。盆地に到達せずに丘陵に堆積した扇状地性の礫は、山地の上昇に引きずられてその高さを増していく。やがてこの礫層は、河川水による侵食面より高まって安定する（高位段丘層の誕生）。すなわちそこは、もはや流水による堆積や侵食もない環境となる。そこに、風成層の堆積と土壌化が開始されることになる。このように大阪層群での風成層の誕

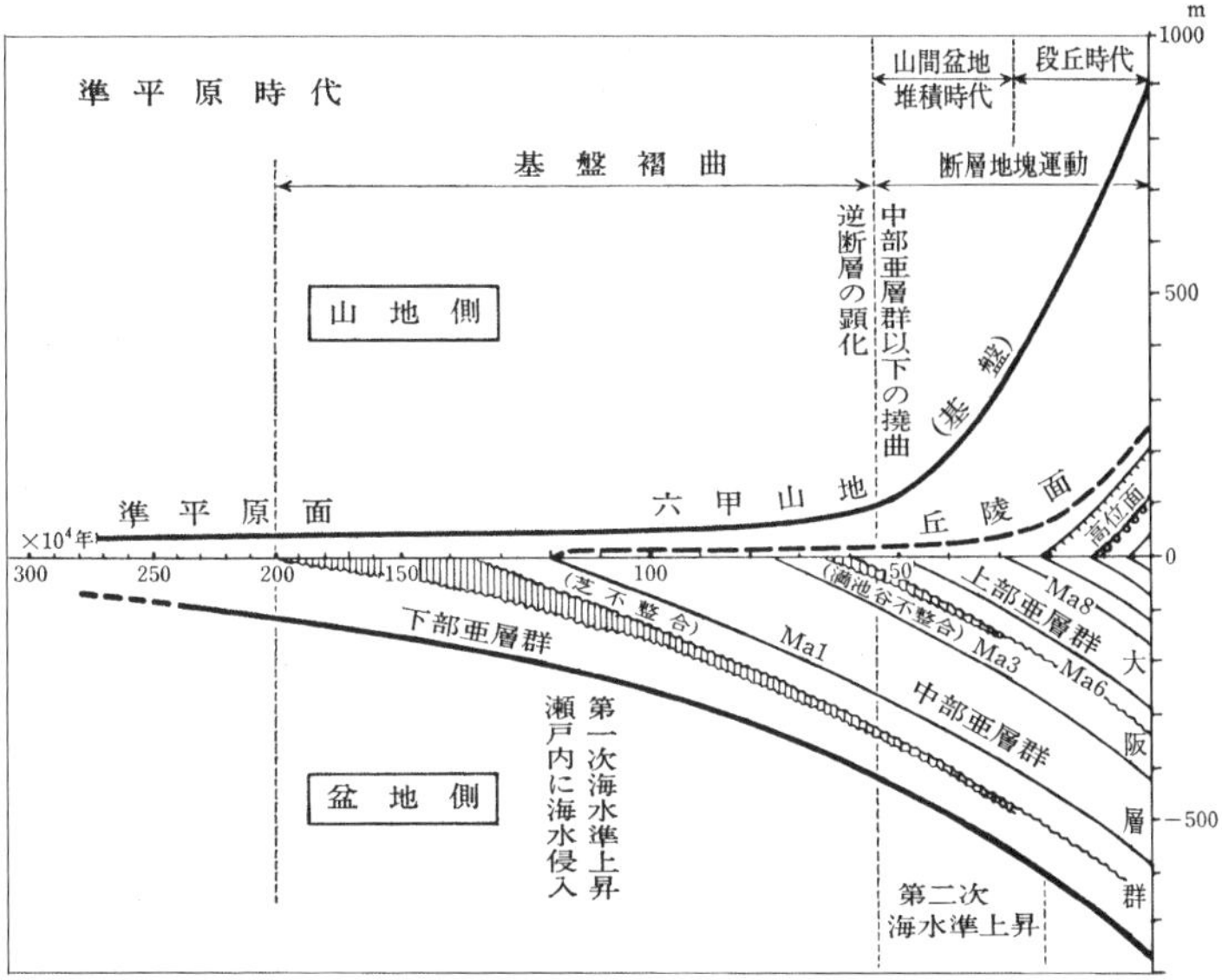

図6−4　大阪層群の盆地側での堆積と山地側との関係（藤田、1983）

生には山地の急激な上昇が深く関わっている。

こうした六甲山地の急激な上昇をもたらした異常事態は六甲変動とでも表現したいのであるが、すでに「六甲変動」は全大阪層群が形成されるような長い期間の運動に使用されている。そこで、六甲変動のうち、図6－4の山地側で、比較的穏やかで長く続いた変動である「基盤褶曲」と、更新世中期以降急激な隆起を起こした「断層地塊運動」とを区別しておこう。この「断層地塊運動」は先に述べた関東での更新世中期以降の変動と時期や運動の急激さなど共通点が多い。関東ではこの変動に関連して「長沼不整合」ができたが、大阪で関連する不整合は「満池《まんち》谷《だに》不整合」などといわれている。

以上のように、大阪層群での風成層の堆積は、五〇〜六〇万年前から始まる「断層地塊運動」に伴う礫層の堆積の終了後に始まることになる。藤田教授は高位段丘の形成は的確な資料に乏しいとしながら、二〇〜一五万年と推定している。しかし、その後の研究が進み、これまでの成果をもとにした層序表では図6－3のように四〇万年付近に高位段丘層の下限が置かれていることから、大阪層群では風成層の誕生はこの時代以降と考えられる。

内陸部の風成層

風成層の形成時期の始まりに関して、前の二つの例は関東と関西の海岸部の第四紀層であった。両地域は海とその後背地の関係から生まれた地層の上に風成層の形成があった。これらの地域は海に近いことで、陸化の時期も遅く、その過程で海水面の変動の影響も受けた。そこで、海から離れた内陸部の風成層の形成を探ることにする。

内陸部の例として、東北地方南部の山形盆地をあげる（図6－5）。図は東北日本の日本海側中央部（山形県付近）を

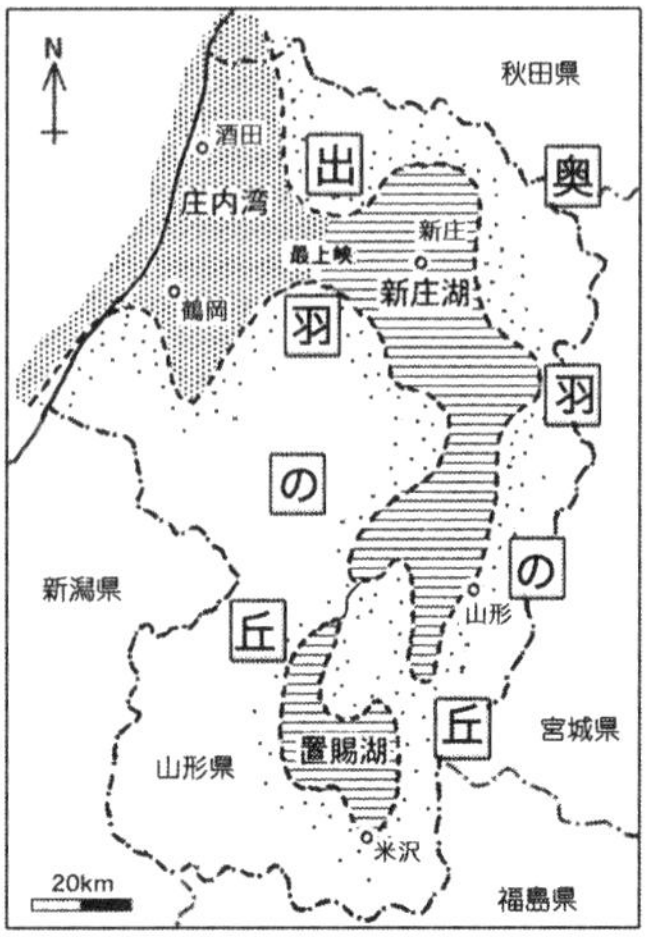

図6–5　約400万年前の東北地方南部の日本海側
緩やかに上昇する2列の丘は、古日本海から湖を孤立させた。

覆っていた海が奥羽山脈の上昇で太平洋と分断されたあと、出羽山地の上昇で日本海とも分断されて内陸部に湖が残されている時期のものである。こうした地形になったのは、日本列島に加わる力が引っ張りから圧縮に転じたことに発端がある。すなわち、東西の圧縮がほぼ南北の「シワ」を作った。まずは大きな「シワ」として奥羽山脈が隆起し、太平洋から日本海側を分断した。次いで小さな「シワ」である出羽山地が隆起したことにより、顕著な二条の高まりが東北の大地にできた。すなわち、約一〇〇〇万年前から四〇〇〇万年前頃までおよそ六〇〇〇万年かけて、ゆっくりと進んだ圧縮の結果が図6－5の地形である。先に奥羽山脈とか出羽山地といった表現をしたが、現在の険しい山の姿とはほど遠い緩やかな傾斜であったから、図中では「奥羽の丘」「出羽の丘」と表現した。こうしたゆっくりと進む圧縮による変動はこの後も同様に、数十万年前まで続き、内陸の湖は小さな水域として点在する程度に陸化が進んでいった。すなわち、内陸部は、ほぼ南北に延びる二列の丘とその間の窪地が「準平原」的な緩やかな地形をなしていたのである。

ところが、東北地方の内陸地域にも関東や関西と同様、更新世中期に急激な地殻変動が起きたことがわかってきた。すなわち、六甲山地の上昇と大阪堆積盆との関係（図6－4）は、東北地方の内陸盆地とその周辺では、図6－6のように表すことができる。この地域では二列の山地が上昇していく間に盆地があるという特性があるが、緩やかで長く継続してきた変動が急激な変動に転じて現在に至るという地殻変動（構造運動）のあり方は、関西や関東と同様なのである。そもそも日本列島の地殻変動の原動力はプレート運動で、それはごく大まかには太平洋側のプレートが西進して沈みこむことで列島側プレートが受ける圧力によるものと考えられていた。あるいは、フィリピン

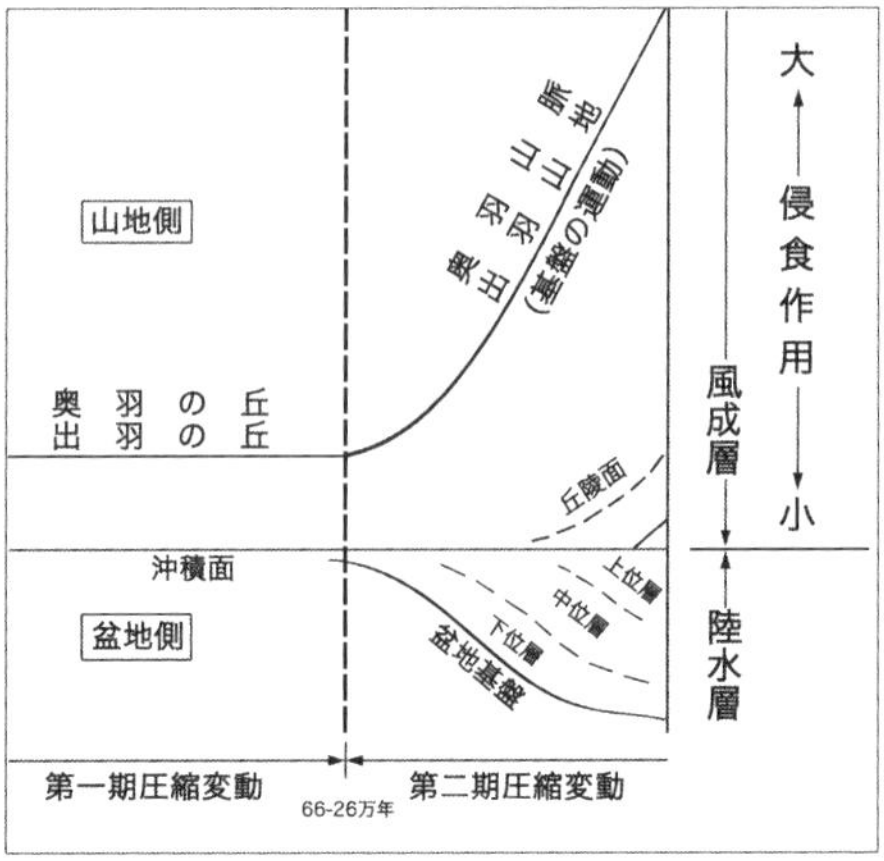

図6−6　東北地方内陸盆地（山形盆地）における山地と盆地との関係

海プレートの運動が、西南日本のみならず東北日本の地殻変動も支配するともいわれている。いずれにせよ、地殻運動の方向は東北日本と西南日本で少し異なるが、その強弱には列島を通しての共通性がある。

東北日本では、一〇〇〇万年前頃、引っ張りから圧縮の場に転じ、それ以後ゆっくりと進んだ圧縮運動によって浅海や湖の堆積物ができ、やがて陸化が進んで、丘陵地と盆地の基本的な地形ができた。こうして数百万年かけてゆっくりと進行した圧縮による変動は「第一期圧縮変動」と呼ばれている（山野井、二〇〇五b）。関東や関西の更新世中期より前の緩やかな変動である。ところが、更新世中期に入ると状況が一変し、山地が激しく上昇し始める。それまでの変動とは異なり、急激に強い圧縮応力が加わったため地殻深部では多くの逆断層が生じ、そのブロック運動によって山地側は急激に隆起した。こうした急激な変動は、繰り返し述べてきた「更新世中期変動」で、「第二期圧縮変動」とも呼ばれている（山野井、二〇〇五b）。山地の急激な隆起は激しい侵食作用を伴い、当時の地形を一変させた。その後の地表に、関東や関西では風成層が誕生したことは前述のとおりである。

ネオエロージョン

風成層の形成を考えるのに、日本列島の形成からみてきた。地質時代をさかのぼるなど遠回りをしたようであるが、日本の風成層の起源を探るには必要な背景である。古い風成層は、関東や関西では「長沼不整合」や「満池谷不整合」の時期に侵食されてしまったことを述べた。こうした激しい侵食とは一体どんなものであろうか。内陸部の「第二期圧縮変動」を通して見ておきたい。

山地は急激に上昇したために激しい侵食が起こったが、侵食された場所には侵食面が残されるのみで、そこにどんな侵食があったかを探ることは困難である。それでも、何とか侵食状況を推定するためには、当時侵食されて他域に運ばれた堆積物があれば、そこから何らかの手がかりが得られるはずである。幸い、山形盆地には周辺山地の侵食で運ばれた厚い堆積物が地下のボーリング調査で明らかにされている。図6−7は山形盆地とその周辺山地の第二期圧縮変動に伴う山地側の上昇と侵食作用との関係などが表されている。すなわち、この時期の激しい侵食作用は、それ以前とはモードの違う「新たな侵食」という意味で「ネオエロージョン」と呼ぶことにする。ネオエロージョンによる侵食物は、その盆地の縁辺部では扇状地性の礫が主体であるが、中央部では五〇〇メートルを超える異なる岩質の地層を作っている。最下部は礫層が優勢の「下位層」であるが、この地層は山地と盆地の対照が強くなり始め、山地の侵食物が盆地を埋め始めたいわばネオエロージョンの「発生期」の堆積物と考えられる。その上位は、粘土やシルトなどの泥質層が主体の「中位層」

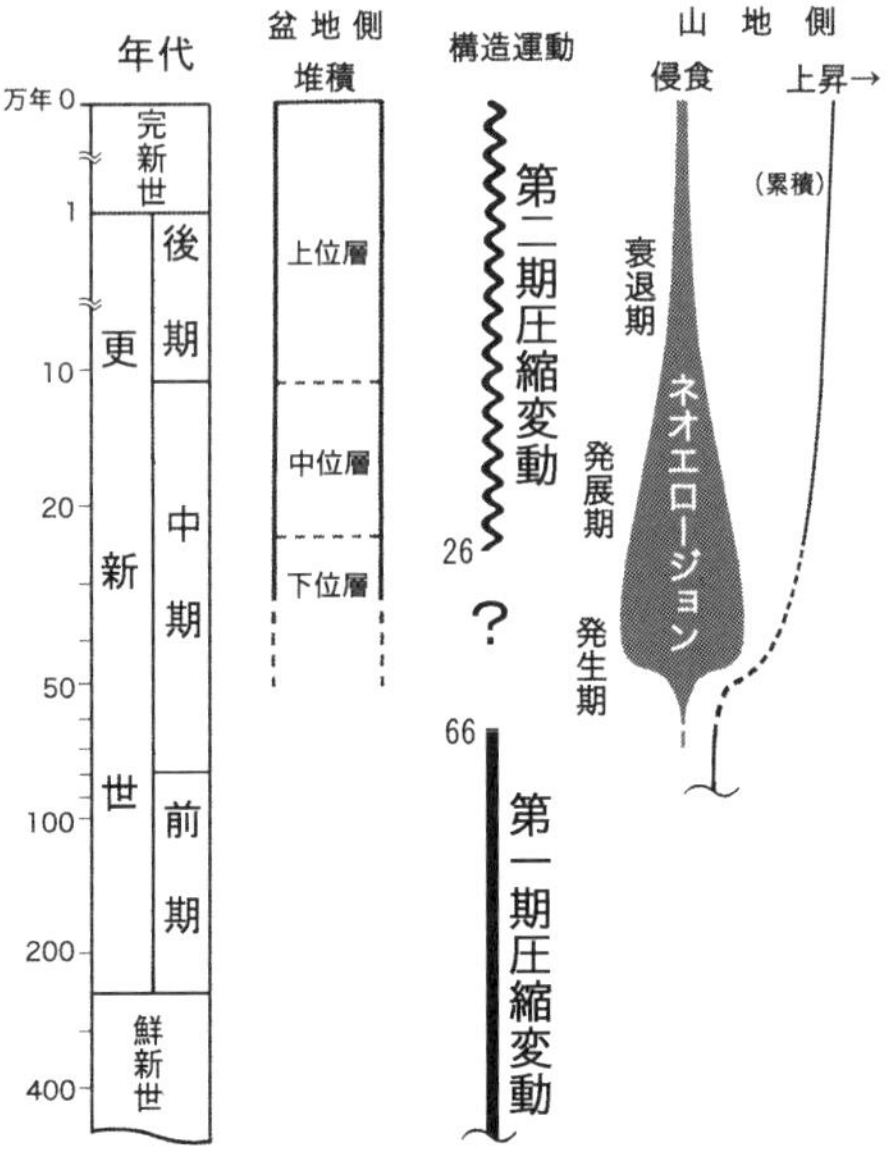

図6-7　山形盆地周辺の第二期圧縮変動による盆地側の堆積と山地側の上昇・侵食模式図

である。この泥質層は水域成であり、堆積当時は盆地の一帯は広く湖沼化していた。すなわち、中位層は盆地の沈下が最も顕著になったときの堆積相で、その盆地と対をなす山地では急激な上昇があり、激しい侵食が進行したはずである。こうした中位層は、ネオエロージョンが「発展期」にあったことが推定される。最上位は泥炭層が主体の「上位層」で、湿地などで形成された地層である。この堆積物は盆地部での沈下速度が低下し、山地からの侵食物の供給も減ったことを示している。すなわち、「上位層」はネオエロージョンがその作用を弱め、「衰退期」の侵食を反映した地層と考えられる。

表土のリセット

さて、ネオエロージョンの推移をみてきたが、それは具体的にどのような侵食であったのだろうか。現在の山地に当時の侵食の痕跡が残っていないものであろうか。東北地方の山地を空中写真で立体視すると、多くの地すべり地形を判別することができる。「地すべり」は不安定化した斜面の土塊が大規模に滑動する現象である。その移動土塊の多くは斜面にとどまることから、特有の地すべり地形を残す。

防災科学研究所の清水文健氏は日本列島の全体の地形を空中写真で判読し、地すべり地形を、五万分の一地形図に書き入れた。そうした業績の一部を縮小し、東北地方の地すべり地形を表したものが図6－8である。この図から奥羽山脈や出羽山地は広く地すべりを経験してきた場所であるこ

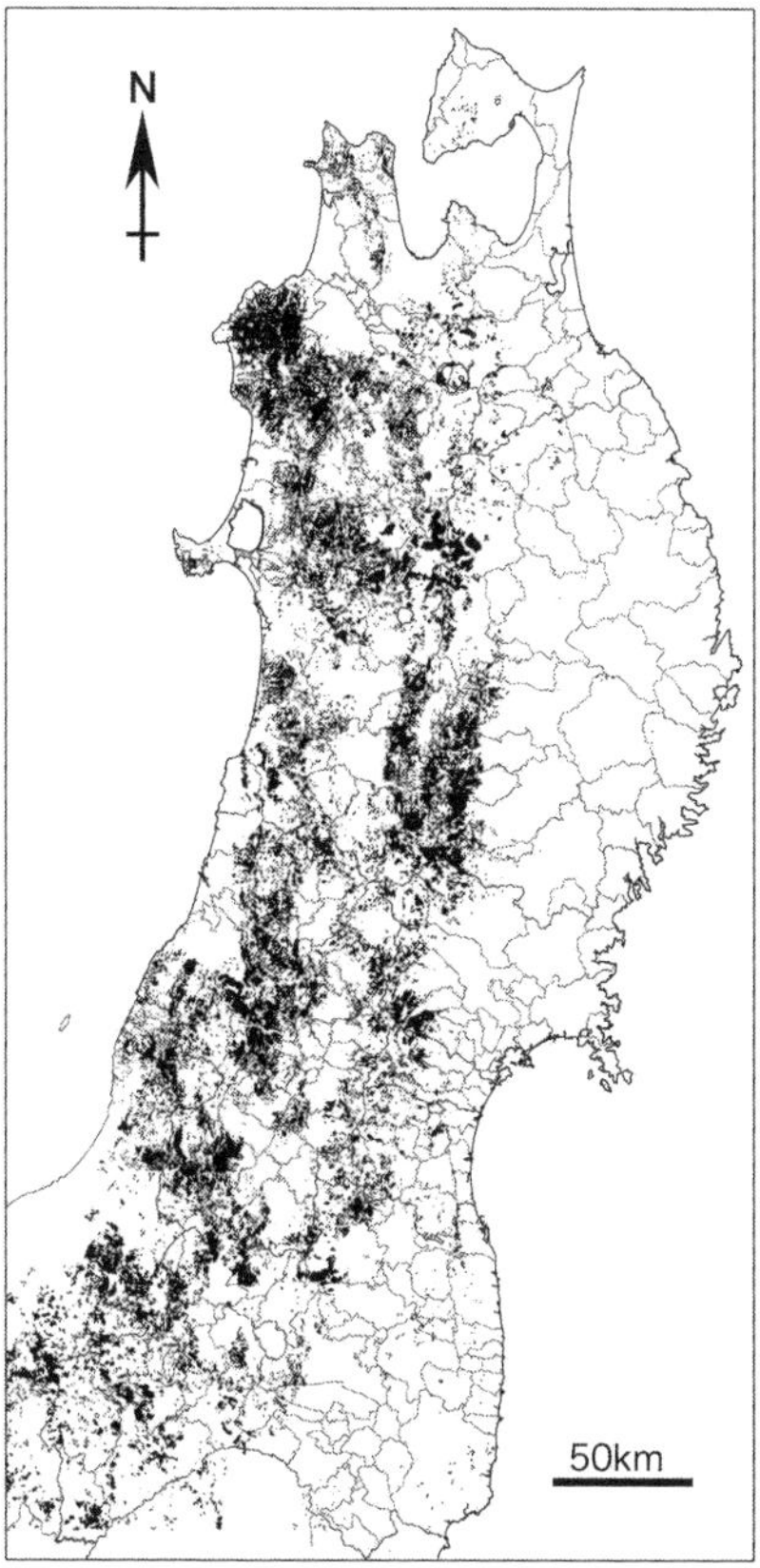

図6–8　東北地方の地すべり地形（黒色部）（清水、1992の図を一部改変）
地すべり地形は脊梁部の奥羽山脈と日本海側の出羽山地に集中している。

ったと考えられる。そして、ネオエロージョンの主体は地すべりや山腹崩壊のような激しい侵食であったと考えられる。奥羽山脈の地すべり地形は現在の分水嶺に近い区域ほどより新しい地すべり地形が残っている。この状況は、図6−9に模式的に表したように、地すべりのような激しい侵食が盆地側から山地に向かって「侵食前線」となって進行したと考えることで理解される。侵食前線は反対側の山腹斜面を削ってきた侵食前線と接し、そこで互いの前進が止まる。すると侵食力は弱まり、両流水域では以後は「衰退期」のネオエロージョンに移行したと考えられる。山腹の各流水域では漸次「衰退期」に達し、現在はすべての山腹斜面の侵食前線が分水嶺で接することから、古斜面は残らず侵食されつくされた時期にあるとみることができる。

山形盆地周辺の第二期圧縮変動がいつ開始したかは未定であるが、六六万年よりは新しく、二二万年よりは古い。風成層の堆積開始時期はこの間にある。関西の陸域層の形成や関東の多摩ローム層の堆積開始期を考慮して、四〇万年前頃かそれよりもやや古いと考えておきたい。また、先に紹介した鳥取県の風成層の最下部が約四〇万年前であることは、我が国の古い風成層の一つであることとして理解される。

なお、第二期圧縮変動が弱かったり、火山噴出物に覆われるなど、侵食が及ばない場所では、古い風成層が残るであろうことを付記しておく。前出の多摩ローム層よりも古いとされる八ヶ岳周辺の八千穂ローム層もその可能性がある。

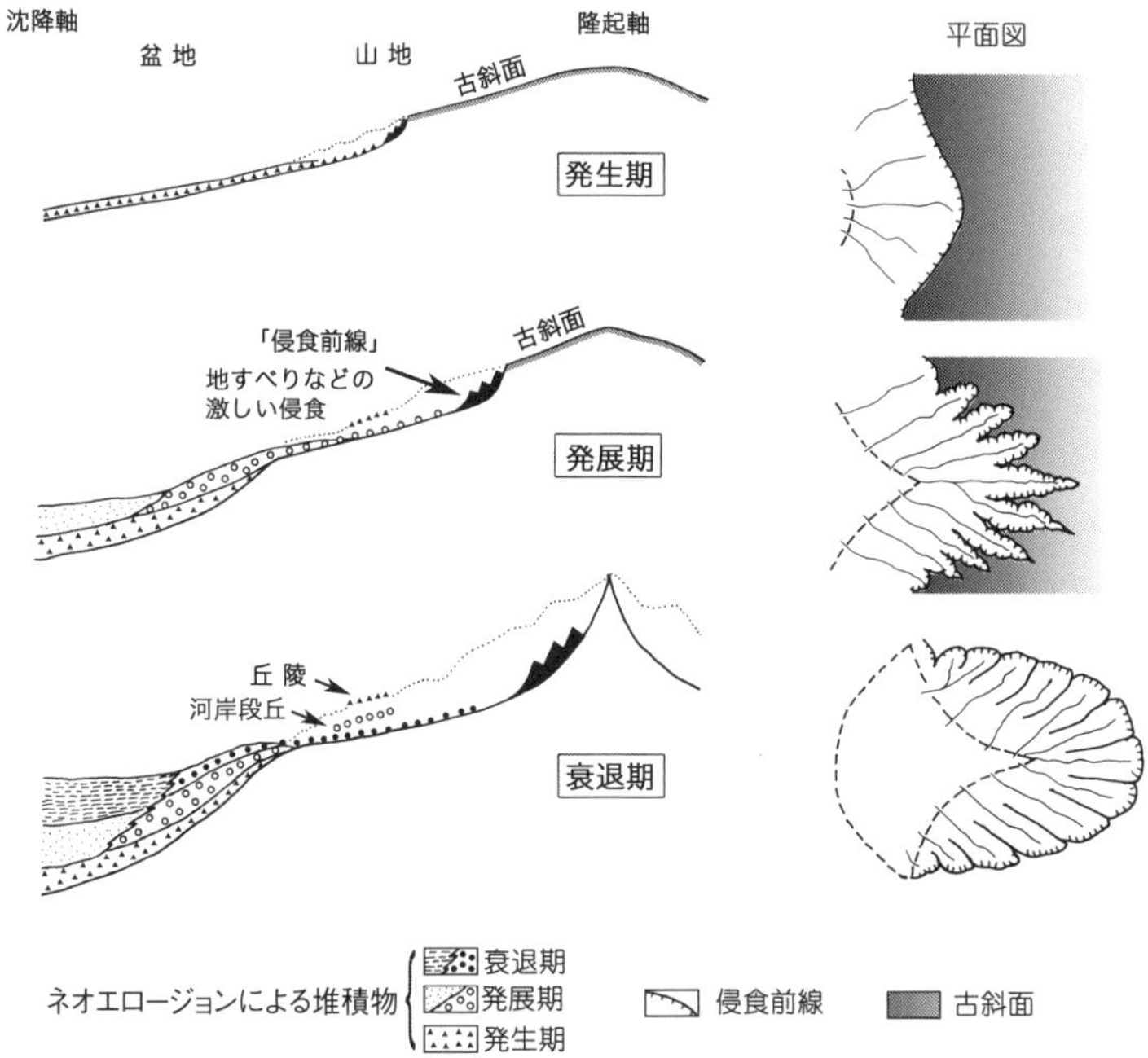

図6-9　ネオエロージョンによる山地部の侵食と盆地部の堆積（山形盆地）
山地の急激な隆起による激しい侵食は、盆地から山地に向かって「侵食前線」となって進んだ。

表土の誕生

　さて、古い表土は「ネオエロージョン」でほとんど消し去られてしまったが、その後、新たな表土（風成層）はどのように復活・誕生したのであろうか。その状況は風成層の最下部に記録されているはずである。

　これまで、尾花沢丘陵の風成層についてはは発掘現場に現れた赤色土化したカラフルなローム質層について扱った。この現場では発掘深度がローム質層の最下部まで及ばなかったが、ここより約二・五キロメートル北西で、畜産団地造成のために奥羽山脈の裾に当たる丘陵の端が大規模に切り取られた。この際、高さ約二十数メートルに及ぶ大露頭が出現し、赤色土化したローム層が新第三紀層の上に堆積する状況が観察できた（図6－10、口絵⑨）。この露頭を例に、表土（風成層）の誕生の様子を見ておこう。

　まず、六〇万年前頃から第二期圧縮変動により基盤岩の新第三紀層が褶曲（傾斜）するような地殻変動が起こる。これにより、高低差が顕著になり、ネオエロージョンが生じて地表は激しく侵食された。ネオエロージョンといえども常時侵食状態ばかりではなく、堆積もあったはずである。しかしながら、時として生じる激流は堆積物を削り去った。「賽の河原」の積み石のように、積んでは壊され、壊されては積み、の繰り返しが一〇万年かそれ以上も長く続いたことであろう。不整合面には何も残っていないが、そんな歴史が想像される。

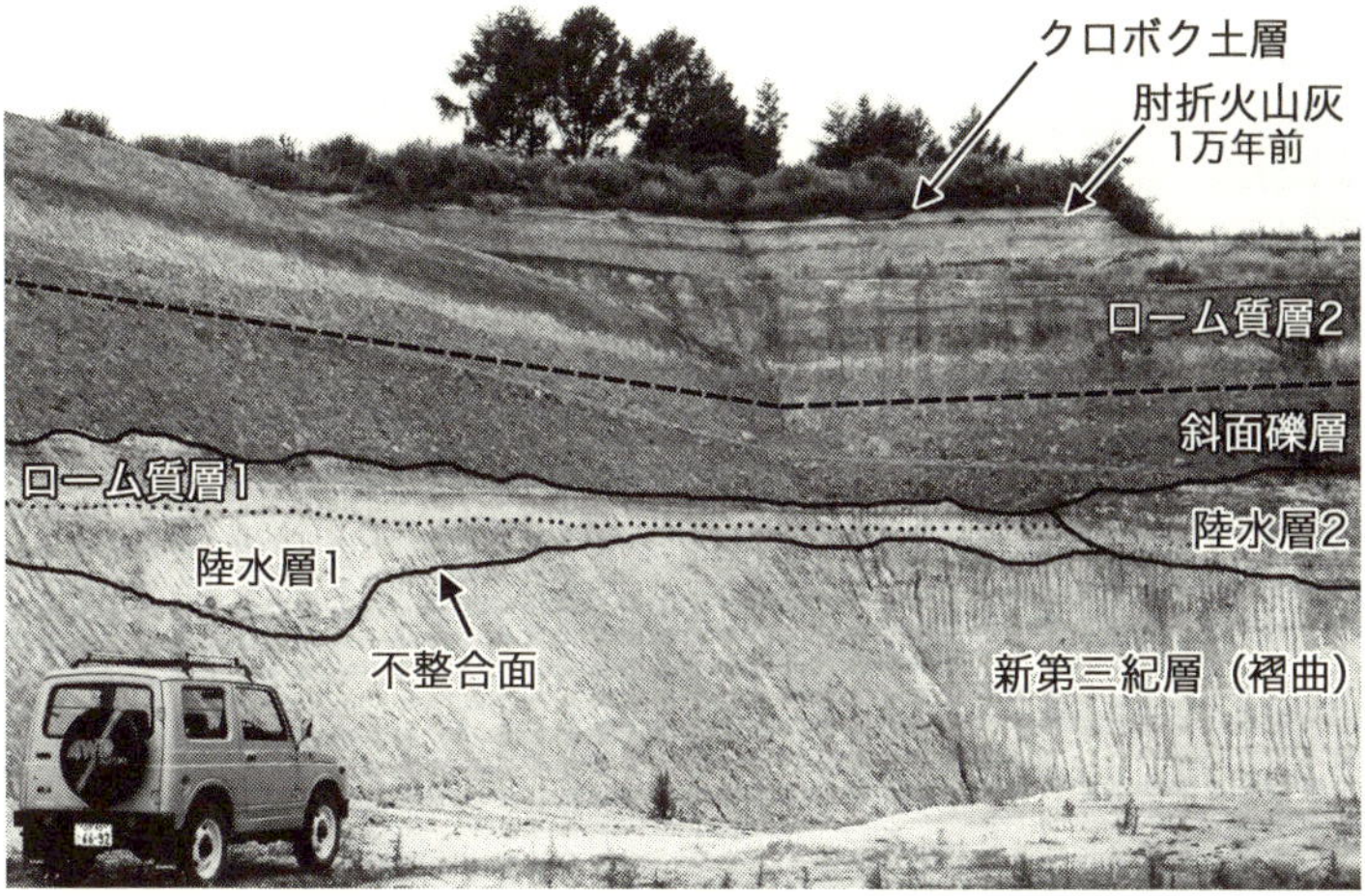

図6-10　表土（風成層）の誕生と成長が見られる露頭（尾花沢市二藤袋）
新第三紀層を不整合に覆う陸水層１、斜面礫層の上にローム質層２（風成層）が誕生し、成長している。その過程で赤色土化。（カラー写真は口絵⑨）

やがて、侵食面の窪地に水がたまり池となって、堆積物がそこを埋めた（「陸水層1」）。池は埋め立てられ乾陸となって風成層が堆積し、土壌を形成した。それが「ローム質層1」で、この場所における風成層の誕生である。またときには流水に削られて、凹部が池となって「陸水層2」が堆積した。しかしながら、誕生した「ローム質層1」はその後の成長を継続できず、流水で侵食された。しかし「ローム質層1」はすべて削られずに残り、次の出水時の「斜面礫層」の堆積で覆われた。これ以後、基盤岩まで削り込む侵食はなくなり、流水も斜面礫層の上に達することはなかった。すなわち、流水は別の場所を侵食して流路を変えたため、もはや流水による侵食がなくなった。その結果、「ローム質層2」の堆積が現在まで持続し、最上部は土壌を形成

図6-11　左：比高差の大きい河岸段丘での表土の誕生（山形自動車道の建設で現れた寒河江川の河岸段丘堆積物）
右：比高差の小さい河岸段丘での表土の誕生（新潟県新発田市上寺内）

しつつある。なお、ここの「斜面礫層」の風化は著しく、鎌でも簡単に削れるいわゆる「腐れ礫」状になっていて、風成層とともに強い風化作用を受けている。

以上は尾花沢の丘陵地における露頭で、ローム質層の誕生以来十数メートルの成長を見る。丘陵地よりも低い河岸や海岸の段丘地形の表層部などでもローム質層を見ることができる。河岸段丘でローム質層の発達は高位の段丘ほど厚い傾向がある。そうした河岸段丘の例を見ておこう。

図6－11（左）は山形県の出羽山地を縦断する寒河江川の河岸段丘（現河床からの高さ約七五メートル）の露頭である。斜面礫層（扇状地性）の上に褐色のローム質層からなる風成層（表土）が約五メートルの厚さで見られる。

図6－11（右）は新潟県新発田市の北部で、河床面より約三〇メートルの河岸段丘の切り取り面である。この露頭では、まずは基盤岩である傾斜（褶曲）した第四紀層（湖成層）にふれておきたい。この層は、全般に白い粘土層であるが、赤色の線や帯模様が入っている。この着色は堆積後ではなく、当時の陸域にあった古斜面の赤色土が侵食され、その粒子が堆積したも

のである。その後、急な地殻変動で傾斜した地層になり、激しい侵食からまぬがれた部分がこの基盤岩であり、今はない古斜面の赤色土壌の存在を証明している。こうした基盤岩を不整合に斜面礫層が覆い、その上に風成層が出現し、約三メートルのローム質層として発達している。

上の例で見たように、河岸段丘のローム質層の誕生・成長には共通性がある。すなわち、基盤上部の不整合面には侵食が優勢な期間の時間的間隙があるが、やがて斜面は上流から侵食されてきた礫を堆積させる場（扇状地など）となっている。さらに時が過ぎて、隆起が進み、流水はより低地に流路を作り、水による侵食がなくなり、風成粒子が堆積し、ローム質層を成長させていった。

低地（海岸平野や盆地の平野）は、その多くは自然状態では河川の氾濫原である。低地は一般に沈降環境にあったので、広い平野ほど厚い沖積層を発達させている。沖積層は、風成堆積物（土壌

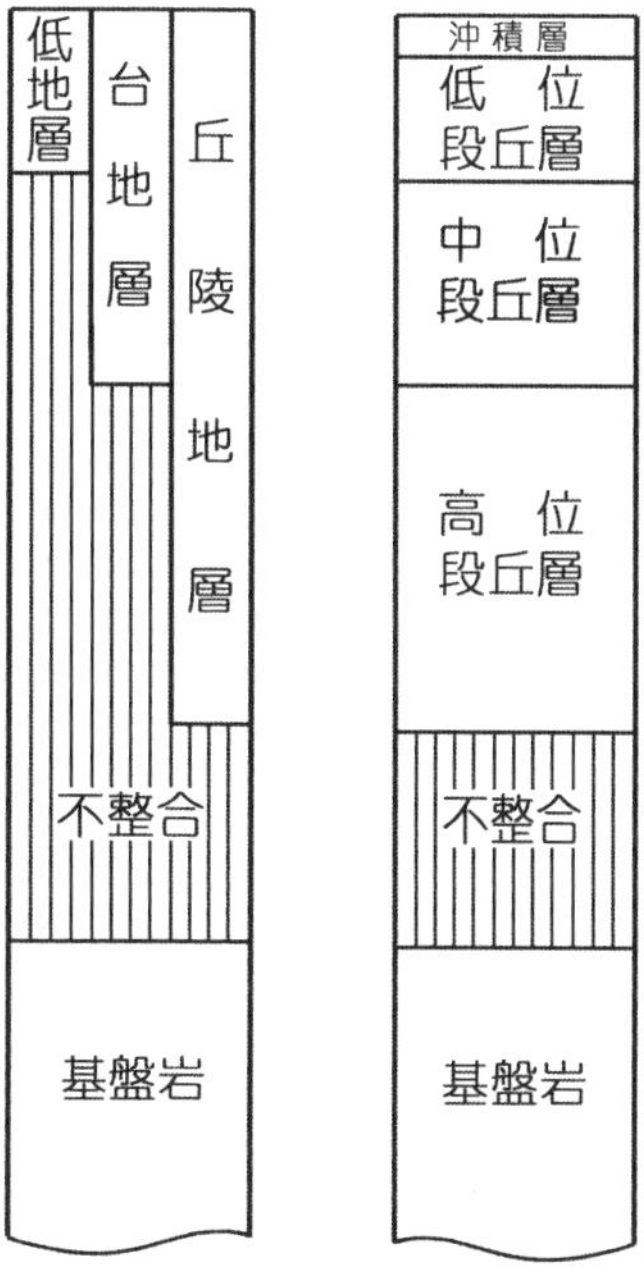

図6-12　表土（風成層）の誕生と成長（左）と従来の一般的柱状図（右）

堆積物）を何層か薄く挟むこともあるが、主体は水・湿地成堆積物（氾濫原堆積物）である。風成層（表土）は、河川から比較的離れ、洪水をまぬがれている場所では薄いながらも発達が見られる。

以上のように、まずは侵食環境からまぬがれた丘陵地で表土の誕生と成長があった。このことが、時とともに、さらに低い台地、そして低地へと移っていった。そうした状況は、柱状図としては図6−12（左）のようになる。

従来、この時期の地質柱状は、右図のように一般化されていた。この図は、地形区分された段丘や平野の堆積物の形成の順序は表されているが、その後の成長も含めての表現としては適切ではない。表土（風成層）の発達に限れば、左図が適切であり、その誕生や形成の理解が深まる。

第7章　山地の地形と表土

地形と表土

日本には第四紀更新世に激しい地殻変動（第二期圧縮変動）があって、それまでの表土は侵食されてほとんど残っていないことをみてきた。現在の日本の地形はそうした地殻変動の産物でもある。その後の表土の発達は、丘陵地や台地（段丘）で厚く、低地では薄い例もみてきた。他方、山地の表土は、一般には薄い状態であるが、尾根部や急崖などではきわめて薄いか、基盤岩が露出する場所もある。

こうした表土の発達を、各地形との関係でまとめると図7－1のようになる。この図では丘陵地や台地を広く強調してあるが、この区域は隆起する山地と沈降する低地の間にあって、山地の隆起に付随した比較的穏やかな隆起の場所でもある。このような環境が、表土の良好な発達をもたらしたのである。しかし、丘陵地や台地が日本の国土に占める割合はそう大きくない。ちなみに、図7－2は日本列島の地形区分である。各地形の面積割合は、山地六一パーセント、丘陵地一二パーセ

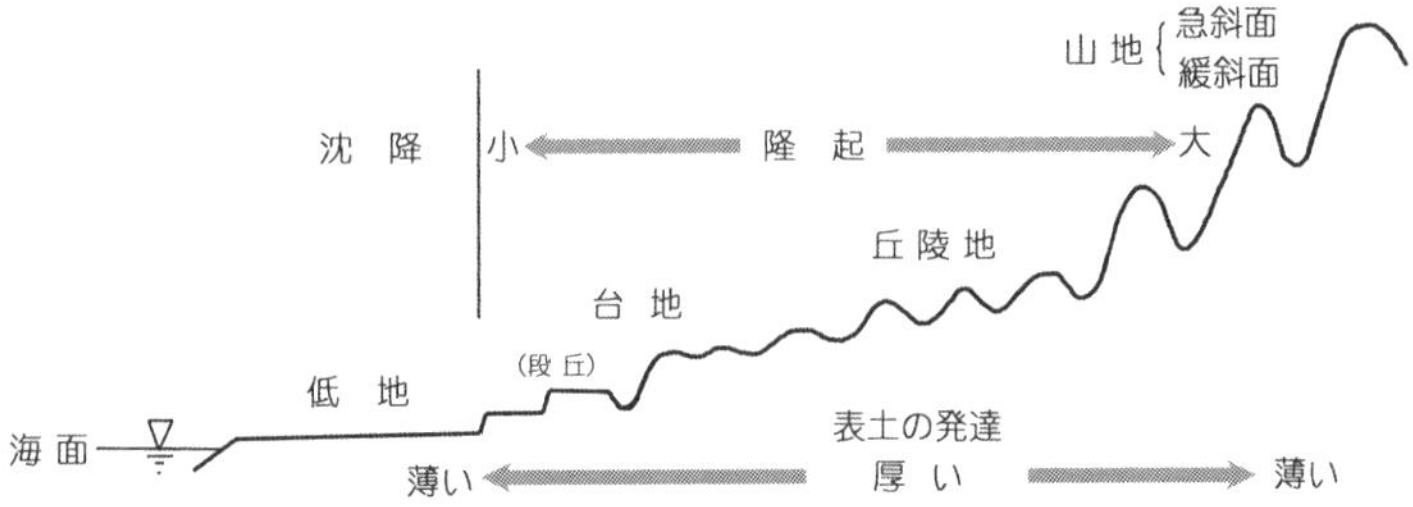

図7-1　日本の模式的地形区分と表土（風成層）の厚さ

図7-2　日本の地形区分
山地、台地、丘陵地は『丘陵地の自然環境』（松井ほか編、1990）から、低地は『地質基準』（日本地質学会地質基準委員会編著、2001）の沖積層から作成（周辺島嶼を除く）。

ント、台地一一パーセント、低地一四パーセント、内水域二パーセント（図7－2には非表示）であり、山地が広いことがきわだった特徴なのである。このような、国土の六割をも占める山地の表土を探らずに、日本の土（表土）の理解は深まらない。

さて、そんな実情から山地の表土を探ることにするが、まずは、どこをどう見たらよいかである。図7－1の地形区分では、山地を「緩斜面」と「急斜面」で代表させた。実際、山地の地形は千差万別で、二分では大まかすぎる。しかし細部にこだわると大局が見えにくいので、「緩斜面」と「急斜面」の二分はそのままとして、両斜面が形成された成因を加味したいと思う。

東北地方の山地は、図6－8（一三一ページ）に示したように、ネオエロージョンによる地すべり地形が多いので、山地の形成には地すべり現象を重視しなければならない。そこで、斜面を成因的に「地すべり斜面」と「非地すべり斜面」に区別する。この際、成因に火山（第四紀）が関わる斜面はここでは対象としない。

こうして、山地をまずは「地すべり斜面」と地すべりによらない「一般斜面」に二分し、次にそれぞれをさらに「急斜面」と「緩斜面（普通斜面）」に分け、計四区分の山地を対象にそれぞれの表土を見ていこう（図7－3）。

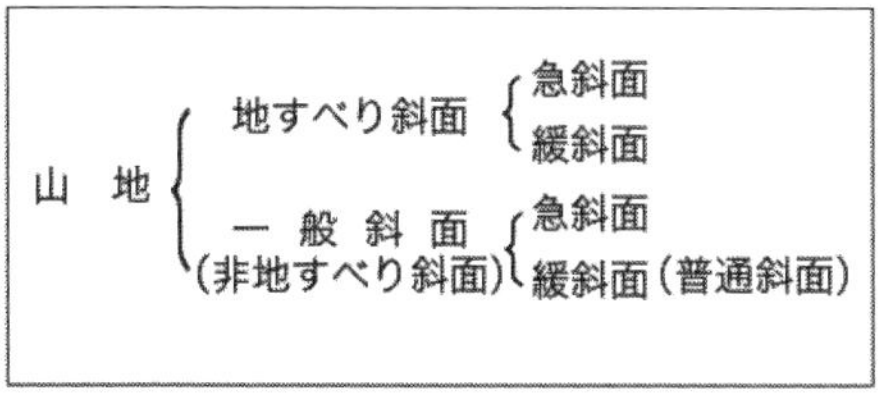

図7–3　山地斜面の成因を考慮した地形区分
火山成斜面は除外。

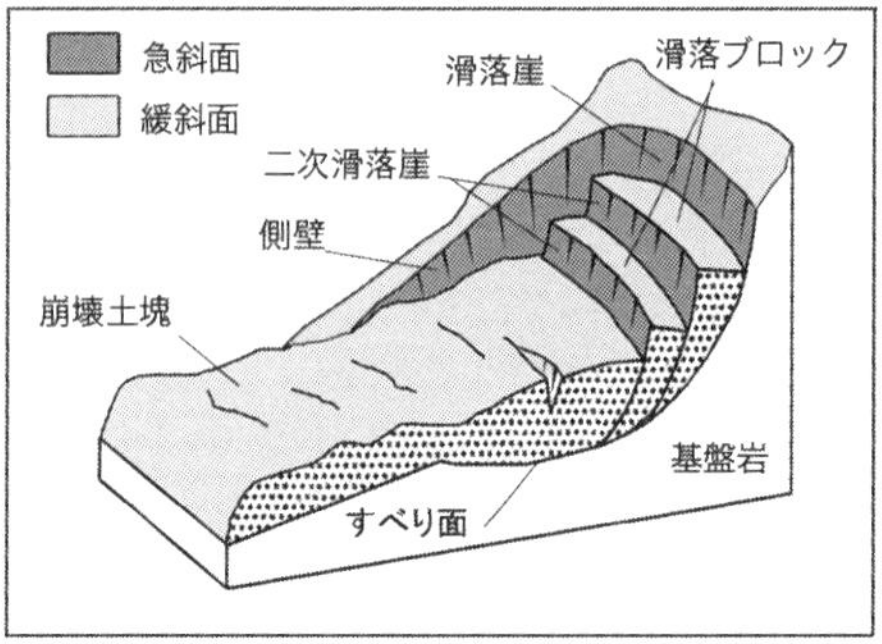

図7−4　地すべりが作る特有の地形と各部の名称
急斜面・緩斜面は発生当時の地形区分で、平坦化が進み緩傾斜地となる。

地すべり斜面の表土

山地の地すべり斜面は、地すべり現象によって形成された斜面である。地すべり地が、崖崩れ・山崩れなどと違う点は、一般に規模が大きいほかに崩壊の頭部に馬蹄形の崖（滑落崖）を作ってその前面に崩壊した滑落ブロックや崩壊土塊を残すことである。こうした土塊は特徴的な地形を作るため、各部は図7−4のような名称で区分されている。しかし、多くの地すべり地は長期間、発生時の姿でとどまることはない。地すべり後、時を経た地すべり地は、小規模な侵食と堆積が活発化し、地すべり斜面を均一化に向けて変貌させていく。

まずは、基盤岩よりなる山腹斜面に地すべりが発生すると、その頭部には滑落ブロックができ、凹凸の激しい地表が出現する。そうした場所では不安定な礫の転落や、流水による削剥《さくはく》土砂の移動があり、低地部では急速に堆積が進行する。地すべり発生直後、こうした地表の凹凸を修復するように埋め立てられるから、この時期の礫質層は「修復相」と呼ばれる（山野井、二〇〇五a）（図7−5）。

こうした礫質層の堆積が進み、移動土塊の凸部は削られ、凹部は埋められ、平坦化に向かう。そうなると礫質の堆積割合が減り、風成のローム質土の割合が増えていく。ローム質土は、こうして緩斜面化しつつある地表を被覆するように堆積することから「被覆相」と呼ばれる（山野井、二〇〇五a）。

なお、図7－5の「事件相」は地すべり事件で移動した基盤岩の意味で、表土には含めない。実際に平坦化が進んだ地すべり地で、その表土堆積物を見ておこう。

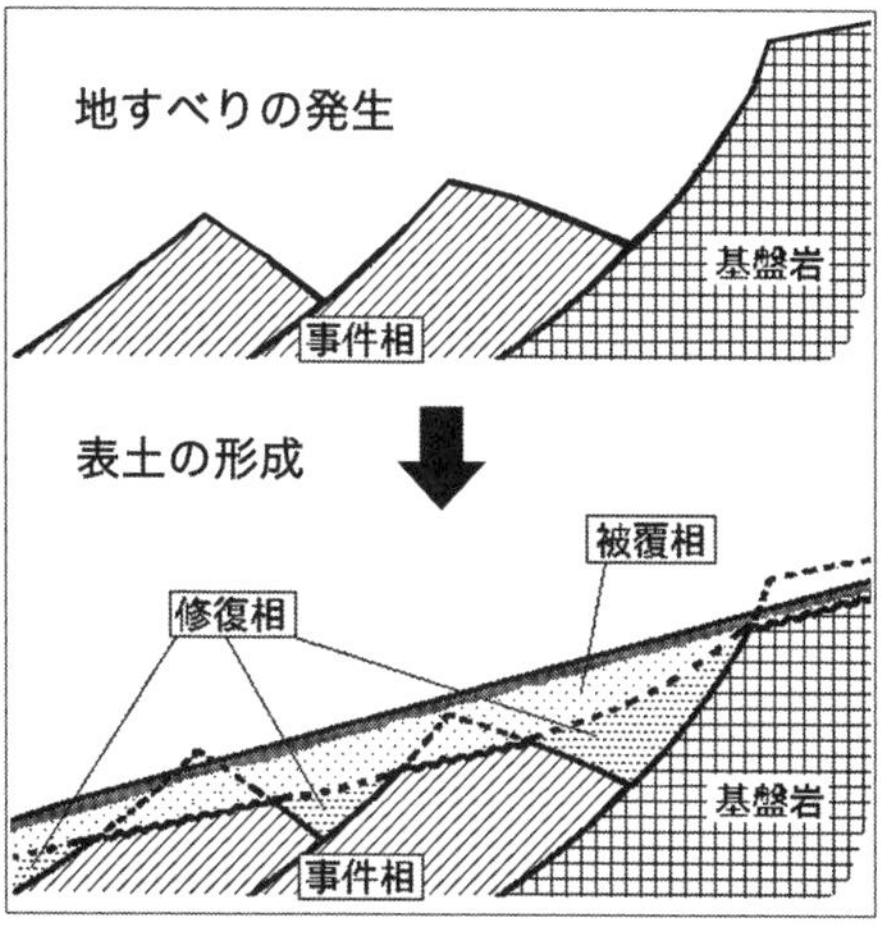

図7−5　地すべり地形（凹凸の著しい上部）の変遷模式図（山野井、2005aより）
凸部の侵食が凹部の堆積（修復相・被覆相）となって平坦化が進行する。

図7－6（上）は以前示した東北地方の地すべり地形のうち、その南部のものであるが、この中にはネオエロージョンの際にできた地すべり地形が多く残っている。特に、奥羽山脈の分水嶺付近で地すべり地形が密集している矩形部の区域に注目しよう。この地すべり地形密集区域をさらに拡大したのが下の二つの図である。ここは山形・宮城県境付近で、馬蹄形の輪郭が不明瞭になった古い地すべり地形が密集している。鍋越峠付近には鍋越沼のような大小の沼があるが、その成因は古い地すべりによるも

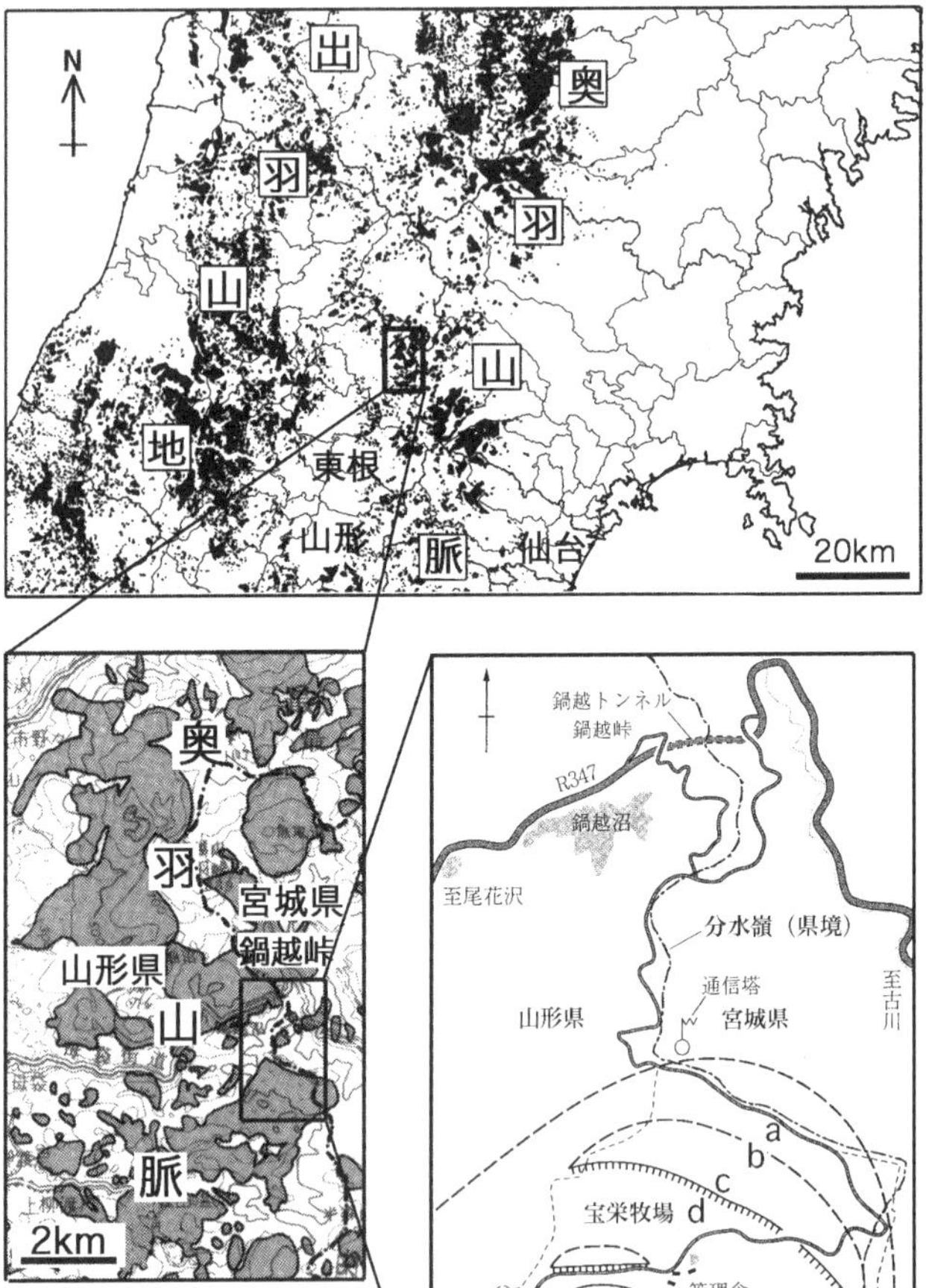

図7-6　スケールを変えて見る奥羽山脈の地すべり地形（上・左下：清水、1992の図を一部改変；右下：山野井ほか、2010より）
下段左は分水嶺付近の古い地すべり地形の密集地帯。下段右は宝栄牧場と地すべり地形（破線部）。

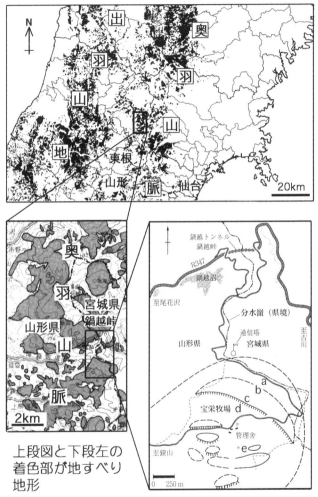

図7−7　宝栄牧場の牧草地に現れた古い地すべり地形（山形・宮城県境付近の分水嶺から望む）
a、b、cは図7−6の宝栄牧場の平面図中のそれに対応する。

のである。この峠の南側に、かつての大地すべり地形を利用した宝栄牧場がある。ここは県境の分水嶺から西の斜面が牧場になっているため、ほとんど樹木がなく地表の視界が開け、地すべり地形を一望できる絶好の場所である。図7－7は県境の分水嶺からの写真であるが、地形図のa付近から下の斜面が写っている。ちなみにaは地すべりの旧滑落崖の斜面、bは滑落崖と滑落ブロックの間の低地、cは滑落ブロックの頂部である。そのcの滑落ブロックの前面であるd地点の斜面が掘削され、そこの地質断面が現れたのである（図7－8）。

　ここでは基盤岩の移動ブロックが右下に見え、地すべり当時の滑落崖下の基盤岩が滑動破壊された跡であり「事件相」に当たる。地すべり当時、この破壊された基盤岩の上は滑落下の窪地であったが、その上を、地すべり事件直後からの礫などが埋めている。大きな角礫には貝化石を含むものがあって、これらは付近の基盤岩の化石層から分離した転石であることがわかる。転石の中には直径が二メートルにも及ぶ巨礫があるが、背後の不安定化した滑落崖から落下してきたものである（図7－8）。こうした堆積物は大小の巨礫を含む角礫が主体でその間をより細かな砂礫質土が埋めている。さらに上位では、礫はより小径になり、その密度は低くなる。最上位は砂質・ローム質土の割合が増す堆積物にな

図7-8　地すべり後の地層の形成が見られる宝栄牧場d地点の地質断面
当時の滑落崖下で、地すべりの移動ブロックとその上の巨大な転石などの礫質土が凹凸を修復するように、さらに上はローム質土が覆う。

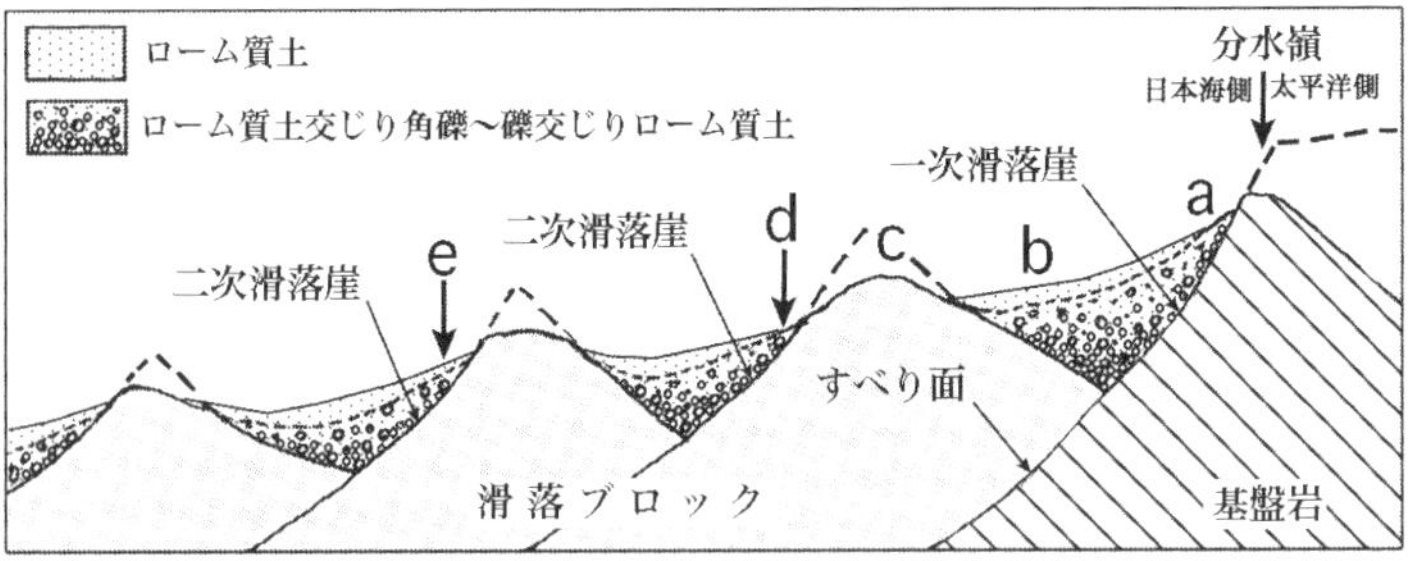

図7-9　宝栄牧場地すべり地の斜面の模式断面
破線の地形は侵食された部分で、そこからの砕屑物が低地部に移動し、風成塵とともに表土となる（a～eはほかの宝栄牧場の図と共通）。

る。このようなd地点の地質は、地すべり事件直後からその凹地を急速に埋めていった淘汰の悪い礫交じり部は「修復相」、その上位のローム質土の割合が増す部位は「被覆相」と見ることができる。この宝栄牧場にはe地点など、ほかにも同様な相のある地質断面が見られる。

一般に古い地すべり地（頭部）では「事件層」の上に「修復相」と「被覆相」が広く認められるので、そうした法則性を応用すると宝栄牧場の地すべり地の地質断面は図7－9のように推定できる。

以上、山地の緩斜面を作る地すべり成の地形とその表土との関係を見てきた。例にあげた宝栄牧場地すべりは激しい侵食の時期に生じたネオエロージョンの地すべりと考えられる。こうした地すべりの発生は数十万年前のことであるから、その地すべり地形を埋める表土、特に礫質の「修復相」は相応に古い堆積物であることを付記しておきたい。

東北地方の奥羽山脈には、前に図6－8（一三一ページ）で示したように、古い地すべり地形が多数残っている。こうした地すべり地形の地表下には、表土に埋もれて見えないが、かなり古い表土が宝栄牧場のように残っていると考えられる。他方、すでに地すべり地形が失われ、地表から地すべり地形が認識できない場所でも、図7－10（口絵⑮）のように林道などが切られた法面に、地すべり地を埋めた表土（修復相と被覆相）を見ることがしばしばある。

こうした地すべり地形を埋める表土がどの程度見つかるかを、奥羽山脈の乱川水系で調べたことがある（山野井、二〇〇五b）。その結果が図7－11である。この地域では地すべり地形が明瞭に残っている場所のほか、不明瞭な地すべり地形も多く認められる。さらに、地すべり地形をまった

図７—10　地すべり地形が残らない斜面の開切で現れた古い地すべり成表土（天童市留山川ダム付近の奥羽山脈）
事件相は基盤岩の滑落ブロックで、その上を修復相と被覆相が地すべり地形を平坦化。（カラー写真は口絵⑮）

く残さない斜面で林道などの法面から、地すべりによる表土（修復相、被覆相）を観察できた地点をRやCの記号で入れてある。地すべり地の表土という視点で調査すると、たまたま露出して見えるだけでもこのように多くの地点でその堆積物を確認できるのである。

こうしてみてくると山地の地すべり斜面では、地すべりという大きな侵食があって、その内部が小さな崩壊や侵食によって解体され、その過程で修復相や被覆相の表土が形成されることになる。山地の表土はその断面を見せない部分がほとんどであるが、こうした地すべり地で形成された表土はかなりの広さで分布していることが予想される。

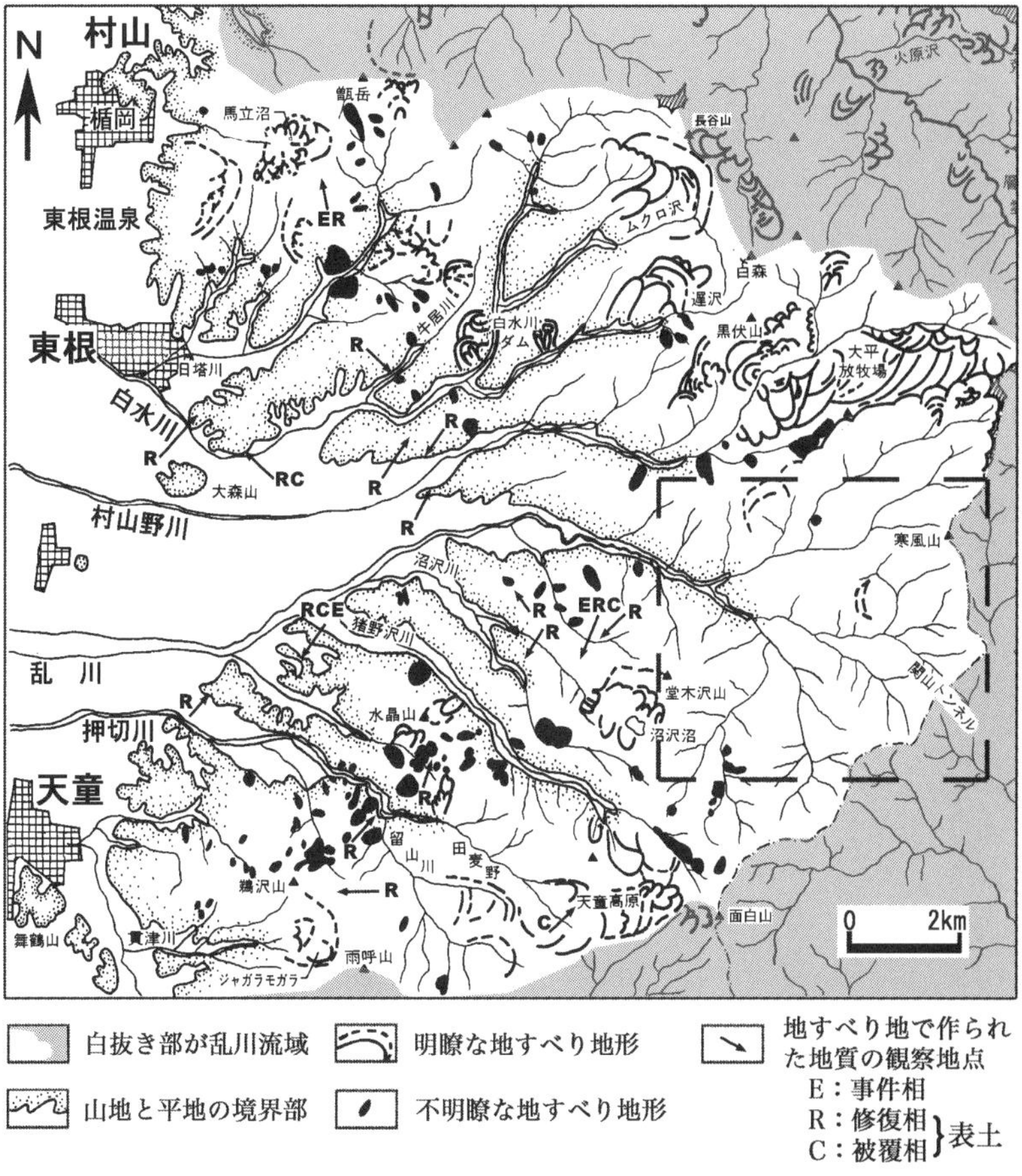

図7-11　地すべり地形及び地すべり地形が残らない斜面に見られる地すべり成表土（修復相と被覆相）（山形県奥羽山脈の乱川水系）（山野井、2005b より）
破線の矩形部は図7-14下段図の範囲。

一般斜面の急斜面の表土

山地において地すべりによらない一般斜面の地形を模式的に図7－12に示す。まず、急斜面は常時水流がある谷川の両岸、あるいは狭い分水界の稜線などである。こうした急斜面はそもそも基盤岩が露出するような場所で、侵食が優勢であるため表土の発達はきわめて悪い。ただし、急斜面は

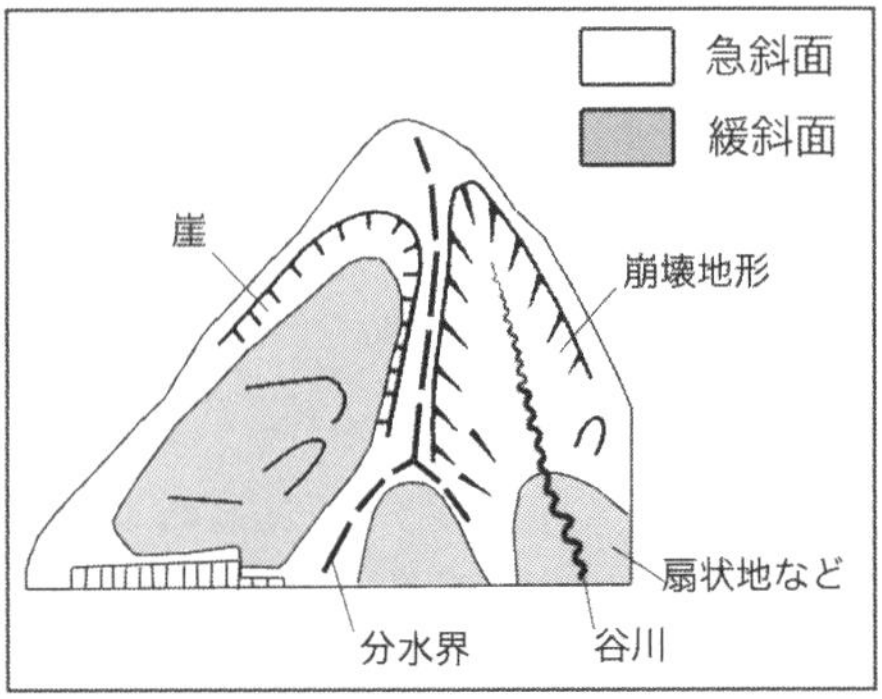

図7−12　一般斜面（非地すべり斜面）の地形区分による急斜面と緩斜面（阿子島、2001を一部改変）

図7−13　急斜面に露出する基盤岩（安山岩体）とその下方の崖錐堆積物（山形県東根市の奥羽山脈、黒伏山付近）

平板状ではないので部分的な平地や凹地には転石などを主体とした薄い表土ができる。また、急斜面の山脚部には転石（角礫）の集合した崖錐堆積物が形成される（図7－13）。

以上、急斜面は基盤岩の露出が多く、表土の形成は一部に礫質土があるものの、総じて不良である。

急斜面の谷部は、普通谷川となっている。谷部の渓流は下方侵食や側方侵食があり、山地の地形形成に大きく関わる場所としては重要である。しかし谷川周辺は基盤岩の露出が良好であることから、表土の形成はほとんど進まない区域でもある。なお、河床堆積物は水成堆積物としてここで扱う表土（乾陸成堆積物）には含めない。

普通斜面の表土

一般斜面（非地すべり斜面）では先に急斜面を扱ったが、次に緩斜面を見よう。緩斜面は普通、急斜面の下方にあり、常時流水のない谷部（凹部）に向かう比較的なだらかな斜面である（図7－12）。山地では最も普通な斜面であるから、この「一般斜面の緩斜面」を簡潔に「普通斜面」として進める。

まずは観察すべき代表的な場所選びであるが、地すべり斜面でも扱った奥羽山脈の非地すべり斜面で緩斜面が多い所としたい。しかもその中で、新しい火山がなく、ネオエロージョンやそれ以後の地すべり地形がない区域が好ましい。多くの候補地から、これらの条件に合う場所として、山形

・宮城県境の奥羽山脈の分水嶺付近の山腹（山形県東根市関山峠付近）を選んだ。この区域の侵食の地形的特徴を理解するのに、異なったスケールで侵食地形を見ておこう。

図7－14（上）は東北地方南部の地すべり地形である。このスケールでは大規模な侵食としての地すべり地形を見ることができる。さらに奥羽山脈から地すべり地形が比較的まばらである区域を選び（矩形で示す区域）、拡大したものが中段図である。この図では、中央の矩形の範囲には二、三の地すべり地形はあるものの、顕著な地すべり地形はなく、非地すべり性の侵食が進行している区域の特徴が表れている。この矩形域をさらに拡大し、そこの山腹の地形を区分したものが下段図である。この図から非地すべり性の斜面の表土を探る手がかりを得ようと思う。

この下段図は土地分類基本調査（国土庁企画）による地形分類図で、山形大学の阿子島功教授の調査によるものである。薄色部は、原図では「中・急傾面」であるが、ここでは「急斜面」と一括してある。急斜面はすでに扱ったように、上部斜面は侵食が優勢で、谷部は流水の侵食とそれによる河床堆積物があって、風成層（表土）の発達が乏しい区域である。他方、ここで注目するのは、緩斜面とされる地形で、「普通斜面」に当たる。この部分の現況は、昔の薪炭利用や植林地になっている部分である。一般にこうした普通斜面は、山地であることから、侵食が進む場所と思いがちである。しかし、阿子島（二〇〇一）の「普通斜面」の凡例は、滑落地・崩積地・崖錐などの堆積面とされている。すなわち、地形分類図での緩斜面は侵食地形ではなくて堆積地形として区分されているのである。本当に堆積の場所か否かは、地下の地質を見て確かめることになる。

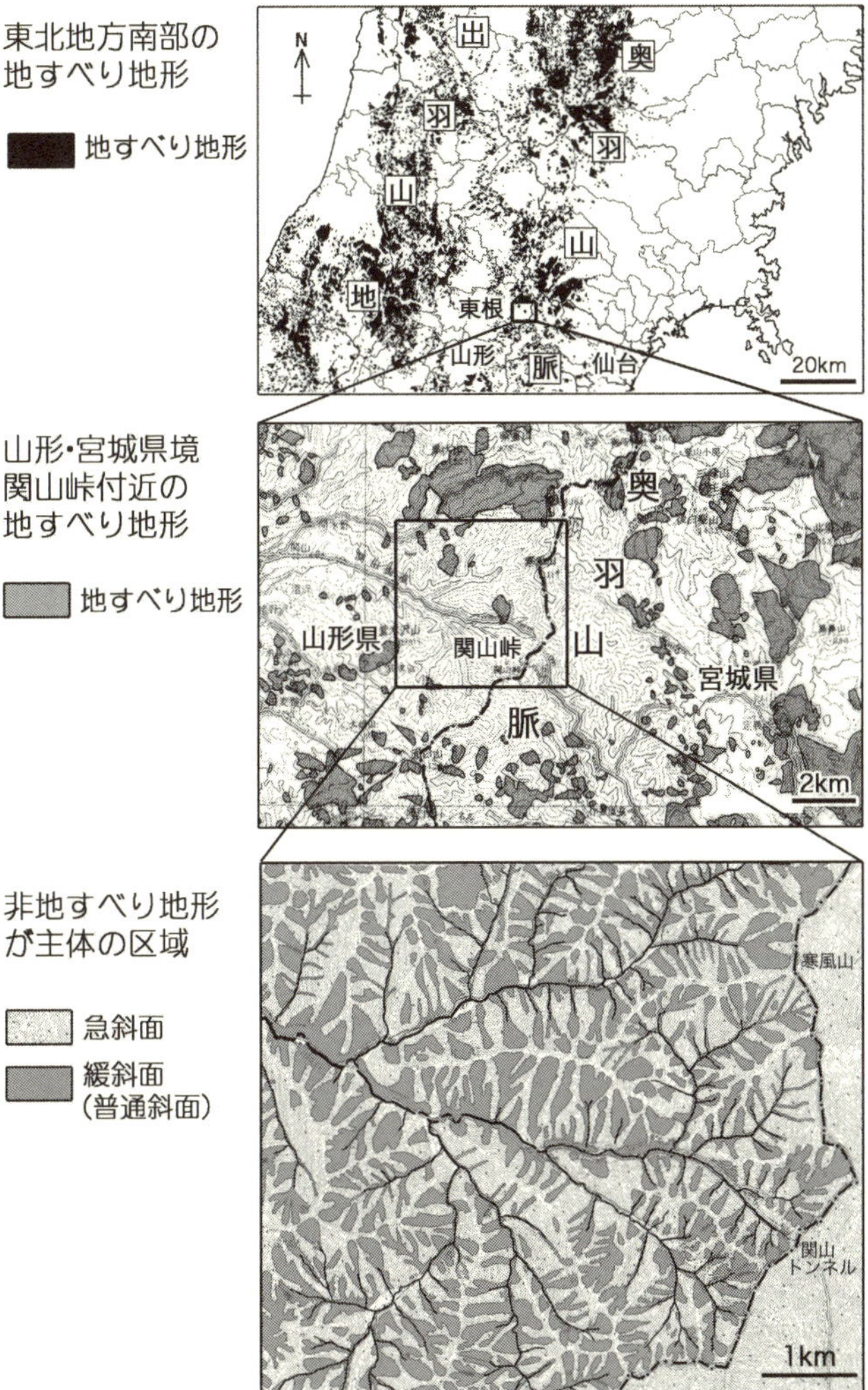

図7-14　奥羽山脈から選んだ一般斜面（非地すべり地形）（上・中：清水、1992の図を一部改変；下：阿子島、2001、図7-11破線矩形部参照）

普通斜面の地質

地質が見たい山地の普通斜面（緩斜面）は、普段は水が流れないような凹部であり、このような

図7-15　道路の建設で現れた普通斜面（谷部）の断面（山形県大江町左沢）
下の写真は上の写真の谷部を正面から見たもので、谷部の地表はローム質土やクロボク土で満たされている。

図7−16　普通斜面（谷部）を埋める表土（破線以上）（福島県下郷町）
表土の下部は角礫が多く、上部へは徐々に礫が減りローム質土が増す。

場所は、自然状態ではほとんど露頭がない。こうした場所で地質調査が可能になるのは、林道などの建設で掘削された場合などに限られる。そんないくつかの現場に見られた地質を紹介しよう。

図7−15は小さな谷部が切られた工事現場で、下の写真は上の写真の最も手前の谷部を正面から見たものである。ここでは、新第三系の海成層の基盤岩が侵食された谷部の上に、基盤岩と同質の角礫を含むローム質土やクロボク土が形成されている。こうした表土は谷底部で厚く、両斜面ではその上部ほど薄くなる傾向が認められる。

次はより幅の広い谷部の断面である（図7−16）。新第三系の基盤岩（凝灰岩）が削られた谷部は、下部より基盤岩由来の不規則で薄い角礫部があって、その上位に礫交じりローム質土がある。最上部ではローム質土が優

図7−17　普通斜面の基盤岩上に堆積する礫交じりのローム質土（下位）とローム質土（上位）、最上部はクロボク土（山形県白鷹町十王）（カラー写真は口絵⑰）

勢になり、表層部近くで一部はクロボク土となっている。なお、谷部の堆積物は、一部砂礫層など水流による水成堆積物が挟まれている。

図7−17（口絵⑰）はさらに広い幅の谷部の掘削断面である。新第三系の基盤岩（砂岩）の上に礫交じりローム質土が堆積している。ローム質層の中部は礫を減じ、最上部はクロボク土となっている。一連の表土は谷部で厚く、斜面上部で薄い。

こうした道路工事などで谷を切る現場は、気にとめていると各地にあるもので、長い間には多くの現場を観察することができた。その結果、多くの場合、緩斜面（谷部）の地質は、基盤岩の上面には基盤岩由来の角礫があって、上位に徐々にローム質土の割合を増していく風成層（表土）が堆積している（口絵⑯参照）。そうした普通斜面の地質は場所により風成層（表土）の発達の良否や個性はあるものの図7−18のように一般化できる。

以上から、奥羽山脈の関山峠付近でも緩斜面とされる地形面（図7−14下）の地下も図7−18のような風成層の表土で充填されていると推定される。

降雨と山腹崩壊

山地の普通斜面は侵食が進行していると思われがちであるが、実は表土が堆積している場所であった（図7－18）。しかし、そこの表土が厚く堆積し、斜面の凹地を平らにまで埋めつくさないのは、そこに至る前に、堆積物が侵食される事件があるからだと考えられる。こうした侵食事件をその場所における「最新の大侵食」と呼ぶことにしよう。この侵食は、多くは基盤岩の上に谷状地形を作るものの、「円礫」を残していないことから（口絵⑯参照）、河川水によらないマスムーブメント（地すべりや山崩れなど）と考えられる。このうち、地すべりは、図7－4のような顕著な地形を残すが、そうした地形も残さないので、この侵食は山崩れや崖崩れなどの「山腹崩壊」と考えられる。山腹崩壊は、異常な豪雨や融雪、強い地震、あるいは火山活動のような事件が引き金（誘因）になって発生する。こうした誘因のうち最も普通に起こるのが降雨である。そこで、降雨に起因する山腹崩壊と「最新の大侵食」との関わりを探っておこう。

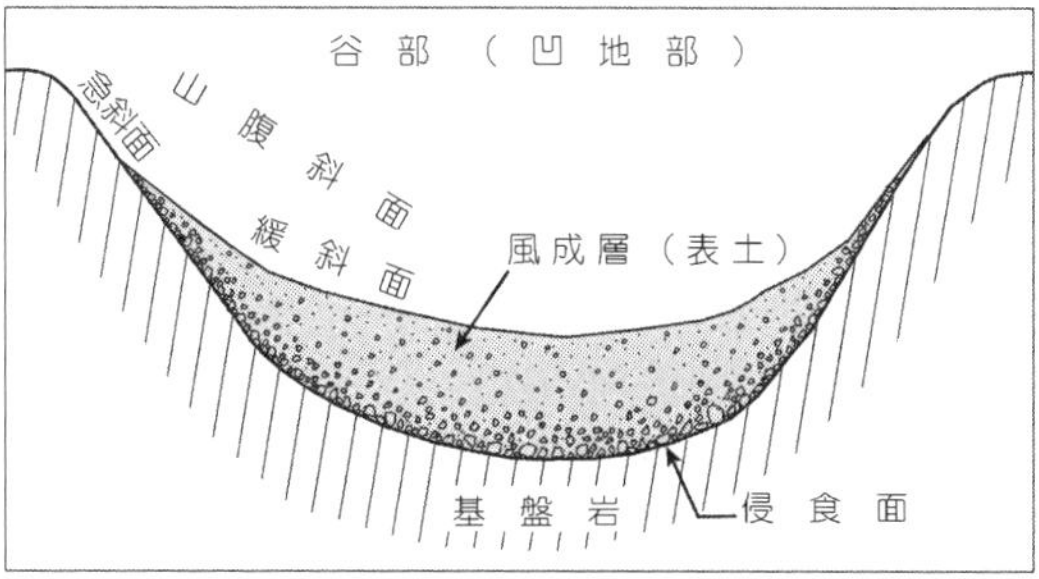

図7−18　普通斜面の地表下には風成層（表土）の堆積が認められる

我が国では毎年、どこかで異常豪雨による山腹崩壊がある。今では、全国の情報が映像とともに集まるから、崩壊現象は頻発しているように思われる。しかしながら、ある山地が豪雨によって崩壊を経験するような機会は、我々の生活時間からすればきわめて稀なことである。気象庁が発表する、ある地域で「経験したことのないような大雨」とする特別警報は、その地域で五〇年に一度の確率雨量を超えるような場合である。この雨はその地域では土砂災害などの誘因となり得る雨量で、厳重な警戒を要することを直感的に伝えている。五〇年確率の事件といえば、そこの住人には、人生に一度か二度ほどのことであり、その経験は稀に違いない。さらに一〇〇年、二〇〇年確率の雨量といえば相応に量が増え、その地域にとっては未曽有の、いわば驚異的な豪雨なのである。

私は新潟県にいたとき、降雨が誘因となって山腹崩壊が多発した災害に遭遇した。一九六七年八月の「羽越水害」と呼ばれる大災害である。新潟県北部から山形県西部では二四時間雨量が三〇〇ミリメートルを超え、五〇〇ミリメートル以上に達したところもあった。その結果、山腹での崩壊、谷川の土石流、中下流域の洪水が発生し、多大な被害が出た。このときの新潟県安田町（現在の阿賀野市）東方の五頭《ごず》山地の例をあげよう。

この災害直後の空中写真が図7－19で、その鳥瞰写真が図7－20である。これらに見られるように、山腹崩壊によって発生した土砂が下方の中小河川に流れこんで集まり、土石流となって流下し、谷の出口の扇状地に堆積してその周辺に被害をもたらした。山腹の崩壊地は爪でかき削った跡のように見えるがそこはほぼ基盤岩が露出していたことから、表土がほとんど削りとられたことになる。

羽越豪雨時の新潟県北部の雨量は地域により一律ではないが、この五頭山地域は一日の雨量が四一〇ミリメートルであった。この値は、現在のこの付近で求められる二〇〇年確率雨量を超え、五〇〇年確率に近い。こうした稀な異常豪雨により、多くの斜面では地下水位が上昇し、強度が低下した土塊が崩壊したのである。

ところで、この地では二〇〇年確率を超える羽越豪雨があったので、次の同程度の豪雨は二〇〇

図7-19　1967年「羽越豪雨」による山腹崩壊と谷筋の土石流跡（空中写真）

図7-20 「羽越豪雨」による新潟県五頭山地の崩壊と土石流跡（新潟県安田町、1968）

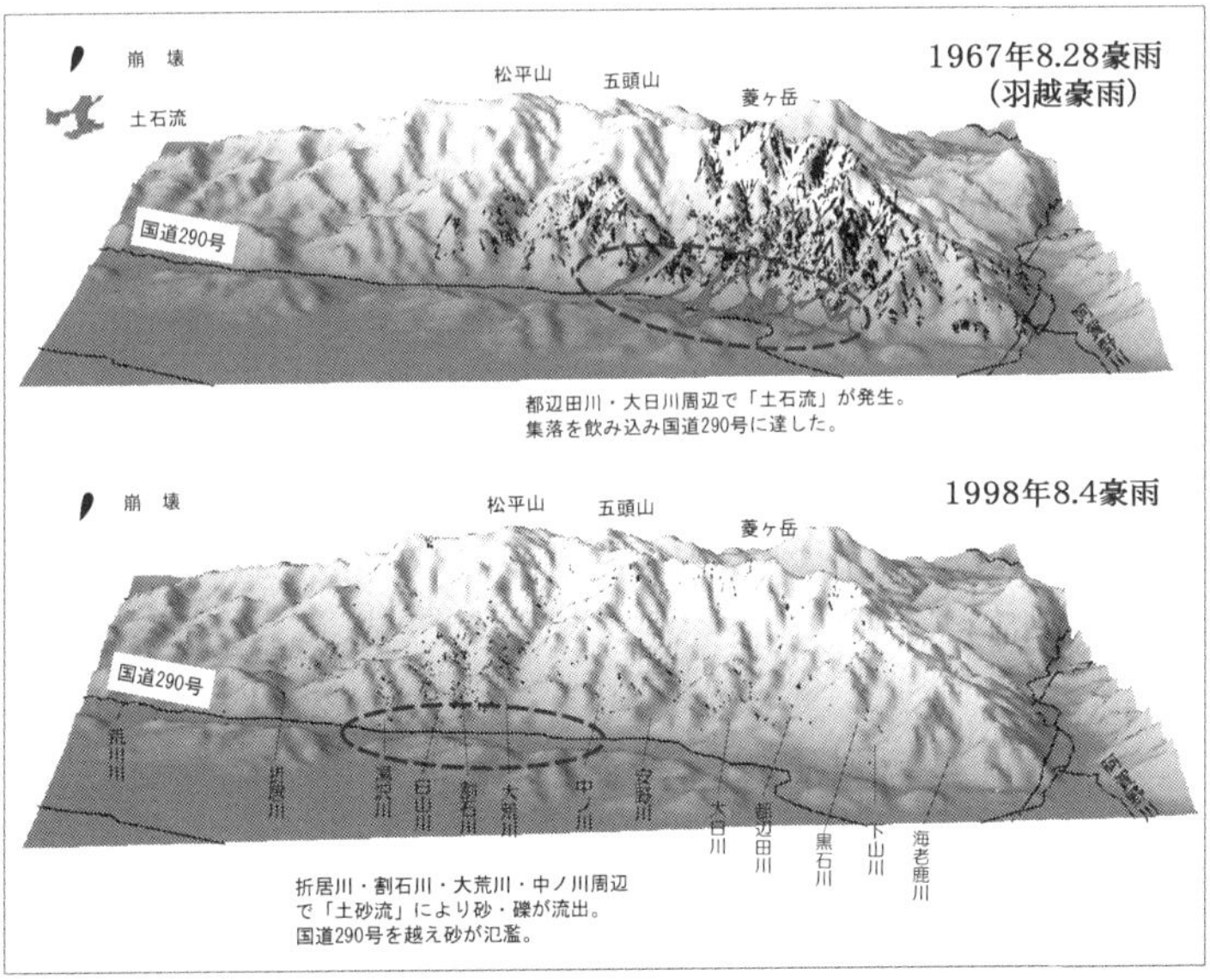

図7−21　羽越豪雨（上）とその31年後の豪雨（下）による新潟県北部五頭山地の崩壊の状況（平野ほか、2011）

年先までないかといえば、そうではなく、それより短い間隔での再来もあり得る。実は、この地域では羽越豪雨から三一年過ぎた一九九八年（八月四日）に羽越豪雨と同程度、短時間ではむしろ多量の降雨があった。その結果山地では同様の崩壊が起こったかというと、そうではなかった。両豪雨による山地の崩壊状況を図7－21で比較しよう（平野ほか、二〇一一）。三一年後の豪雨では崩壊場所が違うのである。すなわち、前の豪雨で崩壊しなかった場所が崩壊し、崩壊した場所では崩壊が起こらなかった。その理由は前の豪雨で崩壊した谷部には、崩れるほどの土砂がたまっていなかったからである。

　羽越豪雨の際、五頭山体からの幾

多の谷川出口の扇状地では土石流の堆積があった。そうした扇状地堆積物が、新潟大学の高浜ほか（一九九七）によって発掘調査された。それによると約五〇〇〇年前（縄文時代）以後の堆積物では腐植土を含む表土（風成層）と土石流堆積物が交互に堆積していることが明らかにされた。これらのうち、土石流で侵食された部分もあることを勘案すると、ほぼ数百年間隔での土石流の発生が推定される。すなわち、この地における山体崩壊と土石流の発生は、降雨と「土砂」が関わる周期的な事件であったのである。

ここで、谷部の「土砂」についてふれておこう。この土砂は、基盤岩（花崗岩）がそこで風化したものではなく堆積物と考えられる。花崗岩の風化速度（剝落）は一〇〇〇年で二・九～一五ミリメートル程度との調査結果がある（松倉、二〇〇八）。この調査での花崗岩は石材になるような良質の花崗岩で、亀裂の多い露岩とは異なる。仮に谷部での花崗岩の風化が上記の一〇倍の速度で進むとしても、一〇〇〇年で二・九～一五センチメートル程度である。この程度の風化では数百年周期で崩壊に至る土砂の量をまかなえないことは明らかである。したがって、ここの谷を埋める土砂とは、斜面上方に露出する花崗岩の風化による砕屑物（礫や砂など）が重力や流水あるいは雪崩《なだれ》などによって搬入され、それに風成塵が交じった堆積物と考えられる。

事件に始まる表土の形成

普通斜面での「最新の大侵食」は、前述のように山崩れなどの「山腹崩壊」と考えた。山腹崩壊

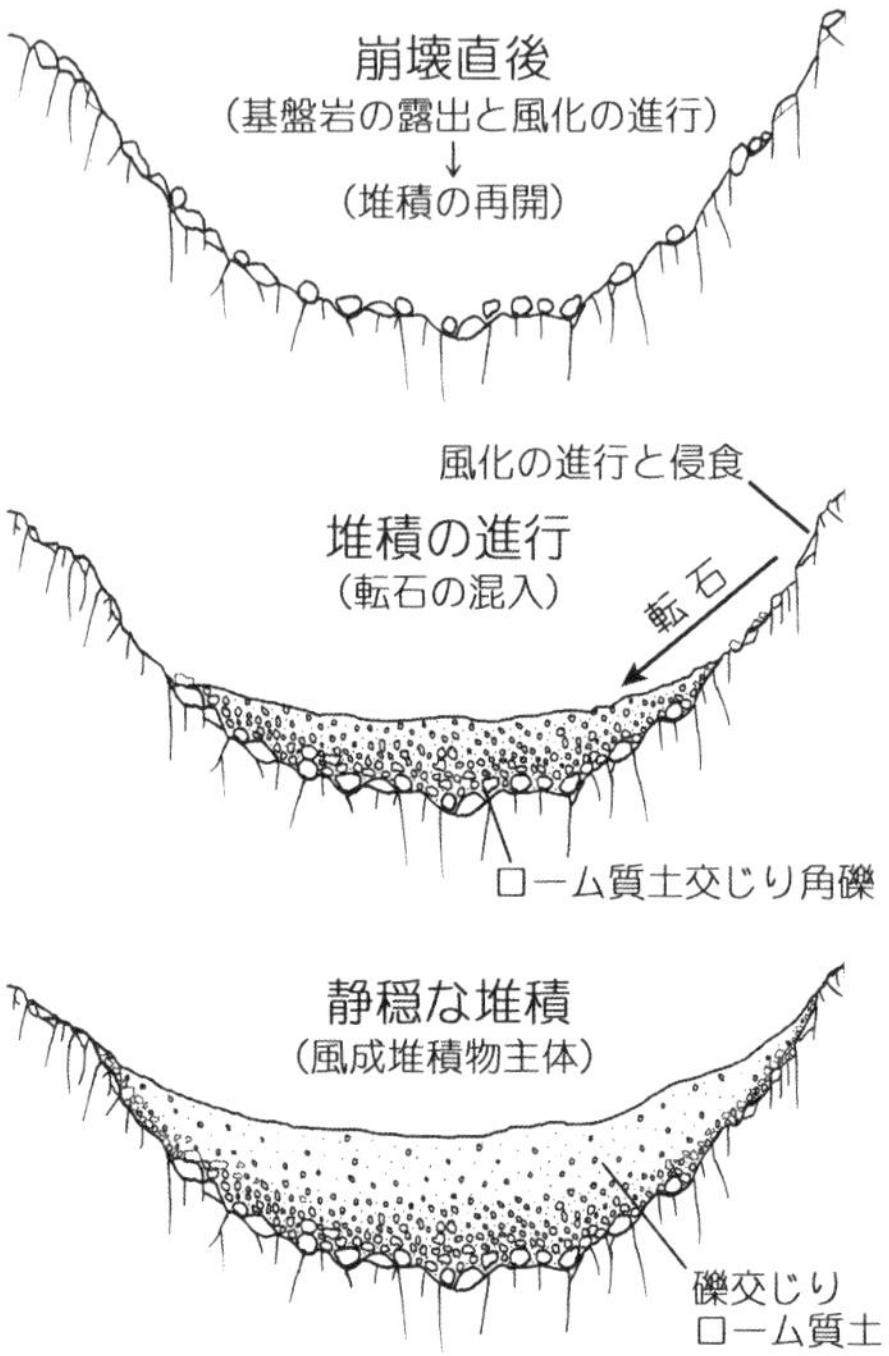

図7－22　普通斜面の表土の形成（横断図）
山腹崩壊による表土流出（「最新の大侵食」）後、静穏期の継続で次の山腹崩壊の発生までは表土が形成される。

は稀な事件として発生するが、それが現実に起こった姿を五頭山地の例で見た。こうした「最新の大侵食」は一般の山地でも、周期の違いこそあれ同様に発生していると考えられる。すなわち、普通斜面においては、そこでの「最新の大侵食」があって以来、表土の形成は、一般には図7－22のように進行していると考えた。この図は普通斜面での表土の生い立ちでもあるので、解説を加えておこう。

まずはそれまでの堆積土塊が流出する山腹崩壊事件に始まる。この山腹崩壊は、それまでの表土堆積物が、一部は基盤岩をも削り、流出する。これが「最新の大侵食」であり、その内容は未解決であった「基盤岩事件」の真相である。ほとんど空になった谷部には基盤岩（新鮮な部分、割れ目が入った岩塊、あるいは、わずかに動いた部分など）の上面が露出する（図7－22上）。この基盤岩の面上では風化が進行し、残留した礫とともに、新たな堆積の始まりとなる。他方、裸地となった上部斜面は風化が進行し、そこでの砕屑物は重力や流水あるいは雪崩などで運ばれ、主に礫（角礫）として堆積する。この時期の粗粒物質の速やかな堆積は「修復相」を呈する。やがて斜面が植生などで覆われると運びこまれる礫が減り、風成塵の割合が増えて、ローム質土交じり角礫が堆積する（図7－22中）。その後、斜面ではさらに裸地が減少し、ローム質層を主体とする風成層が堆積するようになる。このような静穏な堆積は「被覆相」を呈し、長期間継続すると、その期間に応じた厚さの表土が累積し成長していく（図7－22下）。

現在の山地（普通斜面）では、我々は表土の堆積が静かに進行している姿を見ている。そうして静穏が続く斜面は、将来、未曽有の豪雨や震度の大きな地震などに遭遇し、水を含みやすい土質や固結度の低い土質に起因して、それまで蓄積してきた表土を一気に失うことになる。山地の普通斜面では、そんな繰り返しがあるため、丘陵や台地のように、表土は厚くならないと結論される。

地形による表土の代表的岩質

丘陵・台地や段丘など、比較的平坦なところの表土の岩質は、ほぼローム質土であった。これに

図7-23　地形の違いによる表土の代表的岩質の差違（カラー写真は口絵⑫⑬⑭）
左：急斜面では「ローム質土交じり角礫」
中：緩斜面では「礫交じりローム質土」
右：平坦面では「ローム質土」

対し、山地の表土の岩質は一律ではなく、総じて礫が交じる特徴があった。こうした、岩質の違いは堆積物の供給の差違にある。ローム質土は、定常的な風塵の供給によるから、地形によらずどこでも一律に堆積する。他方、礫は重力による転石や流水、雪崩などによって斜面の上から下へ「飛び入り」したものである。すなわち、斜面では、こうした非定常的な礫と定常的なローム質土（風成層）のマトリックス（基質部）が礫質土を作っているのである。実際、普通斜面ではこれまで見てきた谷状地形（図7－21）の幅が広くなるほどより同質の礫質土となる傾向がある。それは表土の岩質は、斜面地形の単位規模が大きくなるほど、より長期間地形の影響を受けるからと考えられる。そうした地形とそこで見られる代表的な岩質との関係は概略次のとおりである。

急斜面では、露岩部を除き局部的な平坦部や脚部には崖錐堆積物が形成される。岩質は角礫の混入が頻繁で、角礫が主体でそこにローム質土が交じるので、「ローム質土交じり角礫」になる（図7－23左、口絵⑫）。角礫

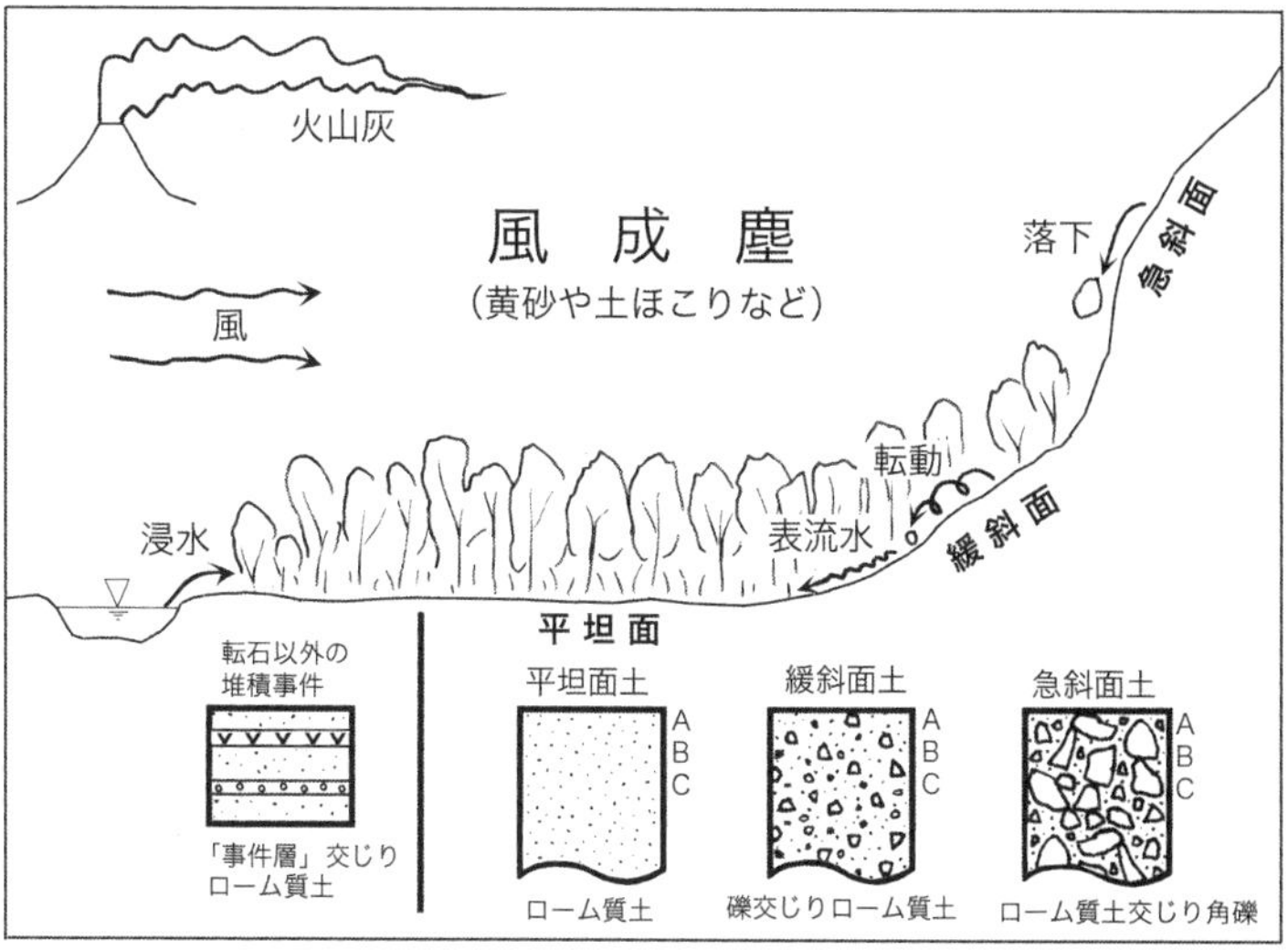

図7-24　地形が関わる表土の代表的岩質
非定常堆積物（事件堆積物）の混入が表土（土）の岩質を生む。

の堆積が著しく頻繁な場合は空隙のある角礫堆積物となる。緩斜面では、風成塵の堆積に加えて、ときに斜面上方からの礫など転入があるので、「礫交じりローム質土」となる（図7－23中、口絵⑬）。そして斜面に隣接しない平野や台地の平坦面では礫が入らないので「ローム質土」になる（図7－23右、口絵⑭）。

こうした「ローム質土交じり角礫」「礫交じりローム質土」「ローム質土」といった各地形の代表的岩質区分は、地形が関わる成因的な名称として、それぞれ「急斜面土」「緩斜面土」「平坦面土」と呼ぶこともできる（図7－24）。

なお、非定常的な堆積物を「事件（イベント）堆積物」と呼ぶことにするが、それには上記の転石礫などのほかに火山灰や水中堆積物などがある。前に紹介し

図7−25　急崖下に続く斜面に見られる巨礫を交える「褐色森林土」

た関東ローム層中の「鹿沼土」は事件堆積物であり、表土中に「事件層」を形成している。ただ、事件層の堆積が薄く軟質の場合は、再移動や生物撹乱作用などで拡散し、消失することがある。

ところで、日本を代表する「褐色森林土」といえば、そのイメージは平坦面土のローム質土である。しかし、「褐色森林土」という名称は成帯性土壌による区分で、そこには気候は関わるが地形による岩質は関与しない。だから、地形条件が母材に様々な岩質を与えても、現在と同様な完新世（約一万年前以降）の日本の気候下で形成された土壌であれば、それは成帯性土壌としての「褐色森林土」なのである。しかしながら、土壌の中には礫質であることが（C層と誤解されて）未成熟とされ、褐色森林土から除外されたものもあったかもしれない。ちなみに、急崖下に続く広い急斜面では図7－25のような巨礫を交えるローム質土の発達を見ることもある。これも「褐色森林土」なのである。

日本のように山地が六割以上で傾斜地のほうが多いところでは、土壌の岩質は礫交じりの土壌が普通となる。したがって、成帯性土壌としての「褐色森林土」は、前記のように、地形条件が関わる岩質を組みあわせると、多様に呼び分けることが可能になる。たとえば、「褐色森林急斜面土」

「褐色森林緩斜面土」「褐色森林平坦面土」といった区分である。あるいは礫の混入の有無により「褐色森林斜面土」と「褐色森林平坦面土」に区分することもできる。

表土の発達と岩質

山地の緩傾斜地の表土は下位の礫質から上位のローム質へ、成因的には、「修復相」から「被覆相」への変化があることを述べた。この傾向は、地すべり地形、非地すべり地形にかかわらず、斜面表土の一般的な発達史を反映している。両相は一線で画しがたく、あたかも人の成長段階で「子供の顔」と「大人の顔」をどこで分けるかに似た難しさがある。しかし、斜面表土の岩質を形態的な観点で割り切れば、その区分は容易である。すなわち、修復相と被覆相の漸移部にもう一区切りを加えて、三岩質区分とし、礫の割合が五〇パーセント以上を「ローム質土交じり角礫質土」、五〇パーセント未満から礫の存在が認められる範囲を「礫交じりローム質土」、礫が認められないものを「ローム質土」とすれば、表土の岩質区分としてはより実用的になる（図7

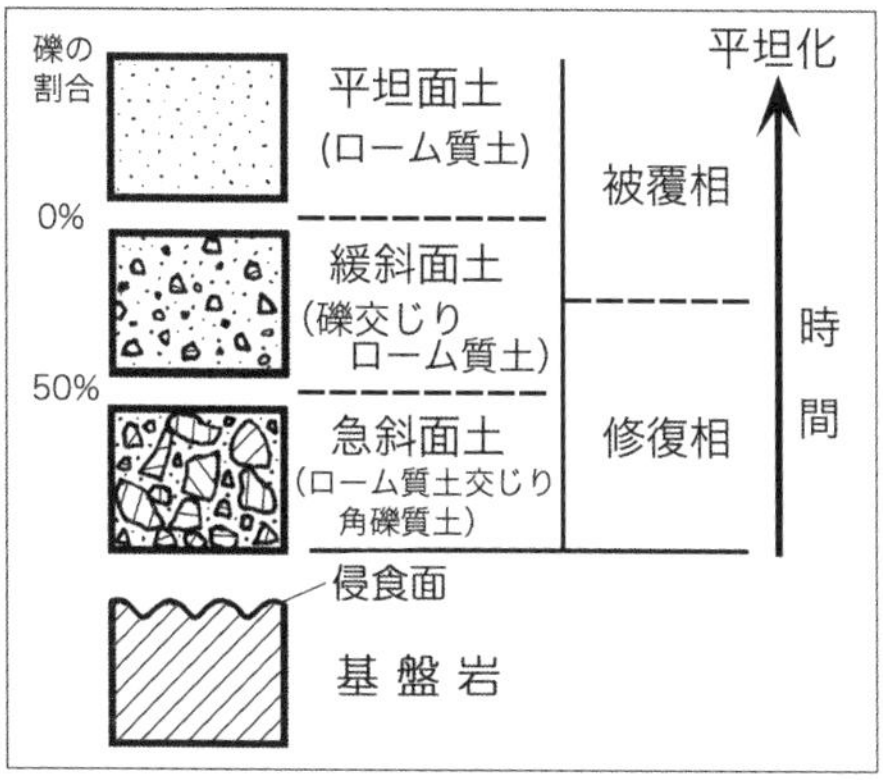

図7-26　山地表土の岩質の垂直的変移とその区分

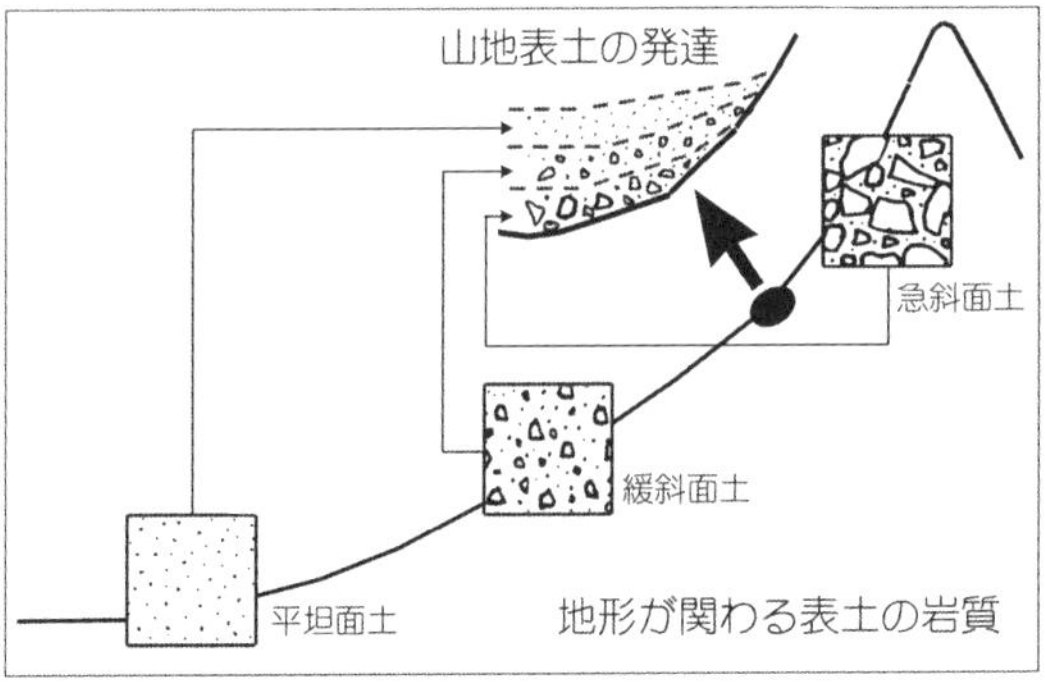

図7‒27　山地表土の発達による岩質は大地形が関わる表土の代表的岩質を内包する

－26）。

　このように表土の成長を反映する岩質は、前述の地形が関わる代表的岩質（図7－24）と同様に三区分される。すなわち、表土の岩質は、垂直的な発達の岩質と水平的な分布の代表的岩質がそれぞれ同質で対応する。このことは、図7－27のように、山地表土の発達は下位から「急斜面土」「緩斜面土」「平坦面土」と変遷することを意味する。

　この方向性は、盆地のような大地形の中に緩斜面の凹地形である小地形が相似的に内包されているからと考えられる。すなわち、小地形である山地の表土に「最新の大侵食」で山腹崩壊が起きて、それまでの表土が失われると、ローカルな小堆積盆が形成される。その斜面をまずは角礫を主体とする「急斜面土」が埋める。その後、より平坦化に向けての修復が続き、礫交じりローム質土の「緩斜面土」が堆積していく。現在の山地の緩斜面はこの岩質の段階にあることが多いので、その意味でこの岩質が緩斜面の代表的岩質となっているのである。地形としての凹地形が埋め立てられ、ローカルに平坦化が進めば、礫を含まないローム質土である「平坦面土」が最上部を覆うことになる（図7－27）。このように山地表土の岩質の垂直的な変化は小地形の平坦化への進行を物語っているが、完全な平坦化を待たずに、いずれは新たな大侵食事件が起き、振り出しに戻る。

こうした繰り返しが、山地の表層の姿と思える。すなわち、山地の表土の記録からは、現在の日本のような山地の普通斜面では、そこの侵食が徐々に一律に進むのではなく、突発的な大侵食とその後の長い堆積期の繰り返しによることを読み解くことができる。

さて、日本の地形区分の六割を占める山地の表土についてみてきたが、これで表土の下部に基盤礫が存在する問題や、その下の侵食（基盤岩事件）の謎を解くことができた。そして表土の岩質とその成因についても新たな理解を得ることができた。

残るは、クロボク土の謎である。平地や丘陵地に戻ってこの謎解きに挑んでみよう。

第8章　クロボク土の正体

広くクロボク土を観る

クロボク土の様々な疑問を解くために調査した十和田東域では、クロボク土は火山灰ではなく、風成層の中に形成されていることが明らかになった。この際、風成堆積物が母材（堆積母材）として一般化できるのかという課題が出た。検討の結果、堆積母材こそが土壌の母材として普遍的であることがわかった。それがゆえに身近な地表でも、堆積母材による土壌の形成が観察され、それが旧土壌を含む表土の形成に及ぶことをみてきた。さらに、そのような表土を日本列島において分布の広い山地にまで広げて考えてきた。こうした表土に関する様々な視点はクロボク土の形成を考える背景としては十分に広がり、深まったと思われる。そんなことで、しばらくクロボク土から離れていたので、問題の発端となった十和田東域に一旦戻って、クロボク土の検討を再開しよう。

十和田東域の中間層（図3－10、五三ページ）はごく一般的な堆積母材であることがわかった。また、この地の中間層の特に優れた特質は、上下を既知の火山灰に挟まれた一定期間（約二六〇〇年間）に形成された地層として比較・対照できたことである。すなわち、各地点の中間層は一定期間内の地表に母材がどう堆積し、そして土壌化が進んだかを示している大変貴重な地層なのである。その中間層で見る各地のクロボク土は、形成されはじめる層準が一律ではない。クロボク土が土壌化の産物とするとなぜ開始層準が一致しないのかがわからない。これがクロボク土の特性であるならば、そのわけを知ることはクロボク土の本性に近づくことでもある。そこで、十和田の中間層に限らず、各地の一般の風成層のクロボク土でもこの特性があるか否かを探ることにした。

十和田東域以外の一般的な風成層の調査地域としては、もはや火山灰が分布する火山の風下側を意識する必要はない。むしろ、火山灰とは関係が少ない地域のほうがクロボク土の本質に迫れるかもしれない。そんな期待もあって、次なる調査範囲は日本海側の山形県と新潟県を主体に、秋田県、宮城県、福島県、長野県、それに富山県に移した。

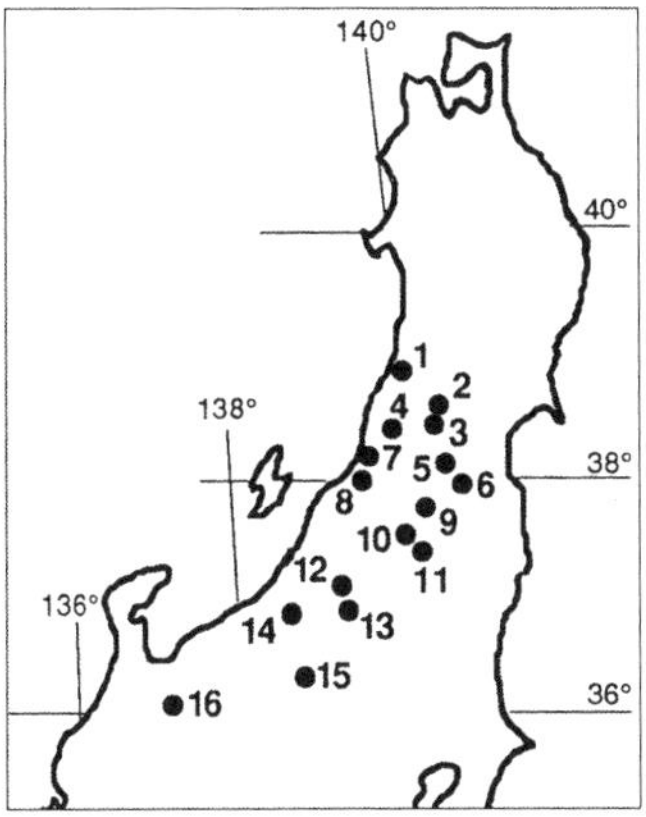

図8–1　クロボク土の成因を探るための観察地点（山野井、1996）

観察した主な一六地点（二〇露頭）を図８－１に示す。これらの観察地点の地質柱状図のうち、七地点を選んで図８－２に示す。

こうした地域の観察で共通して認められることは、十和田東域を含めて、クロボク土の下位がすべてローム質土であることである。そのローム質土の上部が薄い範囲ながら徐々に黒みを増して、クロボク土に変わっている。この漸移帯は腐植が表層部から下

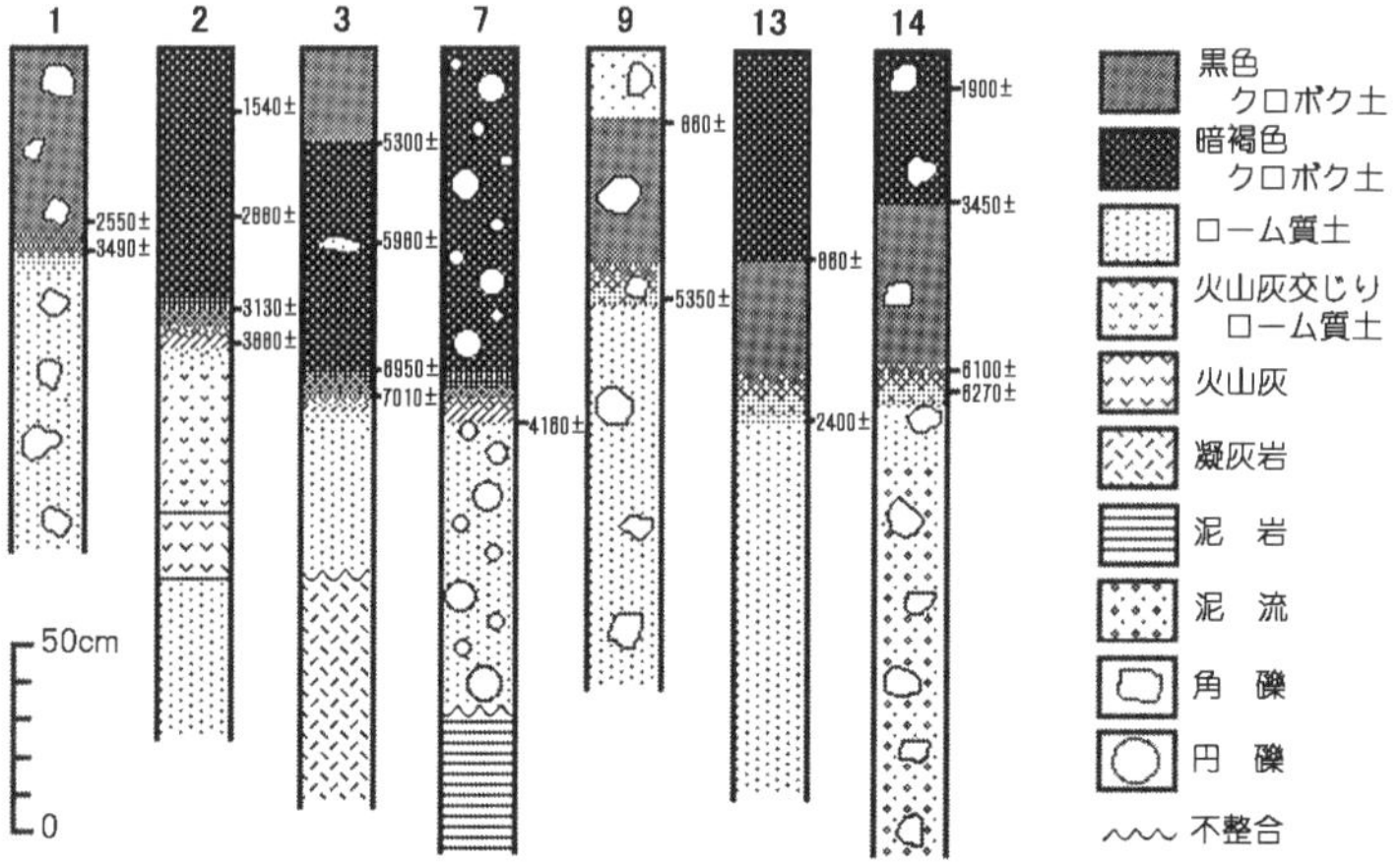

図8−2　日本海側観察地点の主要な柱状図（山野井、1996より）
柱状図の番号は図8−1の地点番号。柱状図の右には各層準の ^{14}C 年代値が示してある。

方に向かって土壌化しながら拡大、すなわち腐植の溶液が浸透している最前線部のようにも見える。反面、堆積母材の成長に伴ってクロボク土が形成されて堆積したようでもある。このように、漸移帯の形成が上から下へか、下から上へか、がまずは問題になる。しかしその判定は肉眼では不可能である。その決め手は、この漸移帯の下限と上限層準の腐植の形成年代にある。

そこで、この漸移帯の上限と下限を各地点でペアにした試料を一一地点で採取し、その腐植の放射性炭素（^{14}C）の年代を求めた。それらの結果を地表深度と年代との関係で表したのが図8−3である。この図を見ると、いずれの地点でも下位の年代が古いことが明確である。すなわち、クロボク土の腐植は「堆積母材」の構成粒子と同様に堆積物の性格をもつのである。この漸移帯のみならず、さらに上位のクロボク土のいくつかの測定層準の ^{14}C 年代は、例外なく下位ほど古い値を示し、地層累重の法則が成立する堆積物であることがわかる（図8－2）。したがって、クロボク土の漸移帯の最下部層準の年代はその地点でクロボク土が形成を始めた時期なのである。

ちなみに、クロボク土層の形成開始年代の測定を、図8－3のペアで採取した一一か所に加え、計二〇か所で行なった。開始年代別の箇所数とその累積箇所数を一〇〇〇年区切りで図8－4に表した。測定数は必ずしも多くはないが、測定した限りでは、クロボク土の形成の始まりは七〇〇〇年代前から急に多くなり、三〇〇〇年代前以降は増え方が少なく、一〇〇〇年前より新しい箇所はない、という傾向が認められる。この調査の範囲では八〇〇〇年以前のものは見つからないが、十和田東域では八六〇〇年前の南部火山灰より下にもクロボク土の形成があった。また、後述する阿蘇の外輪山では九九八〇年前頃にクロボク土の形成が始まっている。

以上のことからクロボク土の形成は完新世と考えるのが妥当であるが、形成開始時期と地域には関連性が認められない。つまり、クロボク土ができはじめる時期は地域的にバラバラなの

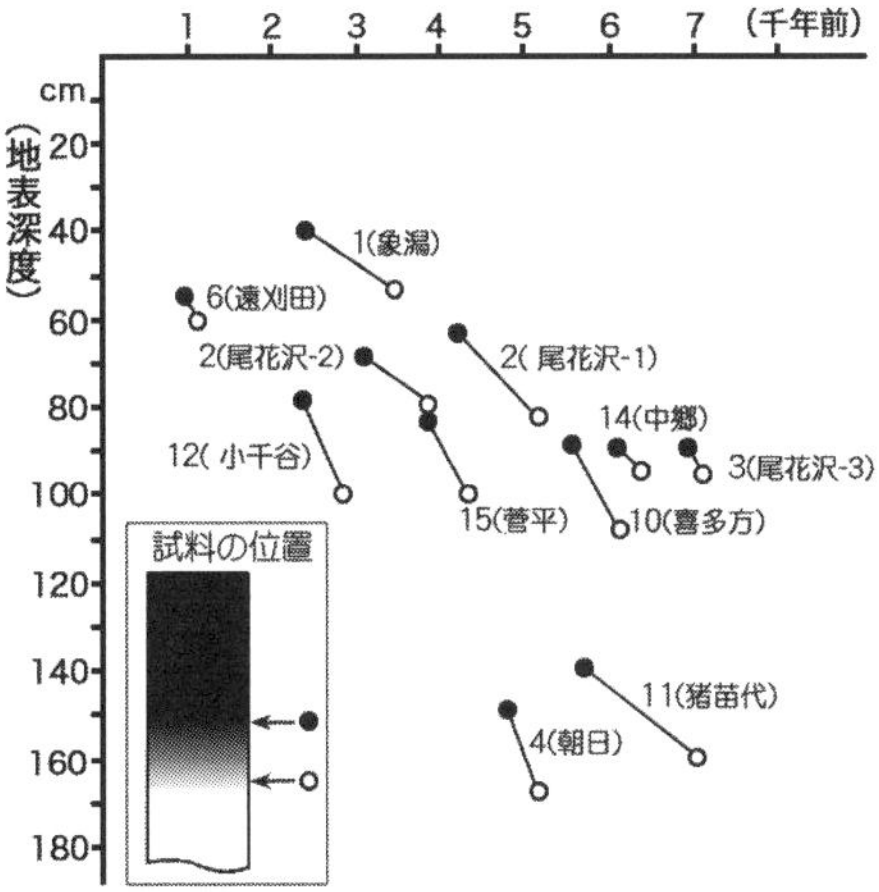

図8−3　クロボク土最下部の漸移帯の有機物（腐植）の ^{14}C 年代（山野井、1996より）

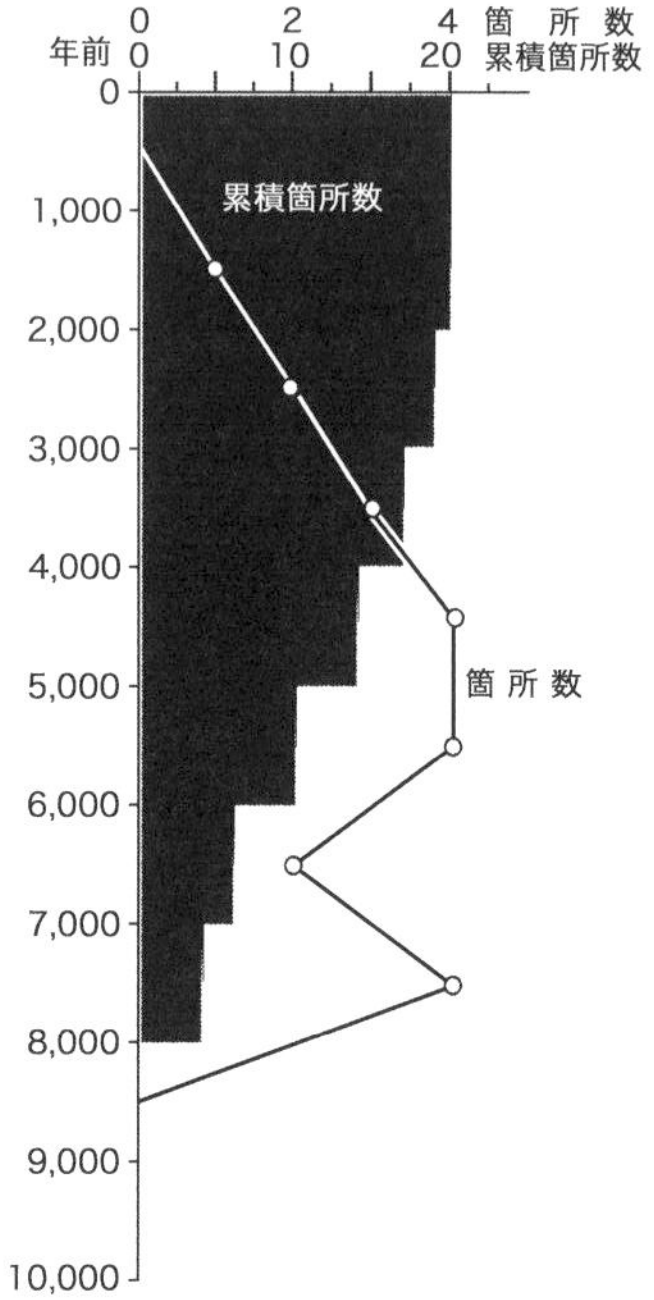

図8−4　クロボク土の形成開始年代
20地点の箇所数とその累積数。

である。十和田東域の中間層で見られたクロボク土化の層準が一律でないことは、他地域の調査範囲でも同様である。このことは、クロボク土形成のきっかけは気候変化のようなグローバルな現象ではなく、それぞれの地点に起こったローカルな事象の反映とみるべきなのである。それは一体何か？

野外では、堆積物に残されている変化や異常はないかと、クロボク土やその下層周辺について目を皿にしてあれこれと探してみる。しかし、どこの露頭でも何も見つけることはできない。むしろ、図8−2の地点1、7、9に見られるように、下位のローム質層とクロボク土は両者の母材に含まれる礫や基質部の岩質が同様であることから、ともに同様の堆積環境にあったことがわかる（口絵㉒参照）。すなわち、両者の違いは漸移帯を境に、肉眼的には黒っぽいか否かの色の違いだけなのだ。一体何が色の違いを生んだのだろうか。

クロボク土を分解する

クロボク土とローム質土の色の違いは、クロボク土が多量の腐植を含むからである。この腐植は地表にあった植物遺体がもたらした有機物であるから、土壌化の産物に違いない。土壌化物は図8－5のように分解して調べるのが土壌学での常套手段である。すなわち、クロボク土を乾燥させてふるいを通して粗粒物を除き、アルカリ溶液を加える。ここで溶け出した腐植を「可溶腐植」と呼び、必要ならさらに酸を添加して腐植酸とフルボ酸に分ける。他方、アルカリ溶液に溶けない沈殿物は「非可溶物」であるが、これは固体の有機物と無機物の集合体である。両者は重液により、比重の大きい無機物と小さい有機物（ヒューミン）に分けることができる。

実際の処理状況は図8－6のようになる。クロボク土にアルカリ溶液（カセイカリ一〇パーセント）を加えると、透明な溶液はすぐにコーヒーか醤油のような色に変わる（図8－6中央）。この色は腐植がアルカリ溶液に溶け出したことによる。このとき沈殿部分を水洗し、乾燥したものが非可溶物（図8－6右）である。左側のク

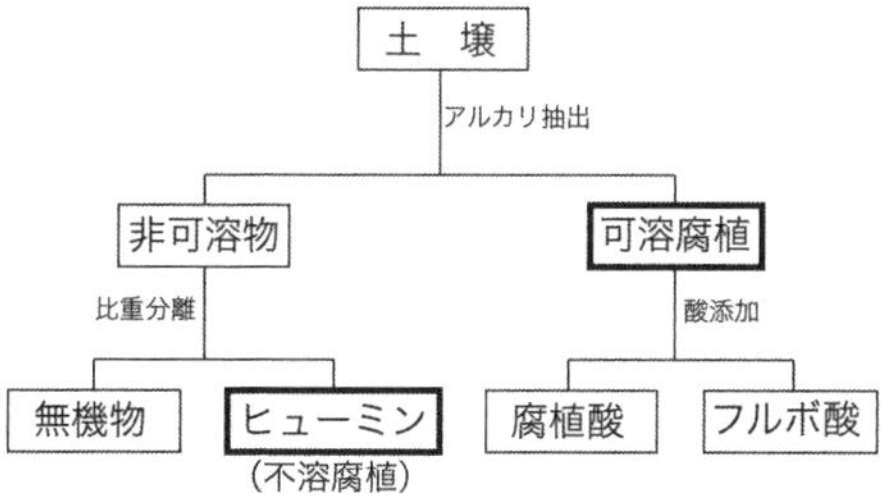

図8−5　土壌を諸成分に分解する方法

図8−6　クロボク土のアルカリ溶液処理とその前後の状態

ロボク土と比べるとすっかり黒みが抜けている。このことから、クロボク土の黒色は可溶腐植による着色であることがわかる。そうなると、可溶腐植を捕らえていた物が非可溶物の中にあるはずである。非可溶物は無機物と有機物（ヒューミン）であるから、そのいずれかが可溶腐植を捕らえているに違いない。

クロボク土の火山灰母材説では、火山灰に特有の無機物、すなわち粘土鉱物やアルミニウムなどが、その活性によりクロボク土の腐植と結びついていると考えられてきた。しかし、クロボク土には火山灰が含まれているとは限らない。またクロボク土の形成開始層準を境に母材の岩質が変わる事実は観察されないから、その層準から可溶腐植を捕らえる特殊な鉱物の堆積が始まったとは考えがたい。すなわち、これまでにわかったことをベースにすると、鉱物などの無機物に可溶腐植を捕らえる物質を求めることには合理性がないのである。そうなれば、有機物のヒューミンしかない。そこで、非可溶物から、ヒューミンを比重分離し、その有機物が何であるかを調べた。

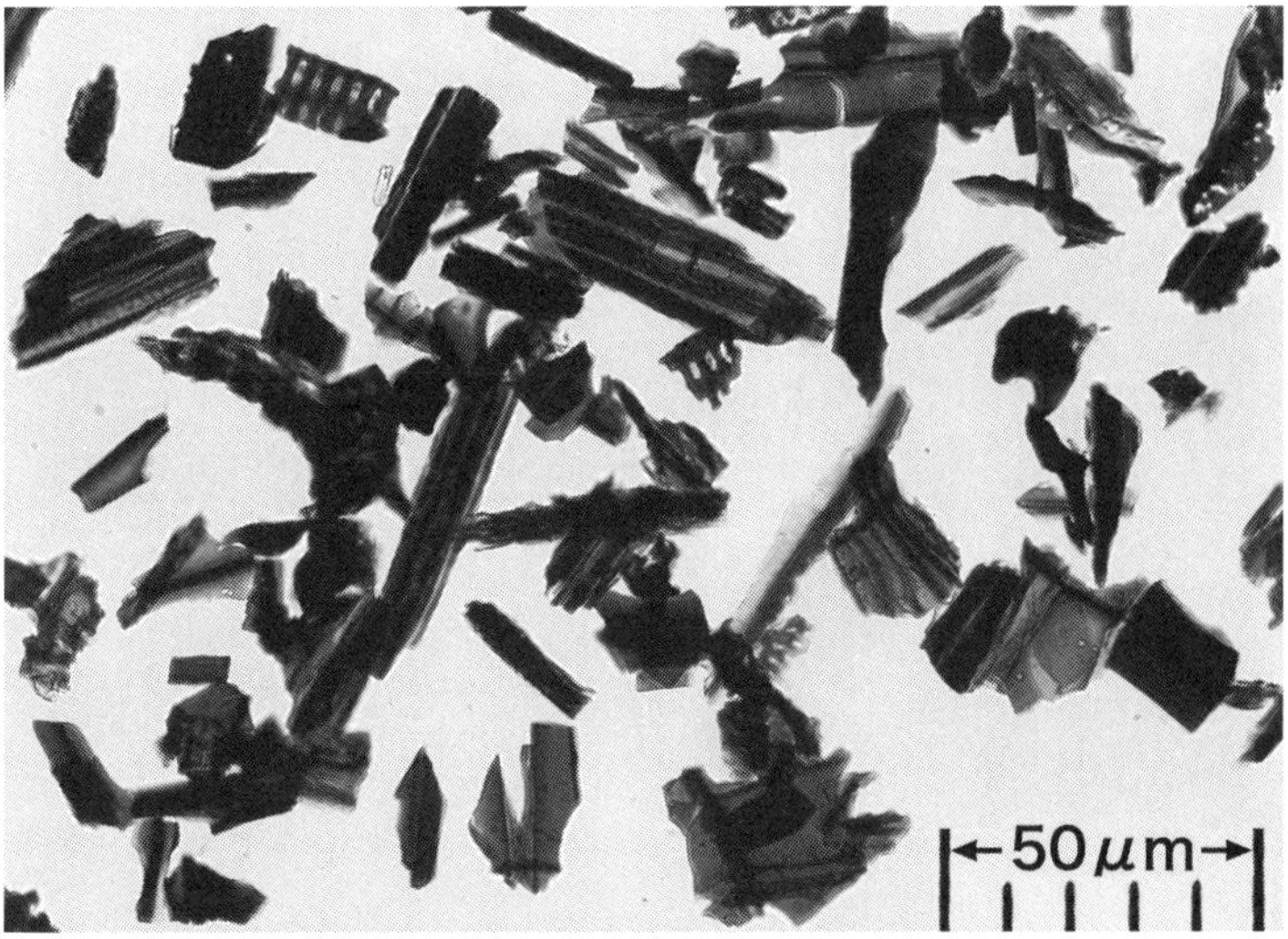

図8-7　顕微鏡で観る黒色のヒューミン粒子（カラー写真は口絵⑲）

「黒い粒子」の正体

有機物のヒューミンを顕微鏡で見ると、図8－7のように、黒～焦げ茶色の角張った短冊状を主体とした粒子からなることがわかる（口絵⑲）。すべてのクロボク土の試料からこうした「黒い粒子」が数多く認められるのに対し、ローム質土ではそれがほとんど見られない。すなわち、クロボク土にはこの「黒い粒子」が必ず多く入っているのである。この事実は、「黒い粒子」の存在がクロボク土のできる必要条件と考えられる。つまり、この粒子が腐植を捕らえることに関わっているに違いないのである。一体この「黒い粒子」とは何物なのか、正体をつきとめるには、一般的なものから特殊なものへと絞りこんでいく必要がある。

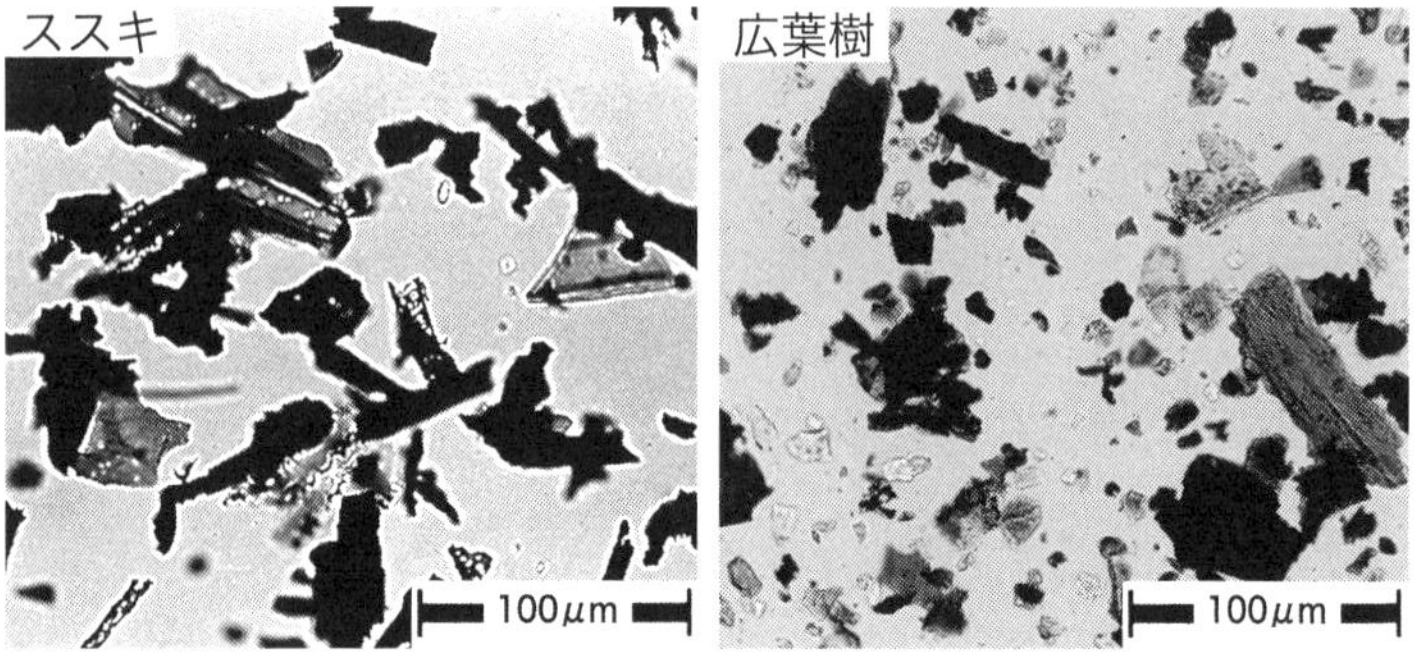

図8-8　燃焼炭の粉の形態

有機物である粒子の内部には明確な微細構造が残ることから高等植物の遺体である。問題は高等植物の何がどのようにして表土に埋積したのかである。地表のみならず、表土の深い部分にも堆積している「黒い粒子」は、かつてはAo～A層の一員として表層近くにあった植物遺体に違いない。それは地表部で土壌化作用を受けたにもかかわらず分解されずに残っている。Ao～A層で、分解されずに残る植物遺体とは一体何なのか……。

植物遺体が分解されずに残る場所としては、泥炭が形成される湿地がある。常に水が飽和しているような場所は酸素が乏しく、微生物が植物体を十分に分解できない。しかし、クロボク土の形成は乾陸であり、その表土のAo～A層は酸素が十分にあり、分解が進むはずである。酸素が十分にあって、分解が進まない植物体は何か？

思い当たることは、子供の頃、杭《くい》を作る手伝いをしたときのことである。細い丸太の先端をナタで鉛筆の先のように削って打ちこみやすくする。その後、祖父は杭の先端から約半分を火にあぶり、焼き焦げを作ったのである。不思議なことをするものだと理由を問うと、焼いた杭は土中に打ちこんでも腐らないで長持ちするとのことである。そんな記憶がよみがえったのだ。そういえば、遺跡の土の中から炭が出てきたことも思い出し、植物の燃焼炭であれば分解されずに残ることに思い当たったのである。

さっそく、いろいろな植物を燃やし、炭にして観察した。木部よりは葉のほうが、葉でも広葉樹よりは単子葉のものが、「黒い粒子」の形に近いこともわかった。ススキと広葉樹の葉（数種類）の燃焼炭を粉にしたものが図8－8に示すものである。ススキは黒く、不透明な部分が多く、その輪郭は非常にシャープに見える。こうした特徴はほぼ、「黒い粒子」と同様なのである。

かくして、「黒い粒子」は植物の、とりわけイネ科などの単子葉植物の燃焼炭の粉であることがわかった。すなわち、クロボク土に特徴的に含まれるヒューミンは炭の粉なのである。この炭の粉は学術用語では「微粒炭」とされた（山野井、一九九六）。次はこの微粒炭が可溶腐植を捕らえて保持する力があるかどうかの検証が必要になる。

微粒炭は活性炭

炭の化学作用として、すぐに思いつくことは活性作用である。身近なところでは冷蔵庫などで用いる脱臭剤に、ヤシ殻などの燃焼炭が活性炭として使われている。臭いの元となる分子を活性炭が吸着することで効果がある。高分子や有機物は活性炭に吸着されやすいので、可溶腐植のような有機物の高分子は吸着されることが考えられる。

活性炭は工業的にも使用されており、フェノール類を吸着させたあとの活性炭は、その再生時には水酸化ナトリウムの水溶液でフェノール類を抽出するとのことである（真田ほか編、一九九二）。クロボク土の可溶腐植がアルカリ溶液で抽出されることは、こうした工業的処理と同種の反応と思われる。

微粒炭が活性炭かどうかを調べる方法の一つに、メチレンブルーによる脱色試験がある。炭は粉体にするとその表面積が増え、活性も増す。ススキの燃焼炭を細かな粉にして、その粉体にメチレンブルーの水溶液を入れて攪拌すると、インク状の濃青色がすぐに透明になり、その活性機能を確認できた。こうした微粒炭の活性が、有機物の高分子からなる腐植を吸着していると考えた。そして、クロボク土には必ず微粒炭と可溶腐植が含まれる事実から、微粒炭が可溶腐植を吸着・保持しているという仮説を立てることができた。この仮説については、次のような検証を試みた。

可溶腐植の保持に微粒炭が関与しているとすれば、微粒炭の密度が高くなるほど可溶腐植の含有量も多くなるはずである。このことの検証に当たって、まずは実験試料を、色の明るい順に、ローム質土は「褐色ローム質土」と「黒褐色ローム質土」に、クロボク土は「暗褐色クロボク土」と「黒色クロボク土」に分けた。こうして四区分した土壌中の可溶腐植の含有量（重量パーセント）を求めた結果、褐色のものには少なく、黒色のものには多い傾向が認められた。さらに、同じ試料一グラム中に含まれる微粒炭（一〇〜一〇〇マイクロメートル画分）の数を求めた。これらの関係をグラフに表したものが図8－9である。上の図は両者の量の相関関係を見ようとしたものである。しかし微粒炭数が一〇〇万個／グラム以下（破線以下）では可溶腐植の含有量の多少に微粒炭がどう関わるのかが明確に見えない。他方、微粒炭数が一〇〇万個／グラムを超えると可溶腐植の量と相関はあるものの、発散的な傾向になる。そこで、微粒炭数を常用対数にして両者の関係を表すと、下の図のように直線的な回帰関係が認められるのである。このことは微粒炭の密度が増すと可溶腐植の量も増えてはいくが、粒子あたりの吸着効率は低下していくことを意味している。その理由が

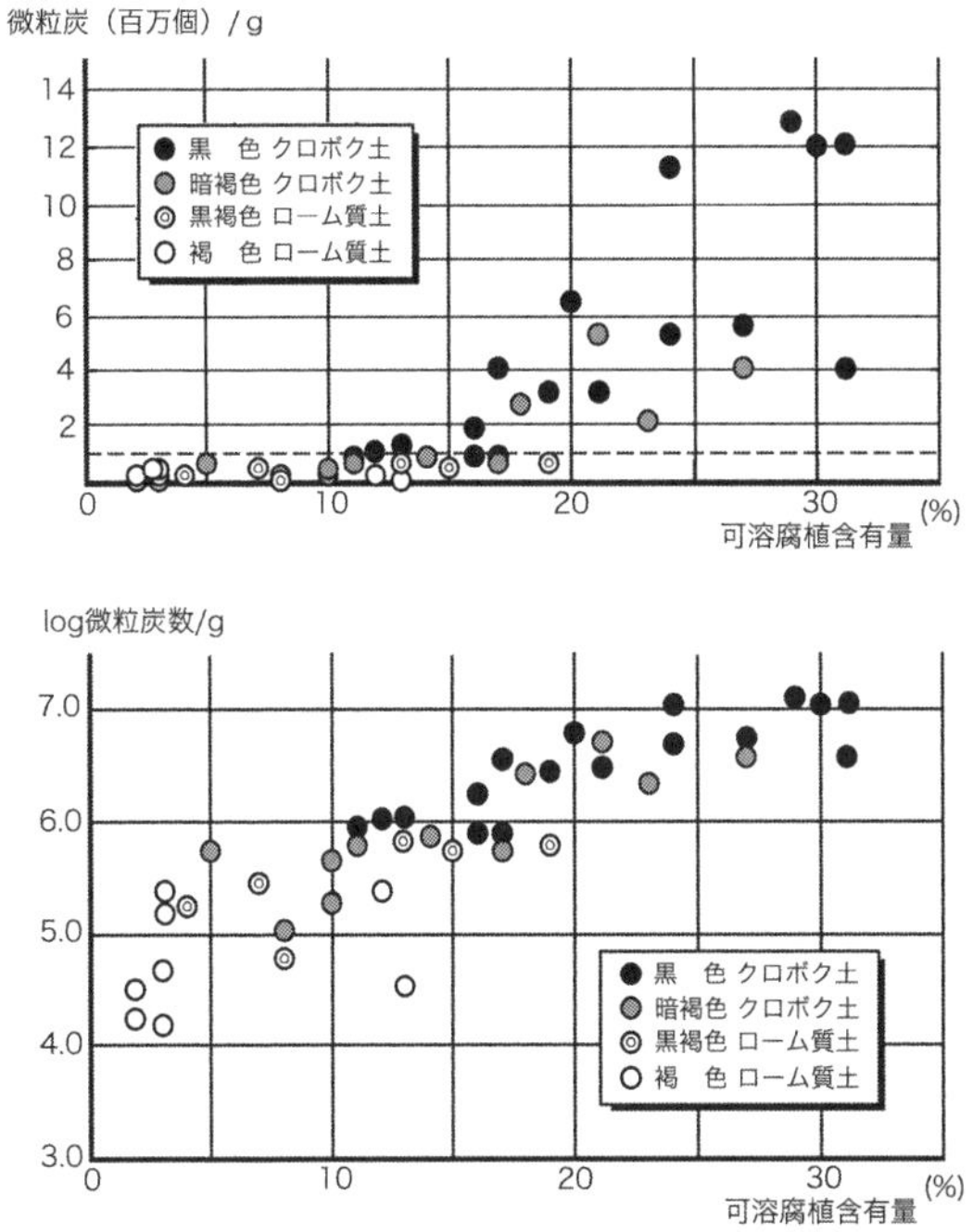

図8-9　微粒炭密度と可溶腐植含有量との関係（山野井、1996より）
微粒炭密度スケールを等間隔（上）から常用対数間隔（下）に移したもの。

何かは保留するとして、堆積物の中の微粒炭の密度が高いほど可溶腐植の量が多くなることは確かで、微粒炭が可溶腐植の保持に関与していることは明らかなのである。

こうした説を論文にして公表すると、少なからず反論も出てくる。その一つに、反論者が調べたクロボク土の微粒炭と全炭素の量的関係が高い相関を示さない、だから「腐植の集積のための微粒炭の必要性を肯定できない」というのがある。クロボク土の中にはすべて微粒炭が入っているので、クロボク土だけを扱い、ローム質土を見なければ微粒炭の関与が明確に見えないのは当然なのである（図8－9上）。また、別の反論として、微粒炭の活性はアロフェンなどの活性アルミニウムなどに比べ弱く、微粒炭の腐植の吸着効果は小さいというものがある。こうした定量的な検討は必要なことである。しかし、もしこの見解が妥当なら無機物の吸着を微粒炭が補強している、あるいは微粒炭が腐植複合体の安定な形成に不可欠な役割をしている、などと考えればよいのである。「微粒炭保持説」は何ら変わることはない。むしろアロフェンなどによる「無機物保持説」では、土壌一般に関する謎が深まるばかりである。すなわち日本の土壌母材は風成塵で広域に風成層として堆積しているはずなので、母材成分は広域的に大差がないはずである。それなのに、なぜ褐色森林土とクロボク土の分布が、日本の土壌図（図2－7、三二ページ）に表わされるように細かく分かれるのか、という謎である。腐植が少ない褐色森林土の母材は時空間的にもアロフェンやアルミニウムなど特定の無機物に乏しいのであろうか。土壌学的に広くその存在が認められるようになった「非アロフェン質のクロボク土」の存在などと合わせて、広い視野から野外の観察を重ね、謎の連鎖を解く方向に研究が進むと、日本の褐色森林土の一般性とクロボク土の特殊性が一層明らかになるはずである。

ともあれ、私が扱ってきた台地や丘陵地などのクロボク土には必ず多くの微粒炭が含まれるという事実がある。これはクロボク土の最も重視すべき特徴なのである。すなわち、クロボク土の形成には微粒炭の存在が必要条件なのである。そうなると、「クロボク土とは、微粒炭を一定の高密度で含み、多量の腐植の含有により黒色化した乾陸成の表土」との定義が適切である。この基準では、黒土であっても微粒炭を含まないか、もしくはその密度が低いものは別の黒土土壌として区分される。こう規定することが今後の黒土全般の再区分により合理性を与えるであろう。そのためにも、クロボク土ではない黒土の一例を次に紹介しておきたい。

図8-10　月山・登山道の表土の侵食断面に見られる黒土層
姥沢から山頂に向かう標高1600m付近。

クロボク土ではない黒土

「日本百名山」などとして選ばれた山は、登山者の人気が高まるようである。多くの登山者が決められた登山道を歩くことでその部分の侵食が進み、小径の両側に壁ができる部分も目立つようになった。山形県の月山の登山道では、侵食によって表土の断面が図8－10のように見える場所がある。この付近の表土はローム質土が多いが、ここの表土

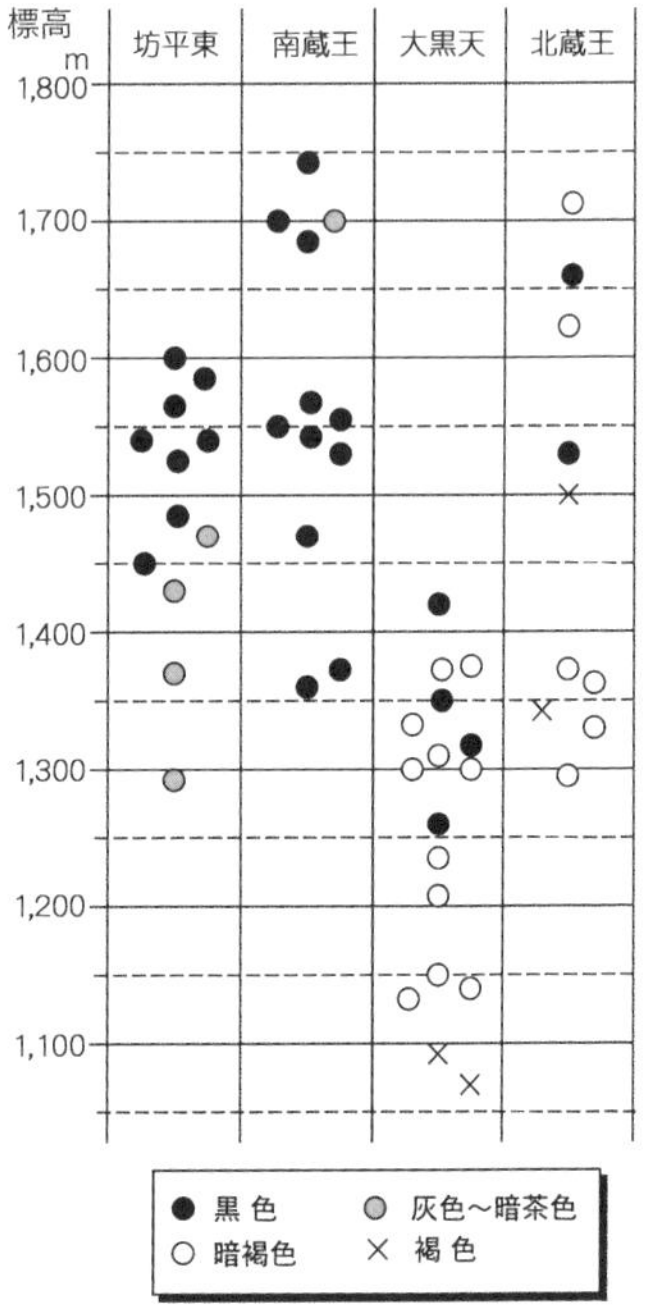

図8-11　蔵王山地の稜線別の高地性黒土の分布高度

は全般に黒っぽく、一部の層準は特に黒みが強くて、クロボク土にそっくりである。クロボク土は里山付近では普通に見られるが、人里から離れた山地にはめったに見られないだけに、こんな山奥のしかも高いところに、と不思議に思える。

このような黒土は月山のみならず、奥羽山脈の蔵王《ざおう》や吾妻連峰、日本海側の鳥海山、朝日、飯豊《いいで》山地（山中、一九八三）などでも見ることができる。さらに北アルプスの各地でも広くその存在が知られている（熊田ほか、一九六七など）。これらのことから、高い山に分布する黒土は高地特有の表土と考えられる。

そんな高地の黒土（以後「高地性黒土」という）がある蔵王山地は、調査に適したフィールドである。私の研究室では、卒論や修論のテーマとしてこの黒土について種々の特性が調べられた。そ

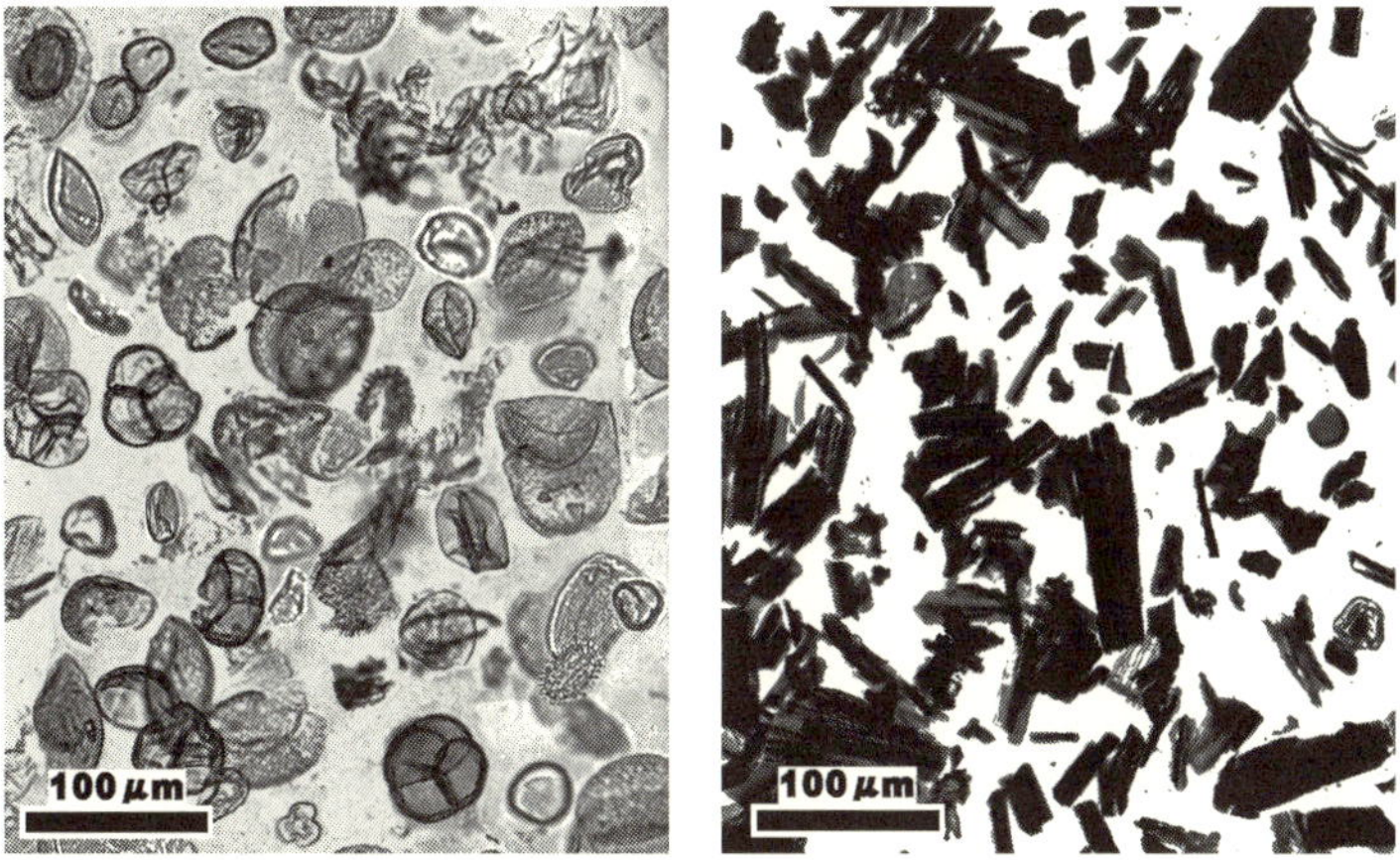

図8-12　類似した黒土でもヒューミンの比較で相違が明確
左：高地性黒土ではほとんど花粉粒子
右：クロボク土では微粒炭

のうち、高地性黒土の高度分布を、蔵王連峰のいくつかの稜線ごとに図8－11に示す。高地性黒土にもクロボク土のように真っ黒なものから暗褐色のものまで、様々である。図に示されているように黒土の黒みは標高が低くなると薄れてくる。そして、一一〇〇メートル以下では褐色森林土と区別がつかなくなる。

他方、クロボク土の分布を低地から蔵王山地へ向けて見ていくと五〇〇メートル付近を過ぎると少なくなり、八〇〇メートル以上では見られなくなる。したがって蔵王山地周辺では高地性黒土とクロボク土とは、それぞれの分布域が重ならないのである。

さらに、両者のヒューミン（不溶有機物）を花粉分析と同様なアセトリシス処理などをして顕微鏡で比べると、その差は歴然である。すなわち、クロボク土ではヒューミンは、図8－12（右）のように微粒炭であり、花粉はほとんど

図8-13　阿蘇東部外輪山内の風成層
最上部（矢印）がクロボク土で、それ以下の黒土は玄武岩—安山岩質の火山灰粒子（有色鉱物）の色の影響が強い風成層（非クロボク土）。

含まない。それに対して高地性黒土のそれはほとんどが花粉や胞子の粒子なのである。クロボク土の花粉はA_0層で分解されてほとんど残らない。しかし、高地性黒土の形成環境においては、A_0層では、比較的分解に強い有機構造をもつ花粉や胞子が残されたものと考えられる。このようにクロボク土と高地性黒土は同じような黒い土ではあるが、互いに異なる種類の土壌なのである。

黒土の黒み成分である腐植については、名古屋大学の熊田恭一教授は、腐植酸の光学的性質で区分されるタイプが、クロボク土はA型であるのに対し、高地の黒土はP型としている。さらにP型の色はこのタイプの腐植酸に含まれる特有の緑色成分色素のPgも加わると考えている。そしてこのPgは菌類の休眠体である菌核に由来するというのである（熊田、一九八一）。この菌核についてはこれ以上の深入りはしないが、黒土との関係で研究が進められており、その成果が期待される。

以上の例のように、高地性黒土はクロボク土とは成因の異なる別の土壌なのである。さらに別例を加えると、火山の近くでは、素材としての火山灰が多く交じり、その有色鉱物の色が影響して黒

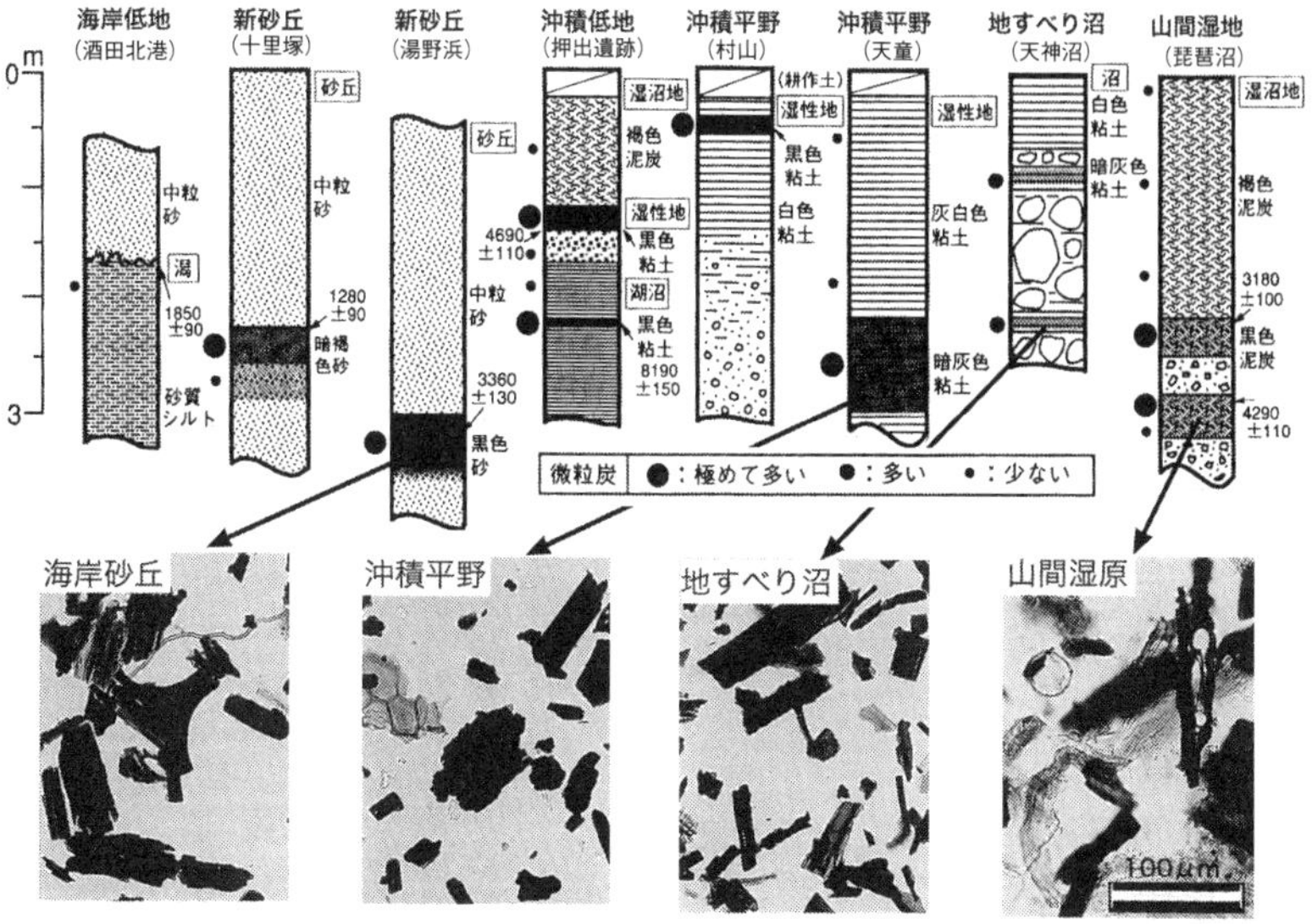

図8-14　乾陸地以外の様々な完新世の地層にも微粒炭の堆積が確認される（山野井、1996 より）
数字は ^{14}C 年代値、下の顕微鏡像は同倍率。

土となった風成層もある（図8－13）。火山の近くでは、微粒炭の含有が少ないクロボク土に似た黒土が少なからずあるが、それもクロボク土とは異質であることを付記しておきたい。

砂丘や湖にも微粒炭

さて、乾陸成の風成層で微粒炭を含む黒い土がクロボク土とすると、同時期の様々な表土にも乾陸と同様に微粒炭が堆積したはずである。すなわち、砂丘や湖沼などではクロボク土はできていなくても、風で運ばれた微粒炭は堆積しているはずである。そこで、山形県内の完新世の様々な環境で堆積した地層（海岸の潟、海岸砂丘、盆地の湖沼や湿性地、山地の地すべり沼、山

微粒炭 ＼ 形成域	多 ← 微粒炭の含有量		→ 少	
乾陸地	黒色クロボク土	暗褐色クロボク土〜黒褐色ローム質土	褐色ローム質土	酸化的環境
H.L.Gw				
湿性地	湿性黒色粘土	湿性暗褐色粘土	湿性灰白色粘土	
L.L.Gw				
湿沼地	（黒色）	自 生 泥 炭	（茶褐色）	還元的環境
L.L.Ep				
湖 沼	湖沼性黒色粘土	湖沼性暗灰色粘土	湖沼性灰白色粘土	
砂丘地	黒色砂丘砂	黒褐色〜暗褐色砂丘砂	砂 丘 砂	

H.L.Gw：最高地下水位　L.L.Gw：最低地下水位　L.L.Ep：抽水植物の最低位

図8−15　微粒炭の含有に基づく陸成層の区分（山野井、1996）

間の湿地など）の堆積物を調べてみた。その結果は図8－14（上）に示すとおり、様々な場所や堆積環境の地層にも微粒炭は堆積していたのである。そうした微粒炭の顕微鏡像を図8－14（下）に示そう。こうして、微粒炭の堆積は、完新統全般に認められることや、微粒炭の含有量の多少によって黒色化の程度が異なることもわかった。そこで図8－15のような岩質区分を提唱した。乾陸地の表土は、その色は褐色ローム質土から黒色クロボク土まで一連の中にあるが、この図では、さらに地下水位との関係を組みあわせ、より多様な陸成層の区分にも拡大できることも示している。

なおこの図の下にあげた砂丘地は、季節風による飛砂のある海岸砂丘である。この砂丘堆積物に挟まれるいわゆるクロスナ（黒色砂丘砂）は、飛砂がない時期に植物で覆われ、その腐植が砂と交じり、地層として残っていると考えられてきた（図8－16）。ただ、そうした腐植がなぜ分解されずに保存されているのかは不明であった。しかし、クロスナには必ず微粒炭が堆積していることが明らかになったので、その微粒炭が可溶腐植を保持していると考えると理解できる。このように、多くの微粒炭が交じる堆積母材がローム質土の場合は、クロボク土が、砂丘砂の場合は黒色砂丘砂が、形成される。

図8－15は岩質が平坦面土の場合であるが、斜面土の岩質でも、多くの微粒炭が加わるとクロボク土ができる。その実例を図8－17（口絵㉒）に示し、斜面土には図8－15にはない礫質のクロボク土が存在することを補足しておきたい。

図8-16　海岸砂丘（庄内砂丘）に挟まれる「クロスナ」（黒色砂丘砂）

図8-17　斜面の礫交じりの堆積母材に形成されている礫質のクロボク土（山形県山辺町畑谷）（カラー写真は口絵㉒）

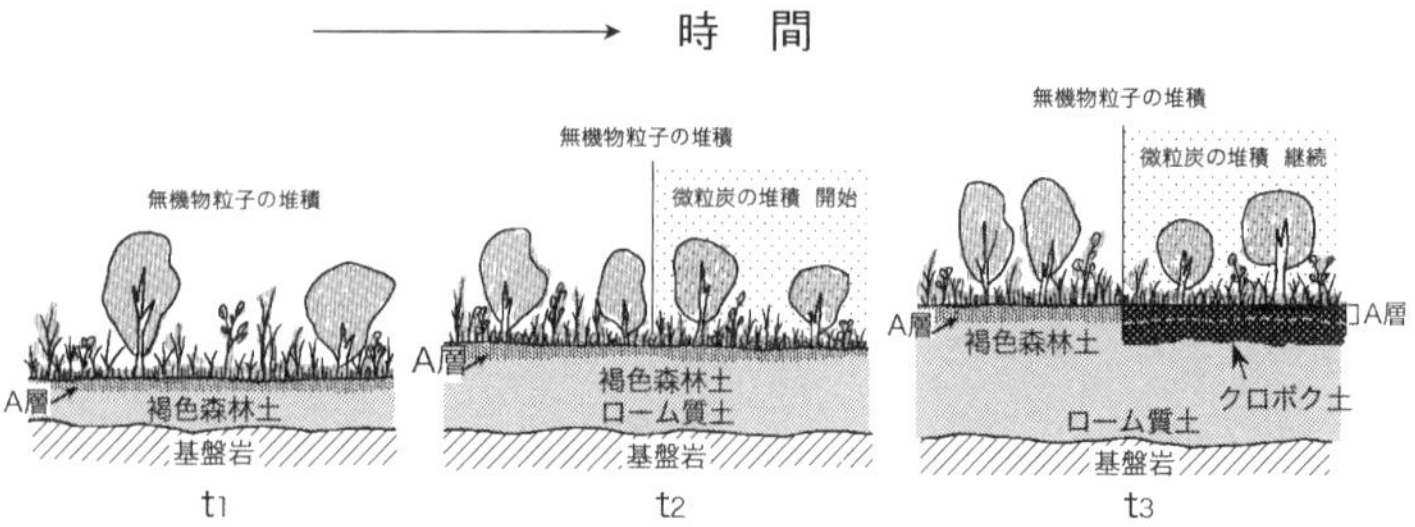

図8-18　日本の土（表土）の形成過程
一般的な場所では褐色森林土が、そこに微粒炭の堆積が加わった場所ではクロボク土が形成される。斜面の場合は礫が混入する。

日本の土壌の新たな謎

日本の土（表土）は、定常は風成塵が堆積して、ローム質の褐色森林土ができるが、そこに非定常の礫が加われば、礫交じりの褐色森林土が形成される。そうした風成層に微粒炭が加わると、その密度に応じて黒みが増し、クロボク土になることが明らかになった。ここで、日本の土（表土）のでき方、という視点で、平坦面での褐色森林土とクロボク土の形成の関係を整理しておこう。それは図8－18に図解される。

この図で、t_1の時期（約一万年より前）は、風成塵としては無機物の粒子のみが堆積していた。地表に生育した植物は遺体となって無機堆積物とともにA層を作り、分解されつつ埋積が進んでB層（褐色森林土）となり、その厚さを増していった。

ところが、t_2の時期では、これまでの無機物粒子を主体とする風成塵の一員に微粒炭が加わる区域が出現した（t_2図の右）。この区域では、微粒炭が可溶腐植を保持しはじめることでクロボク土の形成が始まった。

引き続き、t_3へと経過する。風成塵が無機物のみの区域は褐色森林土の累積が継続する（t_3図の左）。他方、この間微粒炭粒子が堆積に加わった区域では、クロボク土が形成され、その厚さを増していった（t_3図の右）。

こうして、風成塵として無機物粒子のみが堆積した一般的な区域は褐色森林土が、微粒炭が堆積に加わった特別な区域ではクロボク土が形成されたのである。なお、t_3のA層は褐色森林土と同様にクロボク土中でも同じ厚さであるから、「クロボク土のA層がなぜ厚い？」という当初の疑問は、クロボク土は腐植を保持している地層であり、腐植が分解される土壌のA層とは別物であることで解消する。

以上、日本の成帯性に関わる土（表土）の形成メカニズムが明らかになったが、なぜ微粒炭の堆積が一万年以降に、しかもバラバラな時期に始まったのか、の疑問は棚上げのままであった。次はこの謎解きに挑み、さらにクロボク土の正体に近づいていこう。

第9章　クロボク土と縄文文化

縄文時代と微粒炭

微粒炭の堆積は一万年前以降（完新世）の大地では、乾陸地のみならず、沿岸、砂丘地、氾濫原、地すべり沼、湿地、湖の地層から普遍的であることは前述のとおりである。完新世の時代にのみ微粒炭の堆積が増加することは自然の山火事などによるものではなくて、人為的な火の使用によるものと考えられる。完新世の初期からの日本の古代人といえば縄文人である。火の使用に関して、縄文人は、土器を焼き、食物を料理していた。しかし、そうした火の使用だけで、広く大地に微粒炭が高密度で堆積するであろうか。否である。もっと大規模な火の使用、すなわち、「野焼き・山焼き」のような行為があったはずである。しかも、厚いクロボク土層の発達には、その行為が一時的ではなくて継続的でなければならない。野焼き・山焼きは長く続けられたのである。

縄文時代の各時期における遺跡の分布とクロボク土の分布は図9－1のように比較できる。縄文の遺跡は東日本、とりわけ関東地方と東北地方、それに九州の中央部に多数立地している。こうした遺跡とクロボク土の分布域はよく対応している。そうした見方のほかに、クロボク土は火山体の近くに分布しているようにも見える。このことがクロボク土は火山灰とされていた根拠を補強したようである。こうした両者の関係は一見正しそうであるがために、真相から遠ざかってしまったのであろう。クロボク土は火山灰ではないので、火山の分布とクロボク土との関連では火山灰とは切り離して扱うべきなのである。

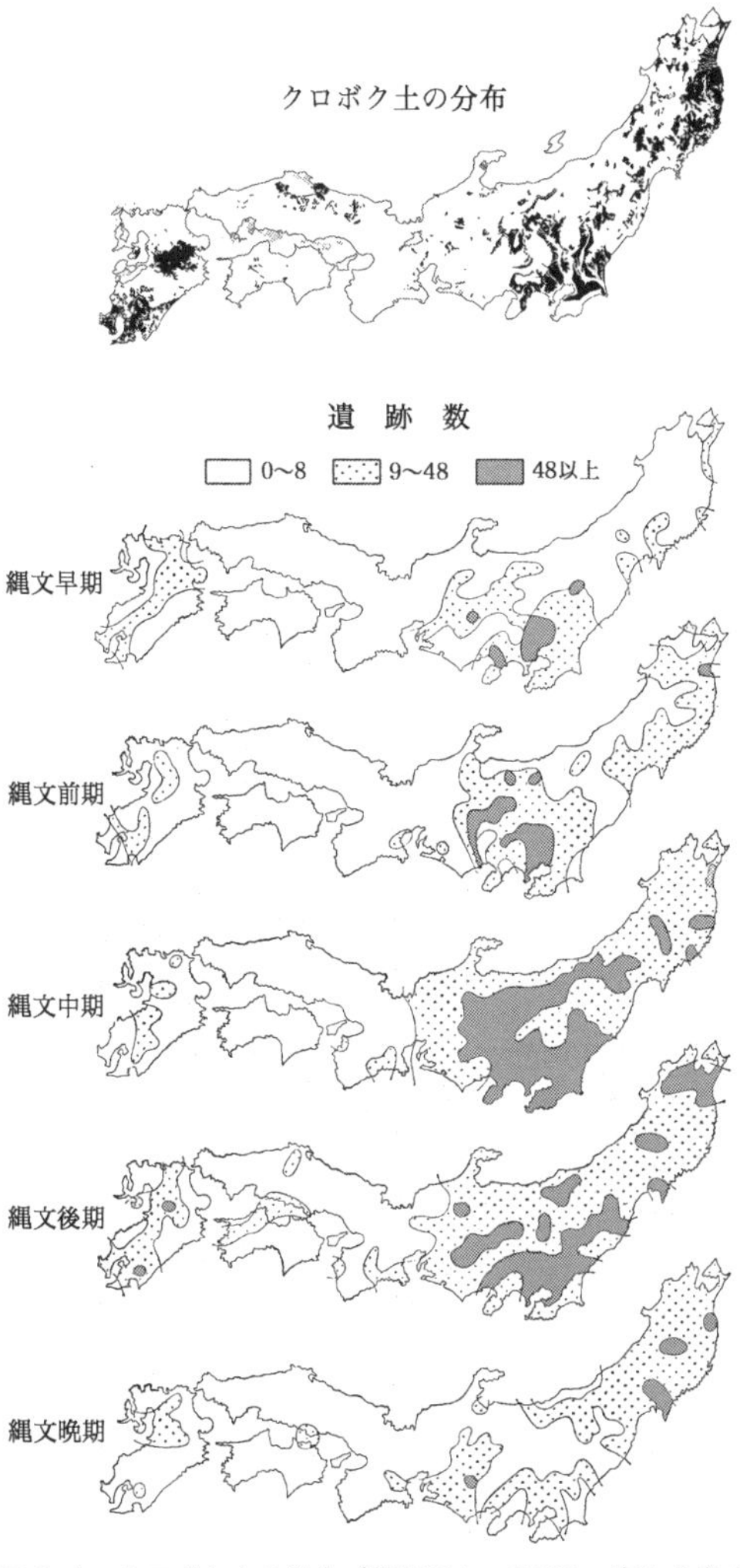

図9-1　クロボク土の分布（菅野ほか、2008；東北大学大学院農学研究科土壌立地分野、2008に加筆）と縄文遺跡の各時代における分布（小山、1984）との比較（北海道と島嶼部は除く）

一九八七年、東京大学の阪口豊教授は、火山活動で草原化した野を旧石器時代から焼くことによる焼き狩り・焼き畑の仮説を出され、これを「クロボク土文化」と提唱した（阪口、一九八七）。その野焼きの「灰」（筆者註：正しくは「炭」）が微粒子として堆積しているらしいことを述べている。ただ、火山活動とクロボク土を切り離せなかったため、「灰」とクロボク土との関係が不明で、クロボク土が縄文期特有の産物であるとはしなかった。しかしクロボク土が古代人と関わることの指摘は卓見と思われる。

さて、縄文の人々は長期にわたって、野焼き・山焼きをしていたはずであるが、一体何のためにそのようなことをしたのであろうか。縄文文化の大きな特徴は「狩猟・採集」といわれているが、野焼き・山焼きが狩猟・採集とどう関わったのであろうか。阪口教授のいうように、野焼きや山焼きをすれば動物の狩猟に本当にメリットがあったのであろうか。そうも思えない。では一体何が野焼き・山焼きのメリットなのか、考古関係の資料を調べたり、博物館などに出かけて、縄文時代のジオラマをじっと眺めたり、いろいろ考えるが、それが何であるかわからない。

地質学には「現在は過去を解く鍵である」という教えがあるので、さっそく、現在野焼き・山焼きが大規模に行なわれている場所を探した。奈良市の若草山、山口県の秋吉台、熊本県の阿蘇火山などがある。これらの現場には何かヒントがあるはずと現地に行ってみた。

野焼き・山焼きの現場

奈良市の若草山は毎年一月下旬に山焼きが行なわれるが、私が訪れたのは三月中旬であった。若草山は丘の手前は観光客のせんべいに鹿が寄りつくところで、ほとんど背丈の低い芝であったが、山の上半部は焼け残りのススキ野になっていた（図9－2）。

春日大社側の谷から若草山に登ると、遊歩道の山側が削られて焼かれた草の表土の断面が観察できた。表層部の一五～二〇センチメートルは茶黒色のA層で、その最上部の表層部が黒色化していた。そのつもりで見ないと見落とすほど薄いものであるが、これがまさにクロボク土の生成現場と思われる。

図9-2　山焼き後の奈良の若草山
鹿のいる部分は芝になっているが、上半部は焼け残ったススキ野。

さらに谷部の歩道を頂部の鶯《うぐいす》塚《づか》古墳に向かって登ると焼けた丘は芝ではなく、その燃え残りからススキ野であったことがわかる。谷の南側は「春日山原始林」として世界遺産の一員として登録されている常緑広葉樹林であるのに対し、北側は樹木のほとんどないススキなどの草原となっていて、顕著な対照を見せている（図9－3）。草原化した若草山の頂上から春日山の原始林を眺めながら、狩猟採集の民としての草原化のメリットをしばし考えた。ときに鹿が斜面を横切り、鹿を見つけやすいことは確かである。しかし、野生の鹿は飼い慣らされた鹿とは違い、むしろ見つかりやすいところには出てこ

図9−3　奈良市の若草山の火入れによる草原と春日大社の原始林
縄文人にとって草原化のメリットとは何か？

ないはずである。ほかの野生動物も同様とすれば、何が、野焼き・山焼きのメリットなのであろうか。

山口県美祢《みね》市の秋吉台は、古生代の石灰岩からなる台地である。幾多の古生物学者の研究が行なわれ、古生代の「秋吉造山運動」などの場所として考えられてきた。最近では、ここの石灰岩はプレート運動で運ばれて付加したという説が説得力をもつ。そうした地質学的重要性もさることながら、秋吉台を訪れる魅力はその地形にある。ここの石灰岩は特有の侵食作用によりカルスト地形を作っているからである。こうした地形がよく見えるのは、この台地の地表が草原であることによる。秋吉台でも毎年二月の中頃に山焼きが行なわれるために草原が維持されている。草原化の目的は、以前は採草・放牧が主体であったが、現在では観光に重きが置かれている。秋吉台でこうした山焼きがなければ、一般の山地と同様に森林で覆われたに違いない。

台地の一角に「長者ヶ森」という林が残されている（図9－4）。長者の館跡の伝説もある史跡区域であることから野焼きをまぬがれ、森林のまま残っている。この台地に山焼きがないと、一帯はこうした常緑広葉樹の茂る樹林であったであろう。

熊本県の阿蘇火山は、中岳などの活火山を含む中央火口丘部とその周囲が東西約一八キロメートル、南北約二五キロメートルにわたって陥没した平地、さらにはそれを縁取る広大な外輪山からなるカルデラである。阿蘇の中央火口丘部に向かうと、山麓一帯に森林のない草地が異様とも思えるほどの景観で広がっている（図9－5）。牛の放牧地、採草地として古くより火入れが行なわれて

図9-4　山口県秋吉台上で山焼きをされずに保護される「長者ヶ森」
常緑広葉樹が原生林的な様相を見せ、火入れがないと一帯はこうした森林に。

図9-5　熊本県阿蘇の中央火口丘斜面、はるか山頂部まで樹木のない草原が続く

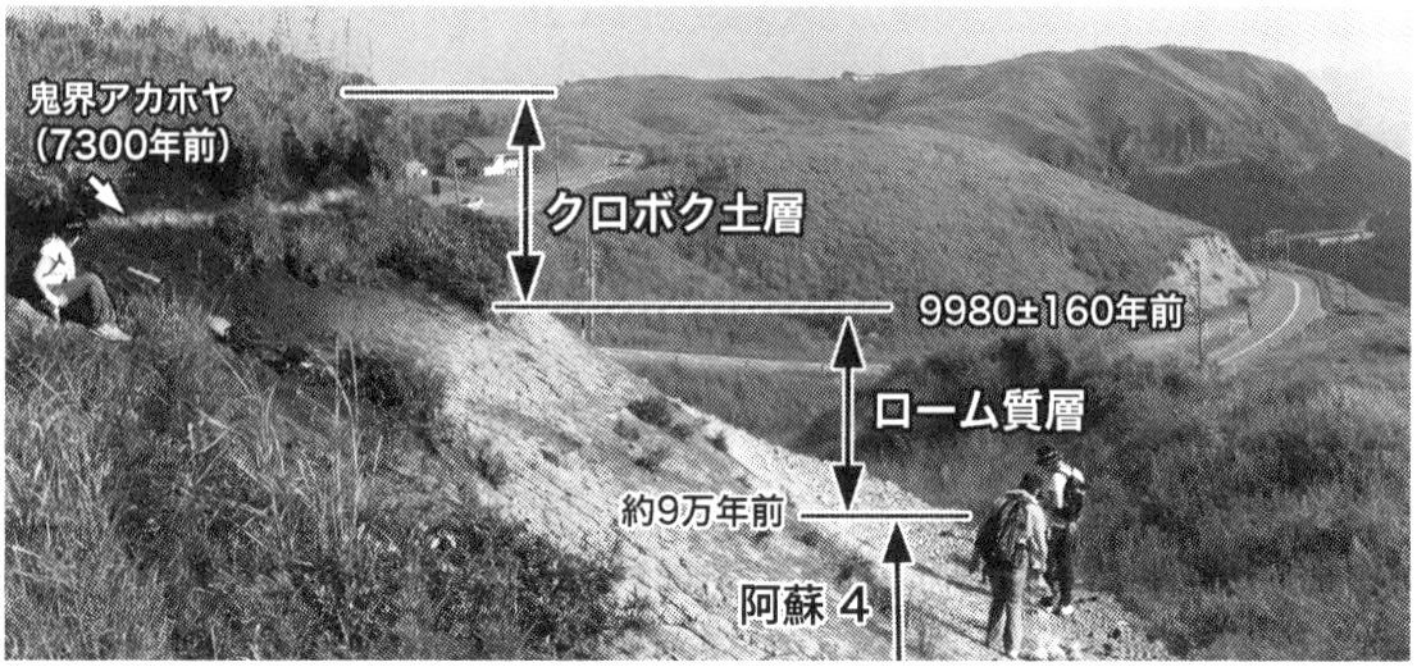

図9-6　阿蘇外輪山北縁部（阿蘇市大観峰付近）の草原とその地表部の露頭（カラー写真は口絵⑱）

きた結果である。広大な野焼き・山焼きは、ときには人命さえも奪う危険があるという。したがって、より安全に計画した範囲の火入れを行なうために「輪地切り《わじぎ》」と呼ばれる防火帯があらかじめ作られる。輪地切り作業は、本格的な火入れの春に先立つ前年の夏から秋の間に約一〇メートルの幅で帯状に草を刈り倒し、乾燥させて焼いておく作業で、夏の炎天下での草刈りや火入れは過酷な重労働とされている。

こうした草原は、外輪山周辺にも及んでいる。図9－6（口絵⑱）は阿蘇市大観峰《だいかんぼう》付近の外輪山の北縁で、一帯は草原となっているが、露頭があって表土が観察できる。ここでは下位より阿蘇4火砕流堆積物（約九万年前）があって、その上位にローム質層（一・五メートル）が重なり、さらに上位をクロボク土層（一メートル）が覆っている。クロボク土のほぼ中位には約七三〇〇年前の火山灰である鬼界アカホヤが挟まれている。

ここの露頭は、阿蘇火山のカルデラを形成させた最後の火山活動である阿蘇4火砕流堆積物を噴出後、南側が陥没してできたカルデラの北側の壁に当たる。その後侵食の時期が続いたあと、地表は堆積の場に転じてローム質層が堆積した。やがてそのローム質層に微粒炭が交じるようになり、クロボク土が形成され始めた（約一万年前）。そして約七三〇〇年前に鬼界アカホヤ火山灰が地表を覆い、クロボク土の形成期の事件層となった。その後は地表部までのクロボク土の形成が続いている。現在の山焼きによる影響が、どの層準からかは判然としない。

阿蘇火山一帯における現代の山焼きは、家畜の放牧と採草のために草原を維持する目的で行なわれてきた。阿蘇の外輪山一帯からは縄文時代の遺跡が多数見つかっていることや、縄文時代の地層全般にわたってクロボク土が形成されていることから、当時も多分こうした草原的な景観があったと思われる。しかし、狩猟・採集の縄文人が現代人と同様の牧畜・採草を目的に火入れをしたとは考えられない。彼らの竪穴住居の屋根にススキを使ったとしても、そのために広く山を焼くようなことは、規模としては過剰である。では一体何を目的に縄文人は火入れを……？　この課題に関しては阿蘇でも不明なのである。

自然環境の変化と古代人

各地の野焼き・山焼きの現場を訪れたが、共通していることはそこが草原になっていることである。すなわち縄文人はなぜ草原を作ったのか？が次の疑問である。旧石器人がしなかったことを縄文人が始めたからには相応の理由があったはずである。

更新世の末期には、寒冷な氷期から温暖な間氷期（後氷期）に移行する大きな変化が認められている。すなわち、この変化により日本列島の植生は、森林が針葉樹林から広葉樹林に移り変わるなどの大転換があった。それに伴い動物も自身のニッチ（生態的地位）の適合のために移動したはずである。ニッチとは、端的にいえば自然環境の中で、ほかの生物との関係において、どこで何を食べて適応していくかといった生活のあり方である。それは種の進化による身体的特質に基づく行動で定まる。旧石器人や縄文人は自然環境にほぼ依存した生活をしていたので、ほかの動物と同様に自然環境の変化に伴うニッチへの対応を迫られたはずである。そうした結果が考古学的変化に表れているのではないか、と考えて、そこから草原の必要性を探ってみよう。

旧石器人と縄文人は同じホモ・サピエンスであるから、同種のヒトとして、ニッチに適合しようとする本性は同じである。すなわち、ヒトは直立二足歩行をするように進化して、樹上生活のサルと別れ、ほかの生物との共存や競争の中で草原（疎林《そりん》）を生活の「場」として獲得した。生活の場は狩猟・採集のために歩きまわる一過性の「狩り場」と、敵から身を守り家族と寝食をともに一定期間滞在する「住み場」に分けられる。「食」については、基本的にヒトは雑食性を保持していた。これらの本性は、ヒトがニッチを確保する本能的な意志となるが、ヒトがほかの動物と違うのは、「道具」を作り、使用する能力をもつことである。そしてこの道具は意志の実行手段であり、ヒトのニッチをより安定的に確保・維持する方向に使われたことを念頭に置きたい。

さて、自然環境は前述のように、更新世末期から完新世にかけて気温の変動に伴って大きく変化した。この気温の変動期に旧石器時代末期から縄文時代初期が対応していることが^{14}C年代測定やその応用で明らかになってきた。図9－7はそうした自然環境の変化と旧石器時代から縄文時代への変化を対比したものである。この図では、注目したい変動期を灰色の帯で示した。すなわち、この古気温の変動期には植生の大変化に伴う生態系の再編成が起こったのである。

こうした時期、古代人はどう対応したかであるが、まずは道具の変化に注目しよう。それは旧石器期の槍（突き槍）が縄文草創期の有舌尖頭器（投げ槍？）を経て、縄文早期には石鏃《せきぞく》（弓矢）が主体となることである。この狩り道具の変化は、「狩り場」が草原（疎林）から森林へ変化したことの対応と考えられている。「住み場」は「狩り場」の近くに設けたであろうから、より森林的環境が強くなったはずである（図9－7）。旧石器期の「住み場」は、寒冷な気候下で、疎林（草原）的環境がいたるところにあったので、短期間で居を移す遊動的生活にも支障はなかった。しかし温暖・湿潤な気候への変化により、疎林であった場所に生育旺盛な新たな植物の侵入があり、その植生が極相に向かって遷移すると、その初期段階では藪《やぶ》化が、さらに進んでは森林化が、一斉に拡大していった。古代人はこうした台地や丘陵に別の適地を探して移るのは困難になったはずである。かといって、居を移さずに住み続けようとすると、周囲から藪化や森林化が迫ってきたはずである。したがって、いずれを選ぶにせよ彼らのニッチの確保・維持が脅かされたのである。

こうした逃れられない状況を克服するために、道具が使われたはずである。木や藪を払い除くには素手や石斧《せきふ》などの使用もあったであろうが、多大な労力を要する。草原（疎林）を作りたいのであれば、それに適した道具の使用を思いついたに違いない。すなわち、それは「火」である。旧石器人も火を使ったが、縄文人はさらに別途に火を使う必要性にせまられ、野焼き・山焼きをして、

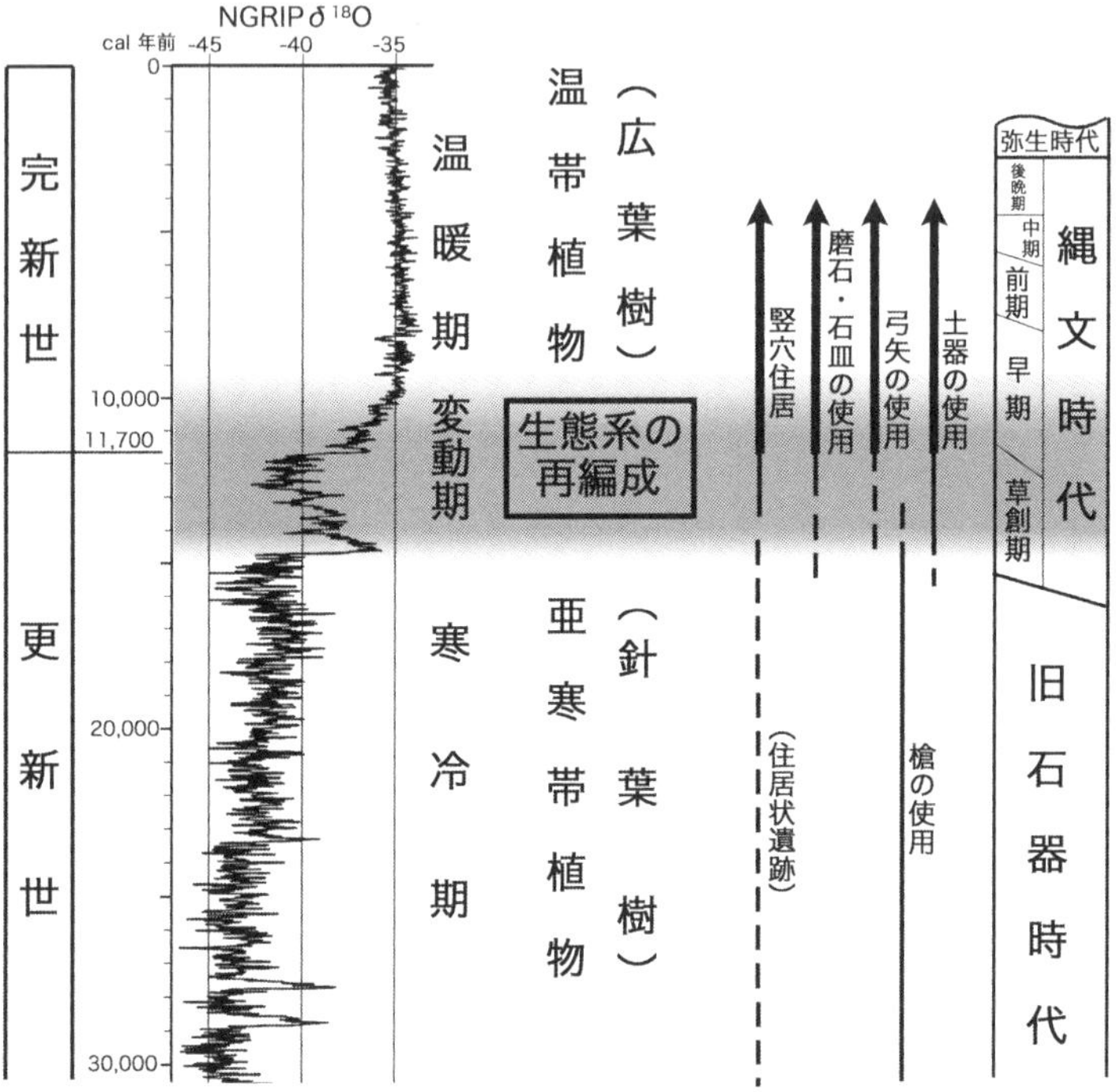

図9-7　気温の変化（グリーンランド氷床中の酸素同位体比の変化：NGRIP dating group, 2006より）の変動期に生じた生態系の再編成と古代文化の変化（工藤、2011より作成）

必要な広さの草原（疎林）を確保し、「住み場」としたと考える。

更新世末期の自然環境の大変化は地球規模で起こった。当時の世界各地の古代人はその地城の実情に応じてそこでのニッチへの対応を迫られたはずである。日本列島では、上昇した海面に、草原（疎林）を求めて大陸へ移動する道を断たれてしまった。閉じこめられた縄文人は藪化、森林化する大地から自身のニッチを確保するために草原（疎林）を作る対応をしたのである。

さて、こうした人為的なニッチとしての草原（疎林）が作られたことは、ヒトが自然に手を加え、自然の生態を変える第一歩でもあったが、それは「食」の側面にも関わったはずである。ヒトの「食」の本性は雑食性であるから、動物食の変化もあったであろう。しかし、それとは別に、草原（疎林）化が「食」にどんな影響を与えたのであろうか。

山形県小国の山焼き

雪国山形も、五月の初め頃になると雪の多い地域でも大地は雪から解放される。この時期に谷間を歩くと谷底にはまだ残雪が多く、夏には手の届かなかった露頭の上部に楽に行くことができる。また、草木も雪の下にあるので、大変歩きやすく、地質調査のチャンスなのである。そんな季節に新潟県に近い山形県小国《おぐに》町に出かけた際、あたり一帯、煙が立ちこめているではないか。山火事に違いないと煙の出場所に近寄ると、斜面には火をつけてまわっている人達がいるのである（図9－8、口絵⑳）。さらに近づいて、火つけの人にそのわけを尋ねると、山菜を採るため、とのことで

図9–8　山形県小国町での山焼き（5月上旬）（カラー写真は口絵⑳）

ある。毎年、融雪状況を見て、五月の連休の頃に集落総出で山焼きをするのである。一定範囲を残さずに燃やし、かつ安全に行なうためには経験とチームワークが不可欠である。

山焼き後、しばらくするとワラビやゼンマイなどの山菜が一斉に芽吹いて成長するので、採って出荷するのである。ここの住人にとっては地域の特性を活かした生業の一つである。偶然にも山焼きの現場に遭遇し、目から鱗が落ちる思いであった。縄文人の野焼き・山焼きと植物食に関するヒントを得たからである。

そういえば、若草山の裏にはススキに交じって燃え残りのワラビがあったし、近くの茶店で名物の「わらび餅」を食べたことを思い出した。また、秋吉台の土産店に「わらび餅」が並んでいたし、阿蘇では宿の主人から春にはワラビがたくさん採れることも聞いた。当時は思いもつかなかった事柄が、野焼き・山焼き、ワラビという共通項でつながってくるのである。

山焼きをして一週間も過ぎると、焼けた植物の炭が黒く残る斜面にはぞくぞくとワラビが出てくる（図9－9）。小国町には観光用のワラビ園がいくつかあって、山焼きをした斜面に生えるワラビを、お金を払って採るのである。あまりにもありすぎて、探しあてる喜びは半減であるが、限られた時間内での確実な収穫は保証される。

このように野焼き・山焼きをすると、樹木は焼かれて草原（疎林）になるが、火入れが繰り返されるとススキやササなどが優占する草原になる。そこには原生林の林床には見られない各種の草本・灌木類が交じるようになり、その中には食料として良好なワラビ以外の植物も豊富なのである。

図9-9　山焼きをしたあとの斜面に群生するワラビ

以上のように、野焼き・山焼きによる草原（疎林）の形成は、食料となる多様な植物を生育させ、より安定した生活を可能にしたはずである。クロボク土が厚く発達していることは、縄文人が野焼き・山焼きをずっと続けてきたことを意味する。こうした行為の継続は縄文文化の基盤に関わったに違いない。

縄文土器と植物食

土器の使用が縄文時代を特徴づけることは図9－7に示したとおりである。縄文文化とは何か、を探るにはこの時代を通して一貫して出土するあの縄模様のある土器、すなわち「縄文土器」の理解が必要に思える。「土器の出現をもって縄文時代とする」とさえいわれ、縄文土器は縄文文化の象徴であるばかりか、その内容の語り部でもある。

実際、多くの縄文遺跡の発掘現場を訪れたが、その印象は、当たり前であるが、縄文土器の出土が多いということだ。考古学の方々は、「ここの土器は××式だから縄文○○期のもの」などと教えてくれる。しかし、ここでは土器の形式から縄文土器を理解する方向に深入りせずに、そもそも、縄文土器とは何か、といった本質的なことを知りたいのである。それには考古学の立場で数多くの遺跡や遺物を見てきた小林達雄教授の見解が的確に思える。それを原文のまま引用しよう（小林、一九九九）。

「最初の縄文土器をみると、そのほとんどすべてが食物の煮炊きに使うものだった。そして、それ以降も引き続き、土器の主流は煮炊きのための土器であった。稀に、サラダボールのような浅鉢や土瓶のような形の土器も作られたが、その主流は終始一貫してやはり煮炊きのための深鉢だった。煮炊きの土器にしては口の部分に把手がつけられたり、口の部分が大きく波うつような形であったり、さまざまな形の変化があるが、とにかく基本的には煮炊きに利用されたのである」

図9－10に深鉢の例をあげるが、右の土器の装飾はワラビやゼンマイをモチーフにしたようにも思われる。

さらに小林教授は、煮炊きによる加熱によって植物性の食料が大幅に加わるようになったことを重視している。すなわち、火を通すことで、山菜のアクをぬいたり、タンニンを分解したり、デンプン質をアルファ化して消化可能にするなど、生では食べられない多くの植物を食料にすることが可能になったということである。その結果、旧石器人のように常に動物を追い求めて移動しなくても、容易に採取できる多くの植物を食料に加えたために食料事情は安定し、定住が可能になったと解いている。つまり、縄文文化は旧石器時代からあった「狩猟・採集」に「竪穴住居」が裏づける「定住」が加わったことが特徴である。

図9–10　縄文時代（中期）の深鉢（米沢市教育委員会、1997）
装飾模様の少ないもの（左）と多いもの（右）。
右の装飾はワラビやゼンマイをモチーフにしたようにも思われる。
山形県米沢市台ノ上遺跡より出土。

狩猟・採集に関しては、石槍や石鏃、釣り針などの出土があることから、それらを使う生業に多くの考古学的な目が向けられてきた。他方、植物に関しては、図9－7にあげた磨石・石皿は植物食のために使用されたであろうことで注目されている。植物食に関しては総じて証拠は少なく、不明なことが多いが、縄文文化を代表する縄文土器は、基本形が深鉢であり、煮炊きする機能が主体であることは前述のとおりである。深鉢形は縦長の山菜を煮るにも都合がよく、丈の短い植物でも支障なく煮炊きできるように作られた土器のようである。

さて、縄文人のニッチの安定化に関して「食」の側面からもう少し踏みこんでみよう。植物食が食料事情を安定させたのであれば、それは、最も不安定な冬の食料としての寄与であろう。冬枯れの野で食べられる植物を得るのは難しい。ましてや雪国では厚い雪が白銀の世界を作るから、冬期は保存食に頼らなくてはならない。

従来、植物性の保存食としてはトチ、クリ、オニグルミ、あるいはドングリ類など広葉樹のナッツが重視され、縄文文化は「森の文化」ともいわれていた。また、各種の種子の出土も知られていることから、植物食といえばこれらの堅果や種子が主体に考えられていた。これらは植物の器官として葉や茎あるいは根よりも、格段に分解に強く残りやすいことを念頭に置くべきである。ともあれ、堅果や種子が出土することから保存食として使用されていたことは確かである。それとは別に、草原（疎林）にある多様な植物を保存食の主体にしたらどうなるであろうか。たとえば、乾燥野菜などのほか、根菜類、あるいはデンプンなどカロリーの高いものを蓄えたとすれば冬期の食料をより確実に安定化できたはずである。さらにそこに動物性の保存食も加われば、雑食を本領とした古代人はより豊かに過ごせたであろう。

温暖化した縄文時代、湿潤な日本列島では、自然のままでは山地はもとより、台地や丘陵地のほとんどは原生林で覆われてしまう。そうした原生林も必要ではあったが、それで豊かな「森の文化」が成立し得たであろうか。むしろ、森の一部に火を入れて草原（疎林）を作り、そこから多様な植物食を得て「食」の安定をもたらした、いわば「原の文化」が、定住を可能にしたのではなかろうか。このように考えると、野焼き・山焼きは縄文人の生活の最も基本であるニッチを作る行為であり、それは土器を作る作業にも増して、縄文文化の基幹に関わる行為であったはずである。

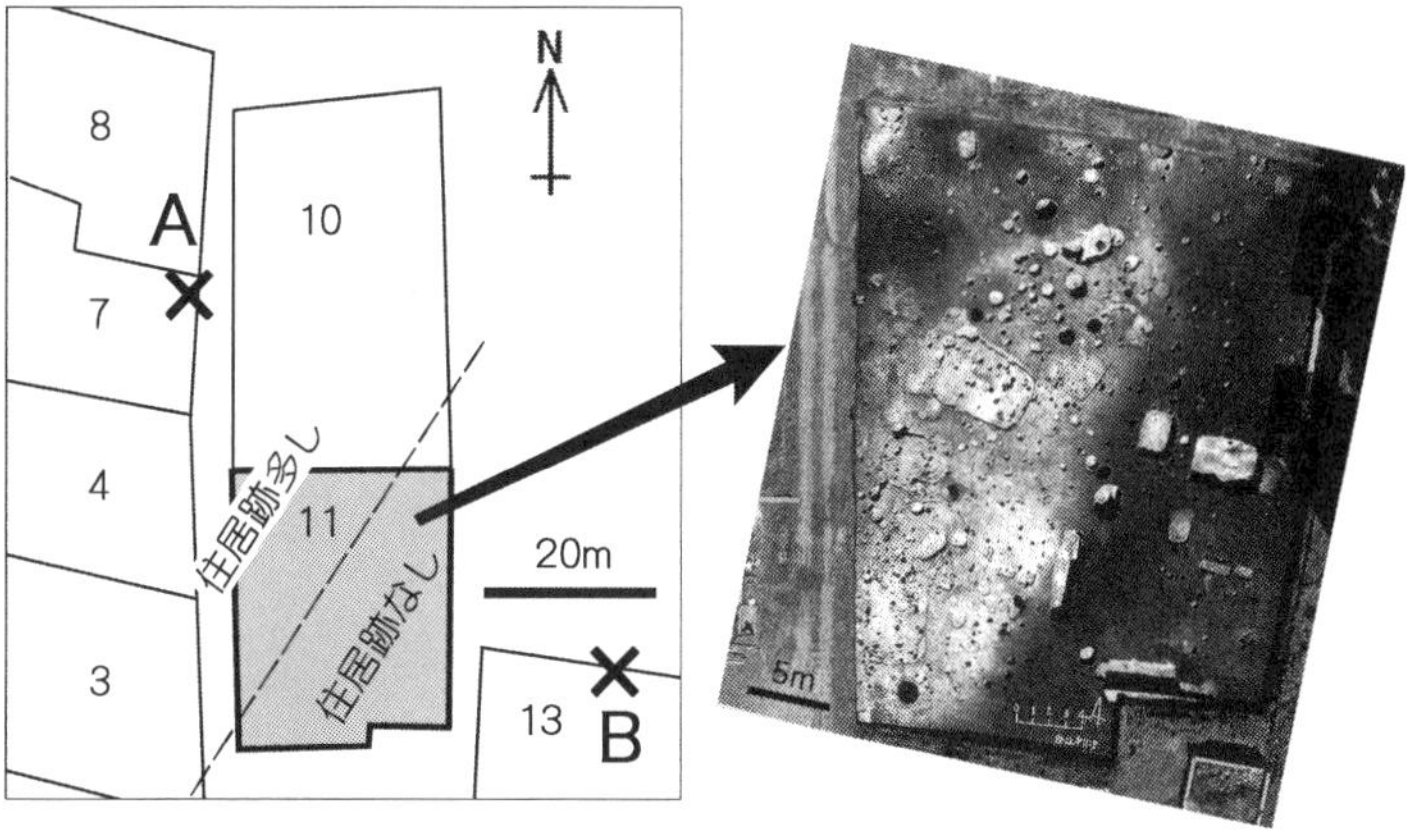

図9-11　左：米沢市台ノ上遺跡の平面図の一部（区画内の数字は発掘次数）
住居跡の有無に注目した平面図で、A、Bは柱状図（図9-12）の位置。
右：第11次発掘面の空中写真（米沢市教育委員会、2006）
表土の明暗が住居跡の有無にほぼ対応する。

縄文遺跡の地質

さて、縄文時代から野焼き・山焼きが始まったことの必要性を明らかにし、縄文文化との関わりについてもふれたが、次にその火入れの場所が知りたいのである。実際の縄文遺跡の発掘現場では、すべてが黒土（クロボク土）ではなく赤土（ローム質土）と共存していることが普通である。この土質の違いは何であろうか。そのわけがわかれば燃焼地の糸口がつかめるかもしれない。

山形県米沢市の市街地南部の宅地化の進む一角に台ノ上遺跡がある。米沢市の教育委員会によって十数年にわたって発掘され、縄文中期の多くの竪穴住居跡と土器や遺構が調査された。発掘された場所は住居跡の多い、いわば「縄文団地」の中であった。しかし、発

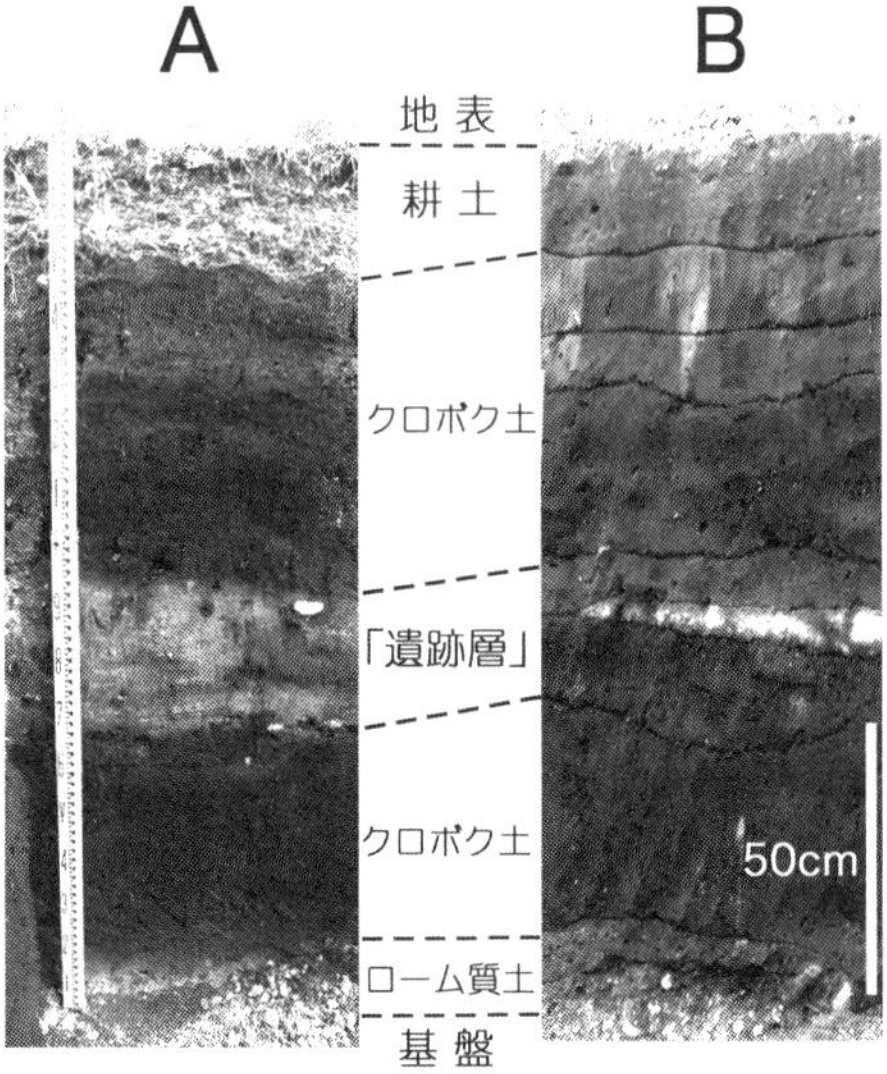

図９-12　縄文遺跡の地質柱状。Aは「縄文団地」の中、Bは外
A地点では住居跡や遺物の埋積層（「遺跡層」）はローム質土。B地点では「遺跡層」のほとんどはクロボク土。

掘は住居跡がない団地外にまで及んだ。この一見余分とも思える発掘部に注目したい。この部分を全体の平面図から抜粋したのが図９－11（左）である。この図に住居跡の有無の境界線を引いたが、第一一次（二〇〇三年）の発掘時の空中写真も示そう（図９－11右）。この写真の発掘面にはローム質土（明色部）とクロボク土（暗色部）の土質の差が明瞭に現れている。こうした水平的な土質の差違は「同時異相」の関係にあるが、この違いが火入れの場所とどんな関係にあるのであろうか。

遺跡の形成とローム質土、クロボク土の関係を時の経過の中でみるには断面での観察が必要である。図９－12は「縄文団地」の中心部に向かうA地点と、反対に離れるB地点の地質断面である（A、Bの位置は図９－11参照）。両地点の地質とも、最上部の耕土と最下部のローム質土を除くとほとんどがクロボク土である。この断面で、遺物を含むいわば「遺跡層」は、A地点側ではローム質土、B地点ではクロボク土に薄いローム質土を挟む部分である。発掘面はこの「遺跡層」の層準である。なお、図9－12の断面の大部分はクロボク土であることから、クロボク土がこの地の縄文時代の通常な地層で、部分的なローム質層の「遺跡層」はむしろ、飛び入り的な地層なのである。すなわち、この「遺跡層」は、縄文人がこの地に来て、住みついていた間に堆積した地層である。産出土器の形式（大木7a式から大木8b式が主体）から、この遺跡層は数百年間の堆積物と考えられている。

この間、縄文団地内の土壌がローム質土として堆積したのはなぜか？「縄文人が住んでいたから」では答えは半ばで、なぜ人が住むとローム質土なのか、という疑問の解決には至らない。そこで、「縄文団地」の「遺跡層」がローム質土になるわけを探ってみよう。

表土に黒みをつける物質は一義的には可溶腐植の蓄積である。それには微粒炭の堆積が関わる。そこで、A地点の微粒炭と可溶腐植の含有率を垂直的に調べてみた（図9－13左）。このグラフで、「遺跡層」のローム質土の特異性は、この部分で可溶腐植の含有率が低いことである。含有率が低いと黒く着色されないから、この部分が褐色のローム質土であることに合点がいく。しかし、この部分にはかなりの量の微粒炭が含まれているから、その原因は微粒炭の少なさではない（図9－13右）。すなわち、この地点では表土に微粒炭が堆積しても、腐植を吸着できなかったのである。その理由は、地表に腐植を作るに十分な植物がなかったからと考えられる。

他方、住居のないB地点の周辺では、一時を除いてクロボク土が形成されていたので、「遺跡層」の堆積期間はほとんど植物に覆われ、腐植が十分に供給されていたことがわかる。

こうした両地点の「遺跡層」の差違は、縄文団地内とその外の植生状態の違いを反映しているの

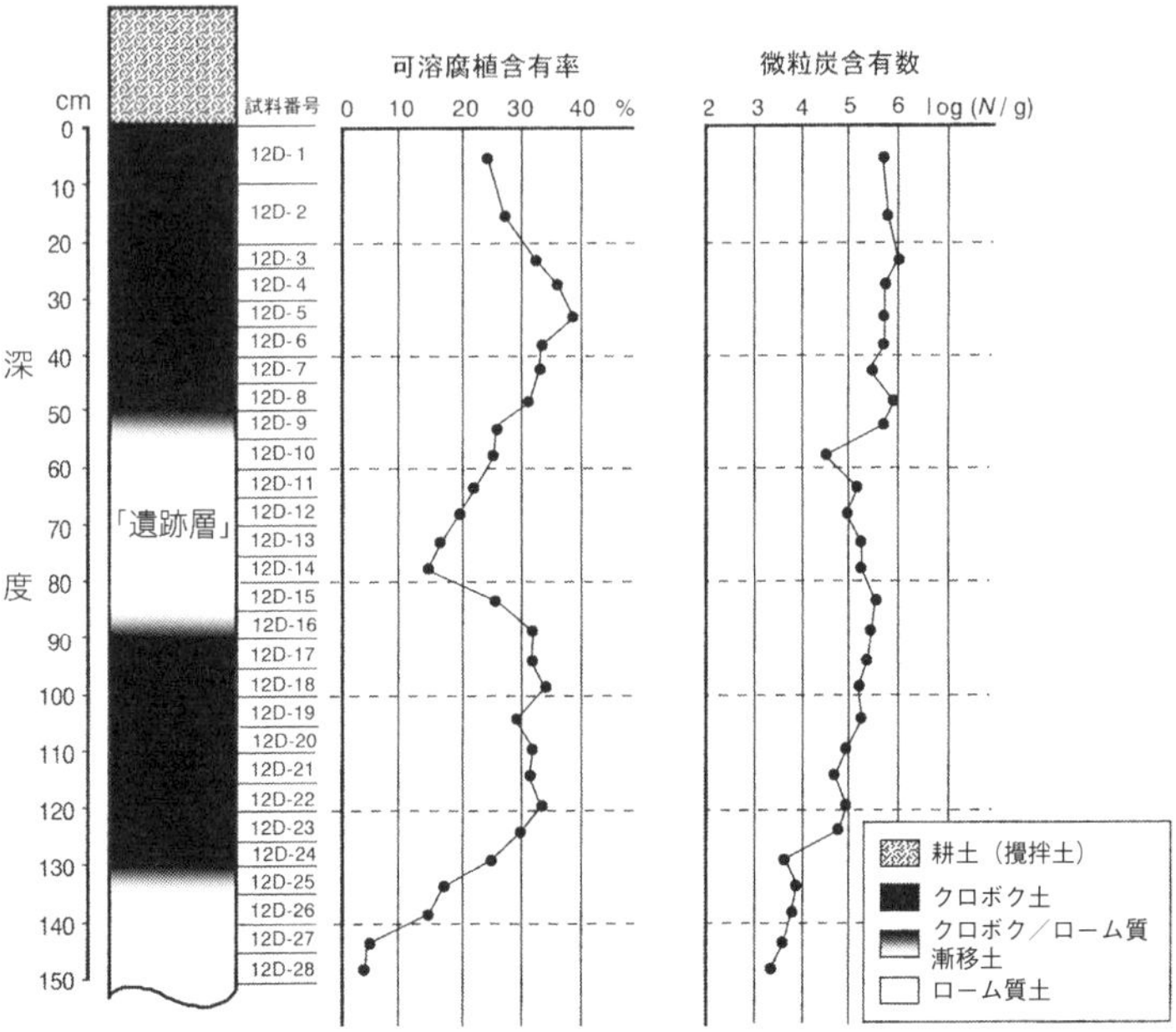

図9-13　A地点の表土に含まれる可溶腐植と微粒炭（山野井・伊藤、2007）

である。すなわち、縄文人の家やその周りは、人に踏まれ、草が採られるなどして裸地状になっていたが、団地の外は人手が入らず植物に覆われ、腐植を供給するに十分な植物が被覆していたと考えられる。ここの植物は放置し続けると藪や森林と化したであろうから、定期的に火入れをして草原（疎林）を作り、より安定的にニッチを維持していたと考えられる。

さて、さらに外側へはどこまでが焼かれていたのか知りたいのであるが、それには火入れで焼けた物の証拠を見つければよい。たとえば、焼け焦げたススキやササなどの株の現地性の「化石」が見つかればベストである。しかし、そのような物はこれまで見たことがない。せめて焼け残りの茎などが表土の中に残らないものであろうか。現在の火入れの地である若草山、阿蘇あるいは秋吉台の地表には目で見える燃焼炭が残っている。しかし、A層やB層中に完全に取りこまれたものは見ていない。山地から低地まで様々な地域でクロボク土を観察してきたが、ときに肉眼で見える燃焼炭片が見つかるものの少量である。この事実は、焼かれた乾陸の大地に粗粒の燃焼炭が堆積したとしても、それは、Ao層からA層への土壌化の過程で細片化されて微粒炭になるとしか考えられない。そのプロセスは不明であるが、炭片をも細かな粒子にしてしまう動物や微生物がいるのかもしれない。

ともあれ、野焼きによる微粒炭は縄文団地の中へも風塵の一員として飛びこんできていたのであるから、団地の外の地表が焼かれていたことは確かである。縄文団地の外のどこまでが焼かれていたのか推定できないものであろうか。

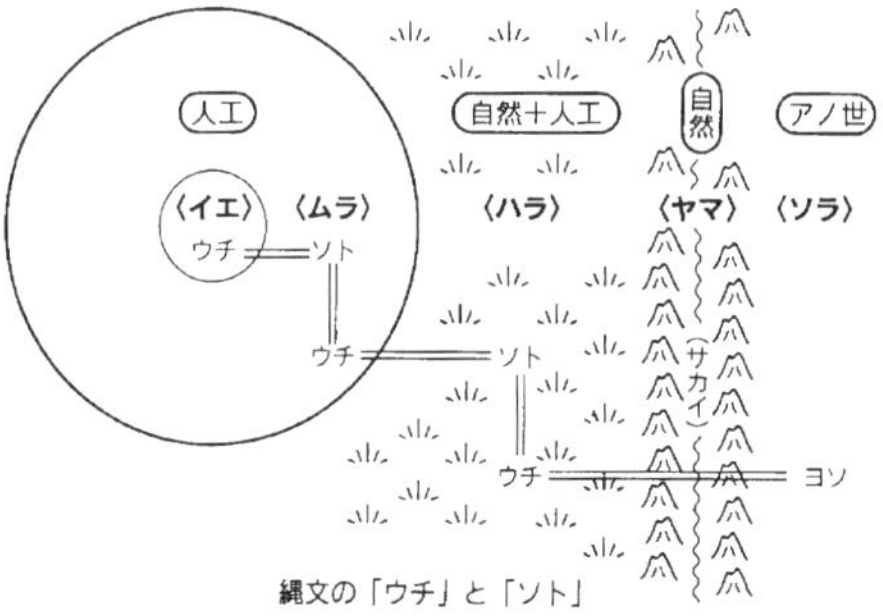

図9-14　縄文人の考古学的生活空間構造（小林、1996）

火入れの場所

火入れの場所を探るには縄文遺跡の外の状況を知りたいのだが、予備調査で遺跡がなさそうな場所は普通、考古学的な発掘はしない。したがって、縄文遺跡の外の実態は不明といわざるを得ない。しかしながら、考古学では出土する遺物や遺構からイエやムラの相互関係、さらには縄文人の行動を察し、生活空間をムラの外に拡大して推定されている。前出の小林達雄教授は次のように考えている。

竪穴住居を作って「イエ」に定住した縄文人には、ウチとソトという思考が生まれたはずで、「イエ」のソトには「ムラ」があり、「ムラ」から見るとそのソトには「ハラ」が広がり、さらにそのソトに「ヤマ」、そして「ソラ」が、といった縄文人の世界観の大枠があったとされている（図9-14）。すなわち、イエを抱えるムラは「ヒト」の世界、そのソトのハラは「人と自然」の共生の世界、そして、ハラの向こうのヤマは「自然」一色の世界、さらに天上に広がるソラは「アノ世」で「神」の世界に続く、というのである（小林、一九九六）。

この見解で、縄文時代のイエとムラがあることは遺跡の発掘を通して十分な証拠がある。また、

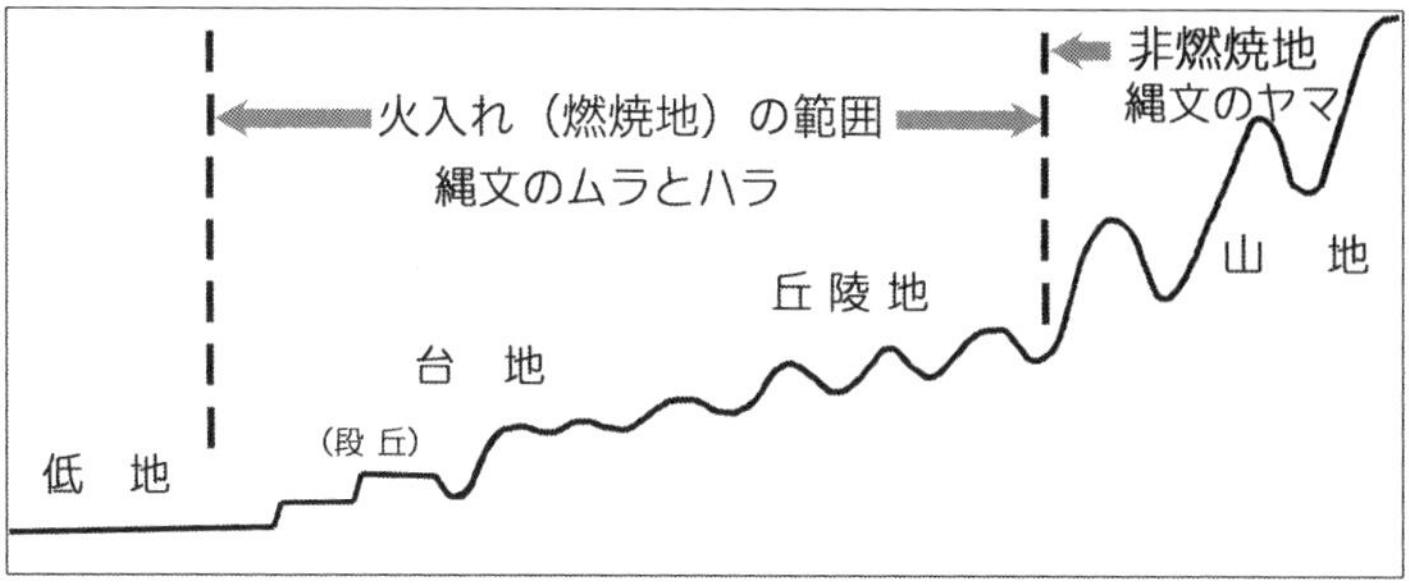

図9-15　縄文時代の火入れが行なわれた可能性がある地形的範囲

発掘が及ばない遠くにはヤマがあり、その上空にソラが広がることも理解できる。注目したいのはムラとヤマの間にハラが置かれていることである。小林教授はまた、ハラは、食べ物を手に入れる場所であり、生活に必要な材料を提供してくれる場所として、縄文人が自然に手を加えて共存していた場所、とも述べている。そこはまさに火入れで作られる草原（疎林）であり、縄文人が自然から作りだしたニッチと整合するのである。

さて、それではそうしたハラが火入れの場所として具体的に特定できないものであろうか。クロボク土の形成場所が野焼き・山焼きの場所とピタリと一致しないことは、微粒炭が風成であり、異地性が強いという特性をもつからである。これは繰り返し述べてきたことであるが、そうした限界をわきまえたうえで、その範囲を推定してみよう。

実際、縄文遺跡の分布は台地や丘陵地に多いので、縄文のムラは台地や丘陵地の中に相応の間隔で配置され、その間にハラがあったと考えられる。また、山地では遺跡は稀で、クロボク土の発達もまた稀であることから、野焼き・山焼きが行なわれた範囲の大枠は自然の地形区分では丘陵地や台地（一部低地）

微粒炭	多 ←	微粒炭の含有量	→ 少
岩　質	黒色クロボク土	暗褐色クロボク土～黒褐色ローム質土	褐色ローム質土
地表状況	燃焼地～燃焼地に近い	燃焼地に近い～燃焼地から遠い	燃焼地から遠い

図9-16　縄文期の植生被覆表土層の岩質による火入れ場所（燃焼地）の推定

にあったと考えられる（図9－15）。実際の火入れの場所はここからさらに絞りこんでいくことになる。

クロボク土化が始まる時期はバラバラであり、クロボク土化していない場所も多いなど、クロボク土の分布や発達は時空的に一律でないことは前述のとおりである。このことは縄文人が丘陵地や台地を一律に焼きつくしたのではなく、生活に必要な範囲にのみ火入れをして、ムラの草原としたからと考えられる。こうしたクロボク土の不規則な分布は、燃焼地の場所を探る糸口を与えてくれる。すなわち、クロボク土中の微粒炭は風成塵なので、その堆積場所が焼かれた場所であると決められないが、微粒炭の密度が高いなら燃焼地はその場所か、すぐ近くであったし、低いなら遠かったと考えられるからである。微粒炭の密度は表土の岩質（明暗色）に反映されるから、表土の色から推定される燃焼地の遠近は、図9－16のように考えられる。

すなわち、黒色が強いクロボク土ほど火入れの場所か、もしくはそれに近く、逆にローム質土は火入れがないか、燃焼地から遠くにあったという推定である。ただし、ムラの中のローム質層は前述のように人為的裸地化の影響であり、一般的なローム質層とは別である。

表土の色からは現在、この程度のことしかいえない。今後さらに微粒炭などの精査法が確立され、燃焼地が精度よく決められることが期待される。

　なお、ここではクロボク土の色を扱ったが、この色は微粒炭が関与して保持する腐植による色であり、微粒炭そのものの黒色ではないことを誤解のないように付記しておきたい。

縄文遺跡と微粒炭

　これまで、クロボク土が縄文文化と深く関わることを述べてきた。そこには推論もあり、さらなる実証を要する部分もある。それらは今後の課題であるが、そうした部分を少しでも補充し得る例をあげておきたい。それは、縄文遺跡における微粒炭の存在が、草原と山菜、さらには保存食と結びつく具体例である。

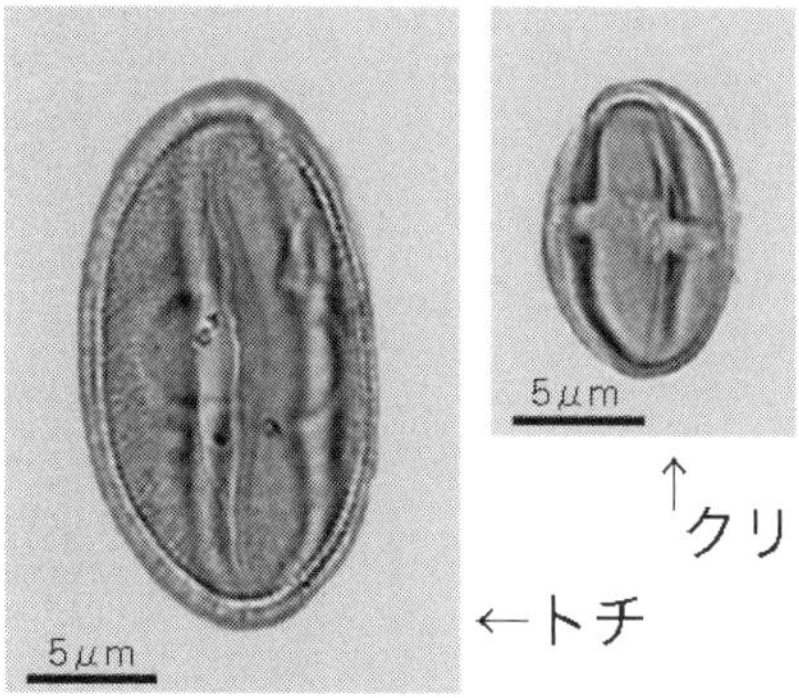

図9-17　青森県亀ヶ岡遺跡の縄文前期から晩期まで不自然に多産するトチとクリの花粉

　青森県つがる市亀ヶ岡は縄文晩期の土器として知られる「亀ヶ岡式土器」の出土地である。私は、一九八〇年から三年にわたる鈴木克彦氏（青森県立郷土館）が主導する発掘調査への協力要請があり、埋積土の花粉分析を担当した。ここではいくつかの区域が発掘されたが、台地上の遺跡埋積土には、ほとんど花粉が含まれていない。それは、埋積土が土壌化を経験し、有機物がほぼ分解さ

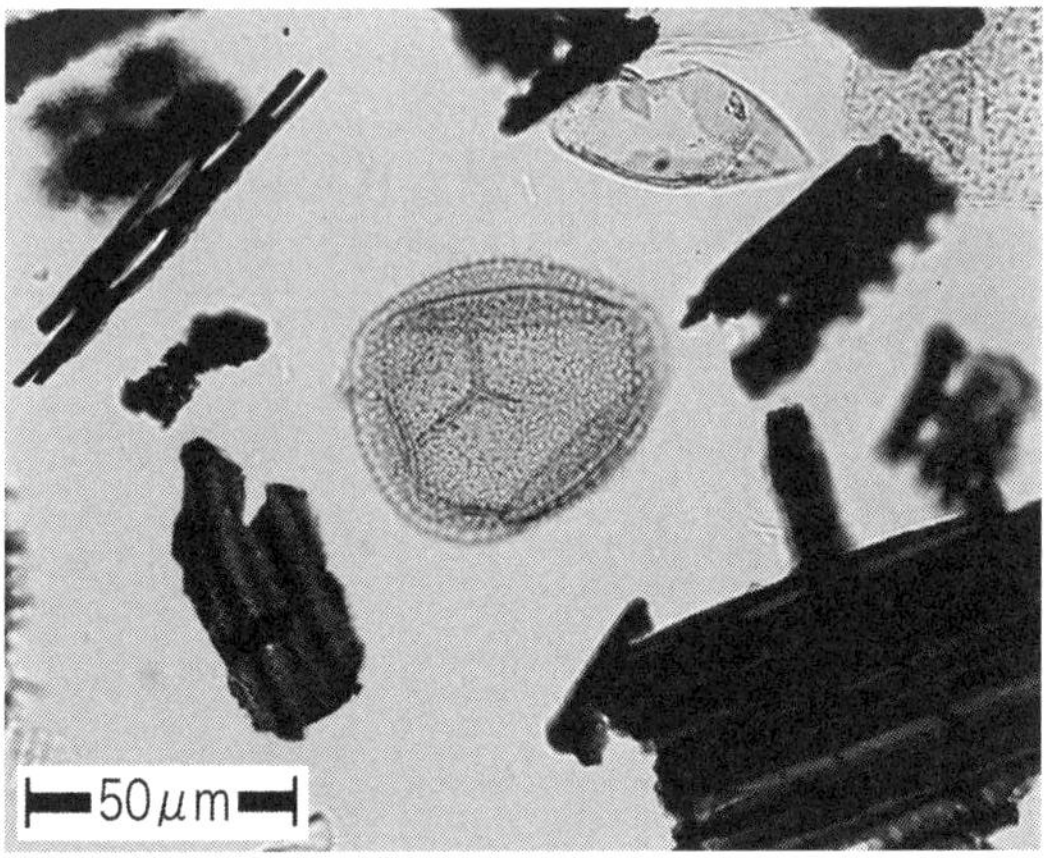

図９–18　青森県亀ヶ岡遺跡の縄文時代の各層準から多産するゼンマイの胞子
周りの黒い粒子は微粒炭で全試料に見られる。（カラー写真は口絵㉑）

れているからである。しかし沢根地区は台地の下端の谷部にあり、水田や湿地になっていて、埋積土には花粉が残っていることが期待された。この地区では縄文晩期の遺物が出る層だけではなく、それ以深の深掘りが行なわれて基盤上の三メートルにわたる全表土から試料を得ることができた。ここの試料は最下部が約六〇〇〇年前（縄文前期）であるから、それ以降の縄文時代から現在に至るまでの堆積物である。付近の台地には縄文早期から晩期までの遺跡がいくつかあり、縄文期の植生環境を探るには絶好の地点にある試料なのである。

花粉分析の結果、この付近の植生由来のブナやコナラなど落葉広葉樹が安定的に産するのであるが、クリは全般に、トチは四〇〇〇年前頃から、自然状態では考えられない異常な多産が認められた（図９－17）。こうしたクリとトチの産状は、この分析以前からも知られていた。その後も、各地の縄文遺跡で同様の結果が数多く認められ、クリやトチは自然植生ではなく人為的管理がなされていたことは、もはや定説化している。また、

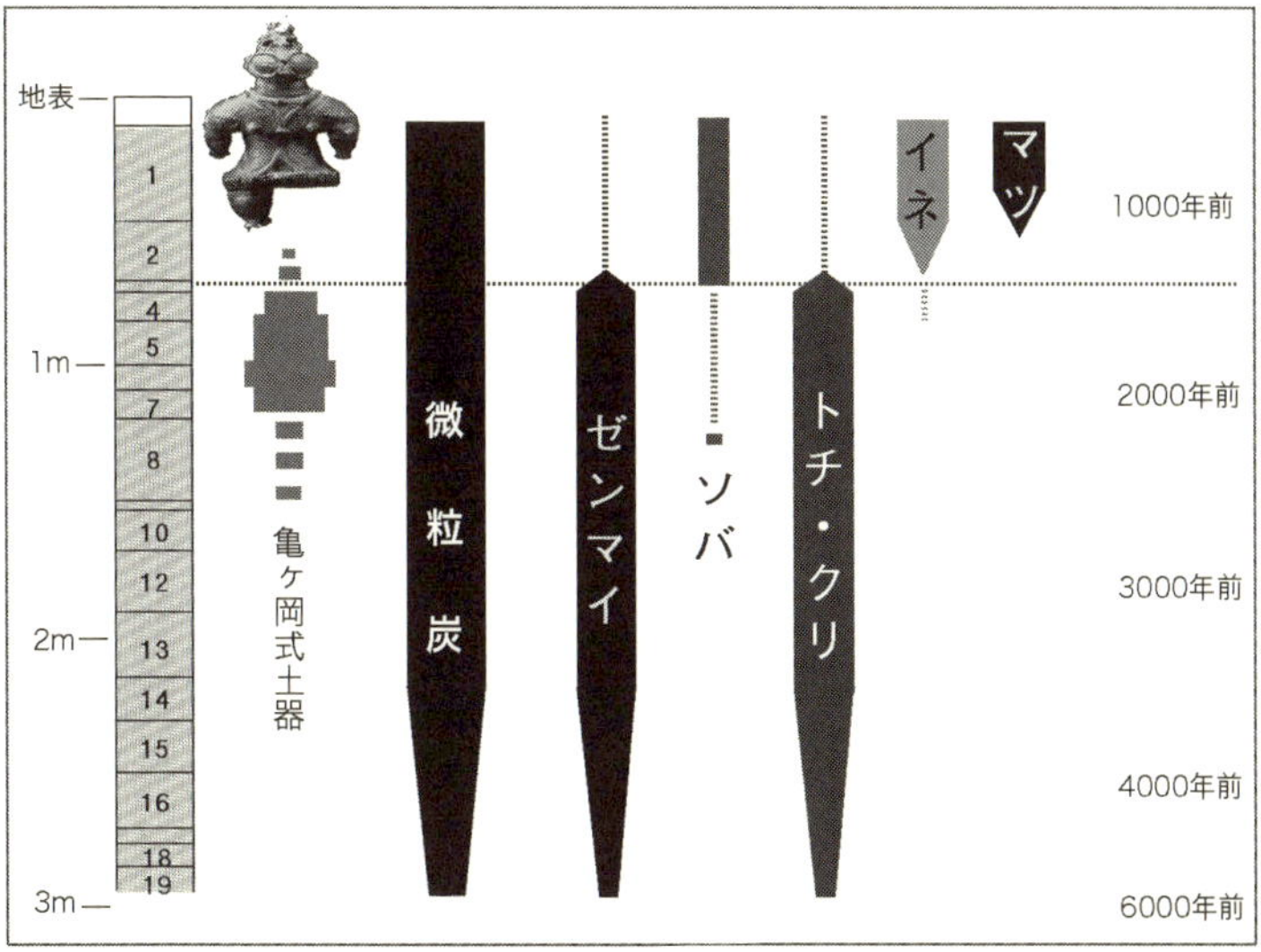

図9-19　亀ヶ岡遺跡の縄文期の堆積物に含まれる微粒炭と、特徴的な産出を見せる花粉と胞子の消長（山野井・佐藤、1984から作成）

栽培植物と考えられるソバの花粉がこの地点やそれ以外の亀ヶ岡の発掘地点から見つかっている。

問題の野焼き・山焼きに関しては、以前の分析では火入れを示唆する微粒炭のことなど、考えも及ばなかったことである。さっそく当時のプレパラートを見直してみた。すると何と、すべての顕微鏡の視野に高密度に微粒炭が見つかるのである。遺跡試料の花粉分析をすると、花粉が出ないで異様な「黒い粒子」ばかりが目立つと思っていたその粒子が微粒炭であったのだ。もう一つ、新たに気づいたことがあった。それは、どのプレパラートにも見られた特徴的なシダ植物の胞子である。その胞子はゼンマイのものであることがわかった。図9－18（口絵㉑）は微粒炭の粒子に交じって多産する

図9–20　ゼンマイの先に伸びた胞子葉と伸び始めた栄養葉（左）、ゆでて干し始めの栄養葉（右上）と、もみながら数日干したもの（右下）。乾燥後は良好な保存食になる。

ゼンマイの胞子である。以前は花粉だけの鑑定をし、胞子は対象外にしていたので、記録には残らなかった。

このようにして新たな見直しでわかった微粒炭とゼンマイ胞子の多産状況に、以前の花粉分析結果のうち、縄文期に特徴的な花粉の産出を合わせて図9－19に要約した。この図では特に微粒炭の産出がこの地の全縄文期の地層にわたっていることに注目したい。すなわち、縄文期の間、微粒炭が堆積する環境が継続していたことがわかる。これは縄文期を通して野焼き・山焼きが継続して行なわれていた結果なのである。なお、微粒炭が縄文期のみならず地表近くまでも連続して産出している。このことは縄文期以降、近年に至るも盛んに行なわれていた焼き畑（佐々木、一九九七）を反映しているのかもしれない。さらに人などによる生物攪乱の影響も大きい。

また、縄文期では、微粒炭とともにゼンマイの胞子が多産する。これは火入れでできた草原にゼンマイが生育し続けていたことを意味する。現在、ゼンマイは山菜の中でも最も良好な乾燥保存食として利用されている（図9－20）。当時も保存食としての価値が高かったに違いない。ゼンマイには食用にする栄養葉と食用にしない胞子葉がある（図9－20左）。この胞子葉は成長するとびっしりと胞子嚢をつけ、その中は胞子で満たされる。ゼンマイの胞子がほかの植物の花粉や胞子に比べて多産するのは、胞子の生産量が莫大であることに起因する。こうした微粒炭やゼンマイの胞子の多産は、亀ヶ岡のこの分析地点の周辺が焼かれ、草原（疎林）化し、当時の水辺に近い谷斜面にはそうした環境を好むゼンマイが生育していたことを物語っている。

今後、花粉分析では生産量の多いゼンマイの胞子は草原化の指標の一つとして、重要になるであろう。さらに花粉分析では、微粒炭は得体の知れない「黒い粒子」であり、邪魔者でもあった。しかし、微粒炭は基礎研究を重ねれば、花粉や胞子などの植物器官の微化石の一員として、当時の環境復元などに寄与する可能性がある。微粒炭を専門とする若い気鋭の研究者も現れたので、その成果が期待される。

日本のクロボク土の意味

日本の表土の最上部にあるクロボク土は、火山灰ではなく堆積物中の微粒炭が腐植の保持に関与したもので、その微粒炭は縄文期の野焼き・山焼きで発生したことを導いた。この野焼き・山焼きは、縄文人のニッチ（生活空間と食料）の確保のための草原（疎林）作りであったと考えた。こうした人為的なニッチ作りは、ヒトが自然を変える第一歩でもあった。縄文時代の自然の改変は台地や丘陵地の一部にとどまったが、弥生時代からは低地にも及んだ。そして、その後の人類は、ほかの生物のニッチなどは念頭に置かないヒトのためのニッチ作りへと暴走し、今日に至っている。こうした自然とヒトの関わりにおいて、縄文時代に始まった草原（疎林）作りは、ヒトが初めて自然を変えたという意味での画期でもある。

このような縄文文化は約一万年続いたが、一つの文化がかくも長く継続した例は世界にはない。しかもその文化の特徴は食料の調達が「狩猟・採集」段階のままであったことである。土器の使用が定住の始まりとすれば、縄文文化は世界に先駆けて定住を始め、狩猟・採集をやめずに続け、世界で最もあとまで農耕段階に移行しなかった特異性をもっている（図9－21）。一万年もの間、狩猟・採集を持続してきたことは、日本列島の温暖で湿潤な気候のもと、植物の旺盛な生育により原生林化する森林を草原（疎林）にして再生し、そこから食料を確保することが最も容易で安定であったからと考える。ムラで必要なだけの範囲を協力して定期的に焼けば、草原（疎林）から多様な植物食を得ることができた。面倒な農耕をする必要がなかったのではないか。草原から得られないものは森林などから採ればよいし、それでも足りずに欲しい植物は栽培したに違いない。種を蒔けば芽が出て植物が育つことくらい縄文人は熟知していたはずである。トチやクリなど、食料として優良な木々を育てることは広く普通に行なわれていたことである。あるいはたとえば、ヤマノイモの芋の一部もしくはそのムカゴを適宜に埋めておくような野生植物の野生管理も当然行なえたはずである。

しかし、農耕用の栽培植物は、もともとそこが自生地ではないので、生きのびるためのニッチを

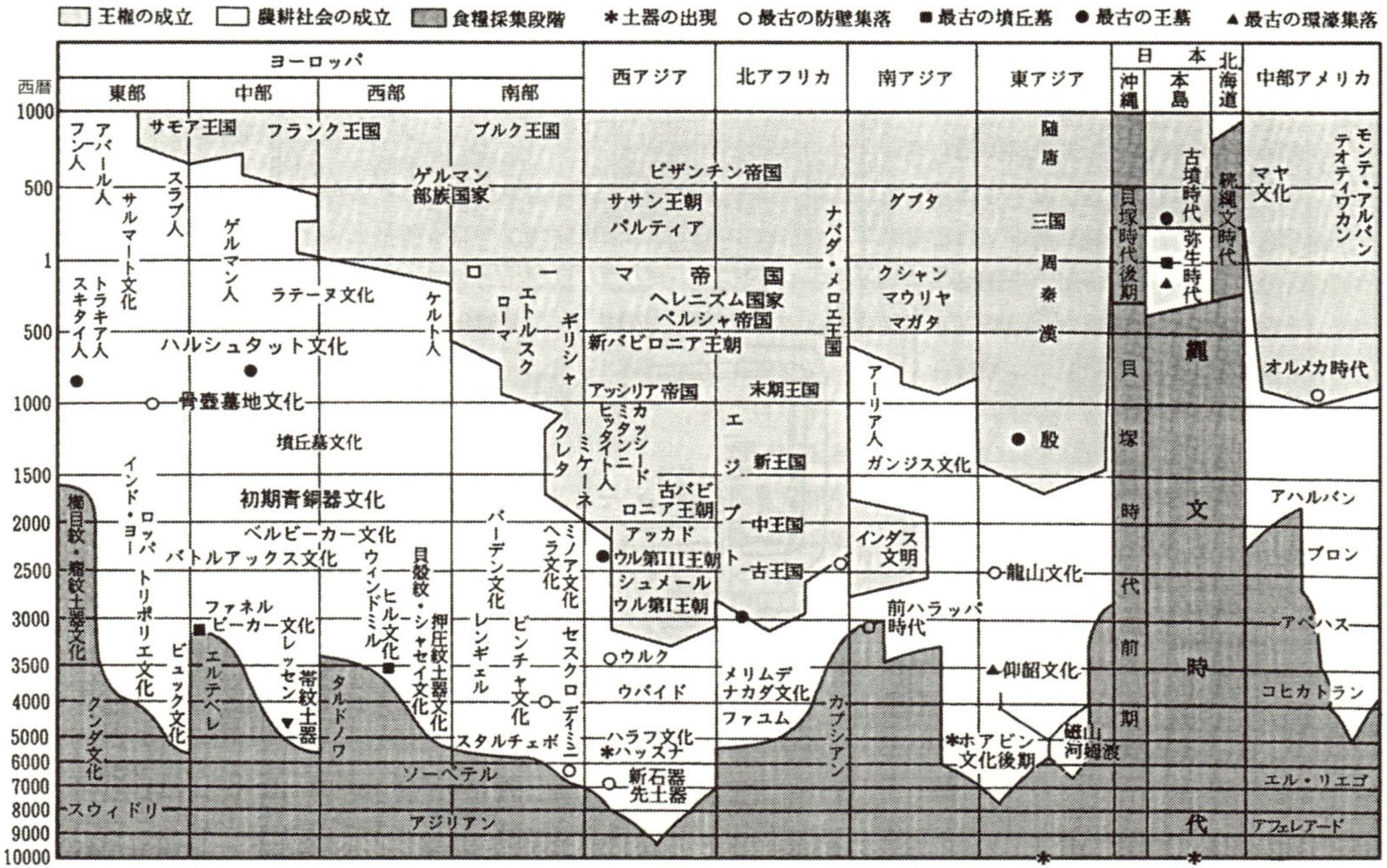

図9-21　世界史の中の日本列島（日本第四紀学会編、1992に加筆）
食糧採集段階（狩猟・採集文化）としての縄文時代の長い継続は特異。

得る保証がない。そういう植物を生育させるためには、そこのニッチを奪い、旺盛に生育する植物を駆逐し続けなければならない。つまり植物栽培には、いわゆる雑草をこまめに抜き取るような労力が必要なのである。そうした手間ひまをかけてもなお得るに値する植物は、イエから目の届く範囲に栽培したに違いない。

また、原始的農耕とされる焼き畑の有無であるが、これも火入れをする。しかし焼き畑は、焼かれた木を主体とした灰を肥料として作物を栽培し、数年続けると地力が消耗するので放置し、森林への回復を待って再び火入れを繰り返す農法である。クロボク土の微粒炭は、イネ科などの草本を主体とした燃焼で生じたものであることから、森林の燃焼によるものとは考えがたい。すなわち、クロボク土の微粒炭からは（今のところ）当時の焼き畑のための火入れを肯定することはできない。ただし、ハラの野焼きが予期せずにヤマに飛び火し、山林が燃えつきたあとの効果に焼き畑のヒントを得たかもしれない。ともあれ、縄文時代に植物栽培による農耕の萌芽はあって当然と考えられる。それにもかかわらず、縄文人はその芽を大きく伸ばそうとせず、火入れを繰り返し、もっぱら草原（疎林）を再生して生活の場を確保し、かつそこから食料などを採集する道を選び続けていたと考える。そうすることが、後氷期の温暖・湿潤な日本の気候のもとで、最も安定した生活を続けられたに違いないからである。このように日本列島特有の自然環境下で出現し、永続した縄文文化は「世界の縄文文化」に値するユニークさをもつものではあるまいか。

以上のような縄文文化の特性は、一万年以降の風成堆積物に微粒炭が交じり、それが黒く着色する腐植を集め、相応に厚いクロボク土ができていることから導いた。日本の環境下での一般的な土壌、すなわち成帯性土壌はローム質の「褐色森林土」である。この「褐色森林土」に特殊性が加わったことでクロボク土ができた。その特殊性を与えたのは自然ではなくて縄文人であったという結論を得るに至った。

クロボク土様の土は、インドネシアのバタム島、フィジーのビティレブ島、アメリカのグランドキャニオンでも観察している。私の研究仲間の鈴木寿志氏はペルーのアンデス山地、安彦宏人氏は中国の吉林省、林信太郎氏はタンザニアのキリマンジャロからもそれぞれクロボク土様の土壌の試料と情報を提供された。これらの黒土も先住民が関わった人為的土壌と考えられる。こうした研究がさらに進めば、日本で厚く発達するクロボク土は「火山灰土」ではなく、縄文人の文化遺産、すなわち世界を代表する「人為土壌」としての地位を得るに違いない。

あとがき

私の専門分野の地質学では、土（表土）はその岩質や成因に目が向けられることはほとんどない。野外調査では地層の観察や記録は詳しくしても、露頭の最上部にある土は「表土」と一括され、せいぜい、その厚さを書きとめる程度である。そんな表土でも、異様な黒さのクロボク土は、見過ごして露頭を去るたびに後ろ髪を引かれる思いであった。それというのもこの黒土には、子供の頃から不思議心をそそられてきた長いつきあいがあったからである。その辺の背景にふれておこう。

私の生まれと育ちは信州であるが、土は、子供の頃から山や野での遊びや、農作業の手伝いなどの折に、ごく身近に接する物であった。春一番の手伝いにジャガイモ蒔きがある。種芋は家で収穫したものと違い、その表面がうす黒いのである。そのわけを聞くと、種芋の育った畑が「火山灰」であるからだという。火山灰といえば、噴煙を絶やさない浅間山がときどき大噴火を起こし、空高く立ちのぼる噴煙から裾野の上に火山灰が降るのが見えた。

そんな子供の頃、遠足で行く浅間山、菅平、あるいは八ヶ岳などの火山の裾野には黒々とした土の野菜畑が広がっている。褐色土を見慣れた目にはこの異常に黒い土が驚きでもあった。そして、そのわけが付近の火山と容易に結びつき、「火山灰は黒い」というイメージが子供心にすりこまれたのである。

長じて、大学では地質学を専攻し、地質踏査をした新潟県の魚沼丘陵や信濃川の段丘の表土には、子供の頃に見たあの「黒い火山灰」をあちこちで見かけるのである。その黒さが気になって、文献で調べると、これが「クロボク土」であり、学術的にも「火山灰」とされていることを知った。しかし、当時の地質調査では、幾多の火山灰（凝灰岩）を観察していたが、その色はほとんどが流紋岩質の白色系で、ときに黒さを増しても安山岩質の灰色なのである。だから子供心にすりこまれていた火山灰が黒いことは誤りで、実際に見る異様な黒さのクロボク土は「火山灰のはずがない」という疑いを強くもつようになった。

そのあとも化石を扱う地質学の道を歩んだのだが、クロボク土とのつきあいにはこんな背景があった。この疑問を晴らすきっかけは、一九九〇年、「文明と環境」をテーマとする広い学術分野の総合研究に参加したことである。国際日本文化研究センターの安田喜憲教授に花粉分析での貢献を期待されて加わったのだが、花粉化石の出ない黒土に挑戦したので、配分された研究費のほとんどはクロボク土の年代測定に使ってしまった。そんなわけで当時の研究課題には未熟な貢献しかできずに、期待を裏切ったに違いない。しかし、それまでの成果は、一九九六年に「黒土の成因に関する地質学的検討」と題して地質学会誌で公表した。この論文は一部の土壌学者からは内容の理解が得られずに、誌上討論を挑まれた。他方、地質学会からは賞を受け、評価が両極に割れた。本書はこの論文が核になっている。

さらにその一八年後、大学を定年退職し、本書の執筆を通してクロボク土と縄文文化との関わりにも到達できた。これで、ようやく「文明と環境」の研究課題に少しは貢献できたと思っている。

こうした黒土の特異性に注目できたのは、黒土以外の多様な表土を扱う経験が役立っているようである。その一つに「地すべり」がある。これは最初の職場が新潟県庁で地すべり防止の職務にあったことによる。その後大学に移ったが、そこが教養部、さらには理学部であったため、地すべりの研究は、防止目的から方向を変え、表層土の侵食といった理学的視点で深めることができた。

私の大学での専門は花粉化石から古環境を解析することである。本書では花粉化石の研究は遺跡での成果として、わずかに入っているのみである。ときどき頼まれる遺跡発掘調査の際に花粉分析のお手伝いをしたときのものだ。そんな遺跡調査で忘れがたいのは、青森県津軽の亀ヶ岡で三年にわたって、夏休みを発掘当事者の皆様と合宿で過ごしたことである。土器や石器などは専門外なので、埋積土を詳細に観察する毎日を通し、遺物を埋める「土」とは何か、を考えるきっかけとなった。

また、これも頼まれ仕事であるが、国土庁（現在は国土交通省）の土地分類基本調査の一環として、山形県内の「表層地質図」の作成がある。軽く引き受けたことが、結果として二〇余年にわたって、山地を主体とする地域の五万分の一地形図を一〇枚分も作るはめになった。そして、それが「地質図」ではなく「表層地質図」であったため、奥羽山脈や出羽山地の表土を意識した視点で広く観る目を養ったことにもなる。

以上のような背景もミックスして地質学的に表土の形成を考えてきたが、その際、特に土壌学的視点は不可欠であった。土壌はその主体は新鮮な岩石の風化でできた母材の中で形成されると考えられていた（風化母材説）。クロボク土の形成も風化母材説をベースに、母材である火山灰中のアロフェンなどが、黒色の元になる腐植を保持しているというのである。土壌学分野では「クロボク土はアロフェンでなければ市民権がない」とまでいわれたほど、両者の関係が主体に考えられていた。

このことを土壌学者の大政正隆氏は『土の科学』（一九七七）で紹介している。この本はもう三〇年以上も前の普及書であるが、アロフェン重視の傾向は現在でも大きく変わったようには思われない。しかし、氏はこうしたクロボク土の形成に疑問をもった土壌学者も少なからずいたことを述べられ、クロボク土が新しい目で見直される期待をこめて次のように結ばれている。

「科学の進歩は河の流れのようなもので、源を発して一路発展の道をたどるが、流れのみちは一度決まるとなかなか変わらない。しかし、源にさかのぼってちょっと方向を変えると、案外流れは大きく変わるものである。土壌学は、他の科学と同様、ますます精緻をきわめますます専門に分化したが、土そのものの認識はいささかマンネリ化したきらいがないではない。この辺でひとつ、初心にかえって、土とは何ぞや、と先覚の思想発展の跡をたどれば、意外な発見をして、新しい道が拓かれるかもしれない」

土壌学の先達のこの言葉は、「土」はその基本に戻って見直す余地があることの示唆でもある。そんな支えもあって、本書では、「土」の形成を地質学的な視点で検討してみた。その結果、土壌母材の主体は堆積物であることがわかった。それにより母材（表土）は、その成因と形態に基づいた岩質区分が可能になった。さらに、表土の成長は地表での土壌の形成に始まり、土壌化作用を受けつつ埋積し、土壌の下位では旧土壌としての堆積物に移化していく実態も明らかにできた。こうした表土の形成は山地では地すべりや崩壊が関わることも述べた。今後、山地での土砂災害の防止に新たな地質学的視点が加わることを期待したい。

他方、縄文期の埋積土に特有なクロボク土の成因の解明を通し、考古学の分野にも踏みこんでしまった。そこでは、縄文人のニッチ作りに野焼き・山焼きがあったとの新説を提示することができた。こうしたクロボク土形成に関する地質学的な見解が縄文文化の新たな視点として加わることもまた期待している。

この本は身近な土についての一般教養書を目指したが、単なる既成科学の解説ではなく、科学の基本姿勢である疑問の解決へ向けての歩みを述べたつもりである。その際に最も大切にしたことは、野外の実物である。そのため、よく歩きまわった東北や山形の大地が頻繁に登場する。奥羽山脈、内陸盆地、出羽山地、あるいは新潟の山地や平野は構造運動が顕著であるために、侵食や堆積の作用がよく見える場所でもある。また、この地では冬の雪はやっかい物であるが、堆積物として向きあえば地層の形成のヒントを与えてくれる。そんな身近な自然を相手に表土の理解を深めてきたつもりである。

本書は在職中に公表した論文を核に、退職後に新たな見解を加えて執筆したが、最新の学術情報に乏しい中なので、新たな所見のつもりでも、既知である場合もあるかもしれない。また、実験手段に乏しい今、定量的な裏づけや普遍性の検討を待つ部分もあることを承知している。そうした箇所は、今後土を扱う諸分野において、より発展的な方向へのたたき台にしていただきたい。

本書の構想や執筆では、津田禾粒先生（元新潟大学学長、故人）からは様々なご討論や励ましをいただいた。また、糸魚川淳二・名古屋大学名誉教授には原稿を読んでいただいた。寺澤達雄・前新潟大学教授からは統計学的なご教示を得たし、斎藤毅・名城大学准教授からは資料等の提供を受けた。富山市の故横田力氏からは奨学寄付金をいただき研究を推進できた。そして、阿子島功・山形大学名誉教授からは崩壊地形に関しての、金原啓司・産業技術総合研究所名誉リサーチャーからは粘土鉱物に関しての助言を受けた。山形応用地質研究会のメンバー、とりわけ本田康夫、熊谷晃、田宮良一の各氏とは野外の露頭での討論を重ねた。野外調査では、熊本大学の渡辺一徳名誉教授には阿蘇火山一帯の、鹿児島大学の井村隆介准教授には桜島や大隅半島の黒土のご案内をそれぞれいただいた。そして、妻のよし子からは、忌憚のない読後感想を得て推敲の一助とした。さらに、本書の出版に当たっては築地書館の土井二郎氏をはじめ、黒田智美氏には大変お世話になった。これらの方々に厚くお礼申し上げる。

最後になったが、私とともに野山を歩いて「表土」を考えてきた山形大学の当時の学生諸氏の成果も本書の背後にあることを付記し、謝意とする。

引用・参考文献

阿子島功　二〇〇一　「関山峠・川崎」地形分類図　同説明書　土地分類基本調査　山形県　四二頁

青木淳一　一九八三　自然の診断役　土ダニ　NHKブックス　四三八　日本放送出版協会　二四四頁

朝日新聞社　一九九四　三内丸山遺跡［完全記録］よみがえる縄文の都　アサヒグラフ　三七八〇　一三〇頁

地学団体研究会　一九九六　新版　地学事典　平凡社　一四四三頁

長者ケ平遺跡発掘調査団　一九八四　長者ケ平遺跡Ⅳ（昭和五八年度調査概要）　新潟県佐渡郡小木町教育委員会　三四頁

Darwin, C. 1881. *The Formation of Vegetable Mould, through the Action of Worms, with Observations on their Habits*. John Murray, London, 326pp.

Darwin, H. 1901. On the Small Vertical Movement of a Stone laid on the Surface of the Ground. *Proceedings of the Royal Society of London*, 68, 253–261.

藤田和夫　一九八三　日本の山地形成論——地質学と地形学の間　蒼樹書房　四六六頁

福田正己・木下誠一　一九七四　大雪山の永久凍土と気候環境（大雪山の事例とシベリア・アラスカ・カナダとの比較を中心としての若干の考察）　第四紀研究　一二：一九二—二〇二頁

雁澤好博・柳井清治・八幡正弘・溝田智俊　一九九四　西南北海道—東北地方北部に広がる後期更新世の広域風成塵堆積物　地質学雑誌　一〇〇：九五一—九六五

Gibbard, P. L., Head, M. J., Walker, M. J. C. and the Sub commission on Quaternary Stratigraphy. 2010. Formal ratification of the Quaternary System/Period and the Pleistocene Series/Epoch with a base at 2.58 Ma. *J. Quaternary Sci.*, 25, 96–102.

平野吉彦・田中義成・滝川義治　二〇一一　五頭山地の崩壊・土石流と防災・減災　新潟応用地質研究会誌　七七：一三—三〇

Hirshfield, F. and Sui, J. 2011. Changes in Sediment Transport of the Yellow River in the Loess Plateau. *Sediment Transport*, 197–214, Intec, Croatia.

市原実　一九九六　大阪層群と中国黄土層――自然環境の変遷をさぐる　築地書館　一九一頁

井上克弘・成瀬敏郎　一九九〇　日本海沿岸の土壌および古土壌中に堆積したアジア大陸起源の広域風成塵　第四紀研究　二九：二〇九―二二二

伊東俊太郎・坂本賢三・山田慶児・村上陽一郎編　一九八三　科学史技術史事典　弘文堂　一四四〇頁

IUGS–ICS–SQS. 2010. Global chronostratigraphical correlation table for the last 2.7 million years, v.2011 (http://quaternary.stratigraphy.org/charts/)

地すべり学会東北支部編　一九九二　東北の地すべり・地すべり地形――分布図と技術者のための活用マニアル、同付図　地すべり学会東北支部　一四二頁

John van Wyhe, ed. (2002-) The Complete Work of Charles Darwin Online. (http://darwin-online.org.uk/).

甲斐憲次　二〇〇七　黄砂の科学　青山堂書店　一四六頁

金子信博　二〇〇七　土壌生態学入門――土壌動物の多様性と機能　東海大学出版会　一九九頁

菅野均志・平井英明・高橋正・南條正巳　二〇〇八　一／一〇〇万日本土壌図（一九九〇）の読替えによる日本の統一的土壌分類体系―第二次案（二〇〇二）―の土壌大群名を図示単位とした日本土壌図　ペドロジスト　五二：一二九―一三三

関東ローム研究グループ編　一九六五　関東ローム――その起源と性状、同付図　築地書館　三七八頁

苅谷愛彦　一九九四　^{14}C年代とテフロクロノロジーからみた月山の亜高山帯に分布する埋没黒泥層の生成期　第四紀研究　三三：二六九―二七六

河田弘　二〇〇〇　森林土壌学概論　博友社　三九九頁

北野康　一九九五　新版　水の科学　ＮＨＫブックス　七二九　日本放送出版協会　二五四頁

小林達雄　一九九六　縄文人の世界　朝日選書　五五七　朝日新聞社　二二七頁

小林達雄　一九九九　縄文人の文化力　新書館　二〇六頁

小林達雄　二〇〇八　縄文の思考　ちくま新書　七一三　筑摩書房　二一三頁
小山修三　一九八四　縄文時代――コンピュータ考古学による復元　中公新書　七三三　中央公論社　二〇六頁
小山修三　一九九六　縄文学への道　ＮＨＫブックス　七六九　日本放送出版協会　二五二頁
工藤雄一郎　二〇一一　縄文時代のはじまりのころの気候変化と文化変化　縄文はいつから!?――地球環境の変動と縄文文化　新泉社　九一―一一四
熊田恭一　一九八一　土壌有機物の化学　第二版　学会出版センター　三〇四頁
熊田恭一・大角泰夫　一九六七　高山草原土壌に関する研究（第二報）高山湿草地土について（その一）日本土壌肥料学雑誌　三八：一―六
熊田恭一・太田信婦・大角泰夫　一九九六　日本アルプスの高山草原土壌の腐植について　日本土壌肥料学雑誌　三七：二八九―二九三
久馬一剛編　一九九七　最新土壌学　朝倉書店　二一六頁
久馬一剛ほか編　一九九三　土壌の事典　朝倉書店　五六六頁
町田洋・新井房夫　二〇〇三　新編　火山灰アトラス――日本列島とその周辺　東京大学出版会　三三六頁
松井健・武内和彦・田村俊和編　一九九〇　丘陵地の自然環境――その特性と保全　古今書院　二〇二頁
松倉公憲　二〇〇八　地形変化の科学――風化と侵食　朝倉書店　二四二頁
松永俊男　二〇〇九　チャールズ・ダーウィンの生涯――進化を生んだジェントルマンの社会　朝日選書　八五七　朝日新聞出版社　三二一頁
南日本新聞社編　一九九七　発掘!!　上原遺跡――最大・最古級のムラ出現　南日本新聞社　七二頁
三梨昂　一九八〇　関東堆積盆地の構造とその発達　アーバンクボタ（株式会社クボタ発行）一八：六―一五
中村一明　一九七〇　ローム層の堆積と噴火活動　軽石学雑誌　三：一―七
Naruse, T., Sakai, H. and Inoue, K. (1986) Eolian dust origin of fine quartz in selected soils, Japan. 第四紀研

究　二四：二九五―三〇〇
成瀬敏郎　二〇〇六　風成塵とレス　朝倉書店　一九七頁
成瀬敏郎　二〇〇七　世界の黄砂・風成塵　築地書館　一七四頁
成瀬敏郎・横山勝三・柳精司　一九九四　シラス台地上のレス質土壌とその堆積環境　地理科学　四九：七六―八四
成瀬敏郎・小野有五　一九九七　レス・風成塵からみた最終氷期のモンスーンアジアの古環境とヒマラヤ・チベット高原の役割　地学雑誌　一〇六：二〇五：二一七
成瀬敏郎・兪剛民・渡辺満久　二〇〇八　東アジア旧石器編年構築のための九〇万年以降のレス――古土壌層序と編年　松藤和人編　東アジアのレス――古土壌と旧石器編年　雄山閣　六七―八六
NGRIP dating group. 2006. Greenland Ice Core Chronology 2005 (GICC05). National Climatic Data Center.
日本地質学会地質基準委員会編著　二〇〇一　地質基準　共立出版　一八〇頁
日本地質学会編　二〇〇八　日本地方地質誌三――関東地方　朝倉書店　五七〇頁
日本地質学会編　二〇〇九　日本地方地質誌五――近畿地方　朝倉書店　四五三頁
日本第四紀学会／小野昭・春成秀爾・小野静夫編　一九九二　図解・日本の人類遺跡　東京大学出版会　二四二頁
日本土壌肥料学会編　一九八三　火山灰土――成生・性質・分類　博友社　二〇四頁
新潟県北蒲原郡安田町　一九六八　土石流――八・二八水害記録　新潟県北蒲原郡安田町　一二六頁
Ollier, C.　一九七一　風化――その理論と実態　松尾新一郎監訳　ラテイス　四一七頁
大政正隆　一九七七　土の科学　NHKブックス　二七四　日本放送出版協会　二二五頁
大角泰夫・熊田恭一　一九七一　高山土壌に関する研究（第四報）高山湿草地土の生成に関する二、三の考察（その二）　日本土壌肥料学雑誌　四二：二七〇―二七二
大滝典雄　一九九七　草原と人々の営み――自然とのバランスを求めて　一の宮町史　自然と文化　阿蘇選書一〇　一の宮町　二四九頁

Pye, K. 1987. *Aeolian Dust and Dust Deposits.* Academic Press. 334pp.
阪口豊　一九八七　黒ボク土文化　科学　五七：三五二―三六一
真田雄三・鈴木基之・藤本薫編　一九九二　新版　活性炭――基礎と応用　講談社　一三三頁
佐々木高明　一九九七　日本文化の多重構造――アジア的視野から日本文化を再考する　小学館　三三五頁
佐藤洋一郎・石川隆二　二〇〇四　〈三内丸山遺跡〉植物の世界――DNA考古学の視点から　裳華房　一四〇頁
芹沢長介　一九八二　日本旧石器時代　岩波新書　二〇九　岩波書店　二三二頁
清水文健　一九九二　東北の地すべり・地すべり地形　地すべり学会東北支部　付図　一〇〇万分の一　東北地方地すべり地形分布図
須藤談話会編　一九八六　土をみつめる――粘土鉱物の世界　三共出版　二二〇頁
須賀丈・岡本透・丑丸敦史　二〇一二　草地と日本人――日本列島草原一万年の旅　築地書館　二四四頁
庄子貞雄　一九八三　火山灰土の鉱物学的性質　火山灰土――成生・性質・分類　三一―七二　博友社　二〇四頁
高浜信行・野崎保　一九八一　新潟平野東縁、五頭山地西麓の土石流発達史　地質学雑誌　八七：八〇二―八二二
高浜信行・荒木繁雄・大塚富男・卯田強　一九九七　五頭山麓の縄文時代～現在の土石流の変遷とその意義（予報）　地表変動と遺跡の成立・破壊の関連の研究　文部省科学研究費基盤研究（B）　研究成果報告書一八三頁
田崎和江・森川真理子・中尾允・富田克利　一九九〇　黄土および黄土層中の粘土鉱物　島根大学地質学研究報告　九：一七―二七
東北大学大学院農学研究科土壌立地分野　二〇〇九　読替えデジタル日本土壌図（http://www.agri.tohoku.ac.jp/soil/jpn/2009/02/post_23.html）
鳥居厚志・金子真司・荒木誠　一九九八　近畿地方三地点の黒土の生成、とくに母材と過去の植生について

第四紀研究　三七：一三―二四
提利夫　一九八七　森林の物質循環　東京大学出版会　一二四頁
宇智田奈津代・平舘俊太郎・故井上克弘　二〇〇〇　アロフェン、フェリハイドライト、微粒炭、活性炭の腐植酸吸着特性の比較　日本土壌肥料学雑誌　七一：一―八
Van Vliet, B. & Langohr, R. 1981. Correlation between fragipans and permafrost with special reference to silty Weichselian deposits in Belgium and northern France. *Catena*, 8:137–154.
脇水鉄五郎　一九二七　関東ロームの分布及び成因に就いて　土壌肥料学雑誌　一：一―五
王社江・Cosrgove, R.・鹿化煜・沈辰・魏鳴・張小兵　二〇〇八　中国東秦嶺地区洛南盆地における旧石器考古学研究の新展開　東アジアのレス――古土壌と旧石器編年（松藤和人編）　雄山閣　一四五―一六
渡邊眞紀子　二〇〇六　土壌菌核粒子の形成と生物的意図　地学雑誌　一一五：七五〇―七五五
渡辺誠　一九八二　縄文人の食生活　考古学　創刊号：一四―一七
Wu, B. and Wu, N.Q. 2011. Terrestrial mollusc records from Xifeng and Luochuan L9 loess strata and their implications for paleoclimatic evolution in the Chinese Loess Plateau during marine Oxygen Isotope Stages 24–22. *Climate of the Past*, 7, 349–359.
山中英二　一九八三　飯豊山地の高山湿草地土の^{14}C年代とそれに関係した二・三の問題　第四紀研究　二一：三一五―三二一
山野井徹　一九九六　黒土の成因に関する地質学的検討　地質学雑誌　一〇二：五二六―五四四
山野井徹　二〇〇五a　地すべり地の堆積物の諸相とシーケンス――山形県朝日町八ツ沼地すべりを例として　日本地すべり学会誌　四二（一）：一七―二五
山野井徹　二〇〇五b　山形盆地と外縁山地の形成　第四紀研究　四四：二四七―二六一
山野井徹・佐藤牧子　一九八四　亀ヶ岡遺跡の花粉分析――沢根B―二地区を中心として　亀ヶ岡石器時代遺跡　青森県立郷土館調査報告第一七集・考古―六　一八九―一九九
山野井徹・伊藤かおり　二〇〇七　縄文期の表土の形成と地表環境――山形県米沢市の遺跡に見るローム質土

とクロボク土との関係　徳永重元博士献呈論集　五二一―五二三
山野井徹総括編集　二〇一〇　山形県地学のガイド――山形県の地質とその生い立ち　コロナ社　二六五頁
安田喜憲　二〇〇五　気候と文明の盛衰（普及版）　朝倉書店　三五八頁
安田喜憲　二〇一四　一万年前――気候大変動による食糧革命、そして文明誕生へ　イースト・プレス　二七八頁
米沢市教育委員会　一九九七　台ノ上遺跡発掘調査報告書　米沢市埋蔵文化財調査報告書　第五五集　一一〇頁
米沢市教育委員会　二〇〇六　台ノ上遺跡発掘調査報告書　本文編　写真図版編　米沢市埋蔵文化財調査報告書　第八八集　四二一頁
吉川周作・三田村宗樹　一九九九　大阪平野第四系層序と深海底の酸素同位体比層序との対比　地質学雑誌　一〇五：三三二―三四〇

【マ行】

【ヤ行】

【ラ行】

【ナ行】

【ハ行】

【タ行】

【サ行】

索引

著者紹介：山野井徹（やまのい・とおる）

1944年長野県生まれ。

1969年新潟大学大学院理学研究科修了。理学博士。新潟県庁に勤務後、山形大学教養部・理学部教授。専門は層位・古生物学（花粉分析）、応用地質学。

2010年退職、山形大学名誉教授、東北大学総合学術博物館協力研究員。

著書に『山形県地学のガイド——山形県の地質とそのおいたち』（コロナ社）、共著に『図説日本列島植生史』（朝倉書店）のほか多数。

日本の土——地質学が明かす黒土と縄文文化

2015年2月27日　初版発行
2019年4月24日　5刷発行

著者　山野井徹
発行者　土井二郎
発行所　築地書館株式会社
東京都中央区築地7-4-4-201　〒104-0045
TEL 03-3542-3731　FAX 03-3541-5799
http://www.tsukiji-shokan.co.jp/
振替 00110-5-19057
印刷・製本　中央精版印刷株式会社
デザイン　吉野愛
　ISBN978-4-8067-1492-7 C0044

● 築地書館の本 ●

世界の黄砂・風成塵

成瀬敏郎【著】

2,000 円＋税

黄砂をはじめとする、風で運ばれる土――風成塵とはどのようなものか。

芭蕉と黄砂など歴史にまつわる話から、エジプト、イスラエル、中国、韓国など、世界の風成塵、日本の風成塵と黄土、気候変動との関係、風成塵による災害・恩恵まで、知られていない世界の黄砂・風成塵を概観する。

● 築地書館の本 ●

木材と文明

ヨアヒム・ラートカウ【著】山縣光晶【訳】
3,200 円＋税

ヨーロッパは、文明の基礎である「木材」を利用するために、どのように森林、河川、農地、都市を管理してきたのか。

王権、教会、製鉄、製塩、製材、造船、狩猟文化、都市建設から木材運搬のための河川管理まで、錯綜するヨーロッパ文明の発展を「木材」を軸に膨大な資料をもとに描き出す。